未来苏州

国际视角下的苏州城市规划与运营

徐蕴清　[韩]金俊植　主编

中国建筑工业出版社

内容提要

改革开放以来，苏州在短短几十年间奇迹般地转变为一个重要的现代化城市，但是在苏州经济快速发展和转型的过程中，人口规模的扩张和结构的变化也带来了新的治理挑战。展望苏州城市发展新的阶段，关键在于实现更优质的增长和更高品质的生活，需要更丰富的创造力和更有效的规划管理和引导。

本书基于对苏州发展的理解、对未来城市的展望以及国际重要城市发展经验的对比，集合国内外专家针对苏州的一系列研究成果，涉及未来城市发展重点领域的一些重要问题，并开展了前瞻性、多样性和可能性的思考。在中国城市发展翻开新篇章的关键时期，本书旨在从战略、政策和设计等方面，探索"古今辉映"文化底蕴下，苏州如何集成现代规划管理的理念策略、设计思路和技术方法，实现新的自我提升，打造具有引领性的现代化未来城市。

《未来苏州》编委会

主　编

徐蕴清 / Yunqing Xu（西交利物浦大学城市与环境校级研究中心）

金俊植 / Joon Sik Kim [韩国]（西交利物浦大学城市规划与设计系）

主　审

卢　宁 / Ning Lu（苏州市人民政府研究室）

副主编

康　佳 / Jia Kang（苏州智库联盟）

李　兵 / Bing Li（苏州智库联盟）

钟　声 / Sheng Zhong [加拿大]（西交利物浦大学城市规划与设计系）

编　委

第 1 章：

金俊植 / Joon Sik Kim [韩国]（西交利物浦大学城市规划与设计系）

冯彦茹 / Yanru Feng（西交利物浦大学城市规划与设计系）

第 2 章：

保拉·佩莱格里尼 / Paola Pellegrini [意大利]（西交利物浦大学城市规划与设计系）

张乾涛 / Qiantao Zhang（西交利物浦大学城市规划与设计系）

袁　旭 / Xu Yuan（西交利物浦大学城市规划与设计系）

陈金留 / Jinliu Chen（西交利物浦大学城市规划与设计系）

第 3 章：

徐蕴清 / Yunqing Xu（西交利物浦大学城市与环境校级研究中心）

钟　声 / Sheng Zhong [加拿大]（西交利物浦大学城市规划与设计系）

第 4 章：

郑亨哲 / Hyung-Chul Chung [韩国]（西交利物浦大学城市规划与设计系）

张钰卿 / Yuqing Zhang（西交利物浦大学城市规划与设计系）

于晓涵 / Xiaohan Yu（西交利物浦大学城市规划与设计系）

田雪临 / Xuelin Tian（西交利物浦大学城市规划与设计系）

第 5 章：

保拉·佩莱格里尼 / Paola Pellegrini [意大利]（西交利物浦大学城市规划与设计系）

陈金留 / Jinliu Chen（西交利物浦大学城市规划与设计系）

第 6 章：

忻晟熙 / Shengxi Xin（英国伦敦大学巴特莱特规划学院）

郭青源 / Qingyuan Guo（英国利物浦大学地理与规划系）

钟　声 / Sheng Zhong [加拿大]（西交利物浦大学城市规划与设计系）

第 7 章：

林　琳 / Lin Lin（西交利物浦大学城市规划与设计系）

邹元屹 / Yuanyi Zou（西交利物浦大学城市规划与设计系）

罗鹏阳 / Pengyang Luo（比利时鲁汶大学工程科学学院建筑系）

林思屹 / Siyi Lin（英国利兹大学环境学院交通运输研究所）

第 8 章：

克里斯蒂安·诺尔夫 / Christian Nolf [比利时]（西交利物浦大学城市规划与设计系）

王怡雯 / Yiwen Wang（西交利物浦大学城市规划与设计系）

刘梦川 / Mengchuan Liu（西交利物浦大学城市规划与设计系）

宋柏毅 / Poyi Sung（西交利物浦大学城市规划与设计系）

毕　然 / Ran Bi（西交利物浦大学城市规划与设计系）

第 9 章：

金俊植 / Joon Sik Kim [韩国]（西交利物浦大学城市规划与设计系）

彼得·贝蒂 / Peter Batey [英国]（英国利物浦大学地理与规划系）

钟　声 / Sheng Zhong [加拿大]（西交利物浦大学城市规划与设计系）

范岩亭 / Yanting Fan（西交利物浦大学城市规划与设计系）

第 10 章：

陈雪明 / Xueming（Jimmy）Chen [美国]（美国弗吉尼亚联邦大学城市研究与规划系、苏州大学城市规划系）

第 11 章：

章兴泉 / Xingquan Zhang（联合国人居署）

徐蕴清 / Yunqing Xu（西交利物浦大学城市与环境校级研究中心）

助理编委

陈　雪 / Xue Chen，平怡洁 / Yijie Ping，陈金留 / Jinliu Chen，冯彦茹 / Yanru Feng，杨子纯 / Zichun Yang，范岩亭 / Yanting Fan，史一涵 /Yihan Shi，黄尧忻 / Yaoxin Huang

序 一 |

城市是国家经济发展的驱动力，国家的经济命脉掌握在城市，全世界80%以上的经济总值来自城市，而且这个比例在不断提高。城市是充满活力、梦想、希望和机会的地方，全球每周有超过三百万人离开农村来到城市寻找他们的梦想。城市是大多数人向往的工作、生活、与他人进行互动的地方，是优质中小学教育、高等教育、研究、发明创造的集中之地，是形成思想与凝聚智慧的地方，是人类文明的发源地，这些正是驱动经济与社会不断发展与创新的原动力。

世界的未来在于城市。1950年，世界上只有30%的人口居住在城市，如今，全球超过55%的人口居住在城市，地球已经变成了城市星球。城市化是全球发展的大趋势，它决定着世界人口的空间分布。根据联合国预测，到2050年，约有三分之二（约70%）的人口将居住在城市。从现在至2050年期间，全球城市人口预计将再增长25亿，其中近90%的增长将来自非洲和亚洲。

由于技术的进步和经济的增长方式，城市承载着一系列塑造其未来特征的力量。了解城市发展的长期趋势至关重要，因为它们可以帮助城市决策者和企业界制定可靠的战略，以便更好地满足城市未来经济发展、基础设施和公共服务的需求，并与未来的生活方式和社会变革相适应。很多城市的领导者与企业家非常有前瞻性，他们想为未来城市提前进行战略布局，但是苦于不知道未来城市会朝哪个方向发展，不知如何准备。本书正是为了解决这个问题而做出的一种尝试，分析未来城市发展的趋势，未来城市发展将是一个什么样的状态，我们现在应该怎么准备。

在过去的十几年，人们日益关注城市应该如何为未来的发展趋势做好准备。决策者正在考虑和制定单个城市发展的未来规划以及整个国家城市体系未来发展的战略，甚至考虑全球城市体系的未来发展趋势。"城市的未来"议程与人们对"未来的城市"的关注不同，后者将重点放在城市管理中利用前沿技术、数字化基础设施和系统带来的社会和环境红利。相比之下，"城市的未来"方面的考虑更多是进行调查、诊断和预测，探讨未来可替代的驱动因素和未来城市发展方案。它们更加认真地对待全球经济发展和正在日益成为城市化的社会空间、治理和基础设施方面面临的挑战。它们需要加深城市体系之间的经济联系；加强区域和大城市的协调性；提高城市发展融资方式的效率和创新性。

对未来城市发展的规划需要分析影响城市以及未来城市发展的主要趋势和力量，从而为城市决策者提供对未来发展预测的信息。根据联合国预测，未来世界城市的主要趋势包括：人口与经济向超大城市型集中，城市发展的数字化，城市的新型交通与移动性，数字化转型，加速的技术进步，技术应用的高速转化和物联网，城市的复原力和可持续性增强，循环经济，城市智慧化治理，城市文化和社会变革。

未来的城市需要更加敏捷化、智慧化并且更可持续，可以迅速灵活地适应经济发展和社会不断变革的需求，跨越城市基础设施、流程、过程和服务等所有领域。全球未来城市的发展趋势与建设主要包含以下几个方面：

第一，城市更智慧化、数字化发展，利用新技术更好地理解未来发展趋势和城市居民的需求，以及提供有关目前城市基础设施治理和服务的见解并进行优化。第二，建设可持续发展的城市，加大绿色经济发展，加大环境保护力度，提高资源利用与管理的效率，提高城市竞争力；应对气候变化，提倡清洁能源与可再生资源和能源的利用，倡导清洁制造，循环经济。第三，加强城市各个领域整合与综合发展、融合发展，实现经济、社会、环境、区域的和谐协调发展、城乡一体化发展。第四，提升城市韧性，提高城市应对危机的能力、对危机的快速反应能力，应对突变、突发事件的处置能力，比如重大自然灾难、严重传染病、细菌或病毒攻击，以及非常规性突发事件。第五，提高"城市形态"建设质量，探讨如何在不进行大量投资、冗长的计划流程或给市民带来不便的情况下，使目前的基础架构更适应未来新的需求和用途。第六，城市是文化与社会变革的载体，不仅仅是建筑物、道路和基础设施等物质形态，而是生活方式的实现方式，人们之间的互动方式载体空间。

几十年来，中国的经济崛起一直是世界上一个引人注目的成就。2017—2019 年，中国对世界经济增长的贡献率为 35.2%，是美国的 2 倍。现在，中国城市化已经得到高度发展，许多城市的单个城市经济总量都高于世界上很多国家整个国家的经济总量。中国占据全球城市约一半的建设量，并将在未来 20 年内发展 400 个新的城镇。中国正在迅速实施低碳经济与城市智慧化发展。未来城市是中国经济能否实现从"做大"到"做强"转型的关键。所以，探讨未来城市发展对中国城市发展更加重要、更加迫切。

未来城市是新知识、新发明、新技术的高地与集成地。探讨未来城市发展是未来联合国的重点工作之一。联合国人居署与世界经济论坛正在共同探讨未来城市的相关发展，为全球各国领袖提供愿景与指导。未来城市是世界上许多发达国家与新兴经济体探讨的重大发展课题。未来城市要创造一个具有韧性和包容性的经济发展模式，它不仅仅追求经济增长，或简单的增加就业机会，而且更要增强城市竞争力，全面提高人民生活水平，使全体居民感受到发展的实惠。未来城市必须注重人口老龄化问题，并且适应老龄化社会提前布局，住房要更加体现老年人友好型，家庭友好型，城市要更加对多元化社会与生活方式的包容与尊重。城乡发展更加平衡，更和谐发展，未来城市要建设更多吸引人的开放公共空间与绿色空间，推动建立可持续的、包容性的和健康的交通出行体系。非机动车交通运输系统将变得更具吸引力，多模式公共运输系统受到青睐。城市建设的整体意识、一体化意识加强，城市必须跨部门工作与协同合作，而不是根据"单部门"需求设定发展方向。未来城市"以人为本"与"彰显地方特色"相结合，城市管理系统需要适应不断变化的情况，并考虑各种时空维度，例如城市空中、城市地面空间、城市地下空间、技术和时间维度。

未来城市的节奏越来越快，城市居民的压力始终很大，其中最使人们感到压力的是住房问题。无论世界各地的经济社会文化差距有多大，房价使世界各地数十亿人都感到巨大的压力。从纽约到东京，从香港到莫斯科，从伦敦到内罗毕，从深圳到上海，成本给很多城市居民带来了巨大的财务压力，房价或租金的上涨速度远远快于收入的上涨速度。高成本住房扭曲了城市经济发展结构，破坏了产业升级的努力。房子击垮了很多人的城市梦、想象力与创造力，解决广大居民住房问题依然是未来城市的重要课题。

教育是国家的未来，是城市的未来。教育公平是最重要的社会公平，未来城市要为教育均衡布局发展创造条件，防止社会分化与城市地域不平衡发展。未来城市应该是健康的城市，建立健全医疗保障服务体系，推动智力发展与保障健康才是强国强城的根本。未来城市必须是强智的发展，未来城市必须让全体居民看到希望，享受发展的实惠。任何时候都不能忘了发展的目的是为了人民，只有追求民智、民富，才能国泰民安。

数字化与互联网的发展产生了新的商业模式，但是电商、网商等新型商业模式的发展不能冲垮传统商业的发展。"云上"服务不能代替"地上"欣欣向荣的经济基础。发展不能顾此失彼，不能非此即彼。如何复兴实体经济、实体商业是未来城市必须重视的课题。数字化经济应为实体经济服务，二者应该相辅相成，没有实体经济的繁荣，数字化经济就会成为空中楼阁。

苏州未来城市的发展谋划必须从当代的现实出发，只有更好地把握苏州的特点，苏州的未来才能更有生命力。未来苏州应该更好地彰显苏州的特色，将未来发展与苏州特色结合起来，可以从以下几个方面着力。

第一，处理好苏州的园、水、湖、是苏州的天养，是得天独厚的禀赋，要做好苏州园林、苏州水系水体、太湖的文章。保护好环境，减轻城市发展与活动对环境的冲击与影响。苏州素有人间"天堂"之美誉，靠的就是苏州灵巧水秀的自然环境与人文元素。城市发展不能破坏她原有的肌理、灵秀与自然环境态势，而是要相得益彰。未来的苏州要保护好这些与生俱来的元素，使"天堂"更美，更令人神往。

第二，过去20～30年见证了苏州经济发展的奇迹，苏州经济得到高速发展，具有高度的外资外来工业外贸特色与痕迹。如何在未来发展中提高经济增长的内生动力，提高城市的核心竞争力，提高核心技术自主发展与突破，牢牢掌握经济发展的民族主导权与主动权，是苏州未来城市经济发展的重大课题。从"做大"转向"做强"，调整产业结构、实现产业升级，从追随与应用先进技术生产向引领技术发展迈进。

第三，处理好苏州的发展定位与区位角色。苏州如何加强与长江三角洲城市群体系的链接与互动，苏州二百公里范围内，有上海、杭州、南京、宁波、无锡五个超大城市、特大城市或大城市，这在世界上是非常少有的。如何避免与这些城市同质化发展，又能利用周边这些超级城市为苏州的未来发展注入活力。未来苏州要担当一个什么角色，要发展成什么样的城市，未来苏州的定位与区位角色要清晰。

第四，未来苏州如何加强城市开放性公共空间与绿色空间的建设，同时能够保护与充分发掘丰富的历史文化遗产，展现历史文化元素与自然元素。

第五，在第四次工业革命与数字化发展的浪潮中，苏州应展现富有远见的领导力，培育城市创新系统，以及城市智慧化的体系。应提高全市中小学优质教育，教育资源的公平分布与分配。根据未来城市定位，发展优势行业的高等教育与研究，强化产、学、研结合与合力攻关，实现技术突破，形成自己的龙头产业。

第六，苏州应让未来城市设施与服务更加亲民、便民，更加方便可及，更宜居。力求使更多人住得起房，看得起病，读得起书，使社会更公平公正。

《未来苏州》是对未来苏州可能的发展的一种摸索，未来发展的探讨是一个复杂的命题，研究不可能一蹴而就，本书意在起到一个抛砖引玉的作用。苏州的未来取决于城市的人才、技术进步与应用，以及城市治理水平。未来城市是人类共同的家园与希望，是想象力与创造力的摇篮，是人类文明的最高表现。联合国对未来城市的发展非常重视，我们愿意与苏州合作，共同为苏州美好的未来出谋划策。愿苏州的未来更加美好，从出色走向伟大！

章兴泉　博士

联合国人居署高级顾问

前联合国人居署城市经济与社会发展局局长

2021 年 7 月 6 日

序 二 | FOREWORD

　　城市是文明的起源，也是历史的积淀，更是现实生活的乐园，还承载着人们对未来的期许。所以，城市规划和运营肩负着太沉重的责任。然而，在当代不确定、复杂、模糊和快变（UACC：Uncertainty，Ambiguity，Complexity，Changeability）的环境下，如何尊重历史、针对现状、预见未来，绘制城市蓝图，营造美好生活环境面临巨大挑战。城市发展不再是简单的造城运动，而应是在对未来社会演化充分理解和预见基础上的社会孕育与营造，再基于此规划产业和生活布局、建筑和交通等硬件设施，还要考虑环境保护、绿色和可持续、生物多样性、文化文明、智慧运营等因素。

　　改革开放 40 多年来，作为中国长三角地区的重要城市，立足 2500 多年的历史积淀，苏州开创了中国经济发展的新方式，形成了备受推崇的"苏州模式""三大法宝"，创造了令人瞩目的苏州奇迹。目前国际形势纷繁复杂、全球经济复苏缓慢、世界城市体系调整重塑，百年未有之大变局会加速区域格局变化和城乡发展深化，人类生存面临新的十字路口，时空、技术、产业、人口、社会等要素剧烈转型，如何实现自我提升和变革，智慧地做出选择，以顺应未来社会发展趋势和需求，是每个现代化城市都必须面对的课题。苏州如何延续其奇迹，在此背景下再创辉煌？

　　立足于国内环境的新变化、新趋势和新特征，结合国际国内先进经验的对标借鉴，分析和把握苏州面临的多重机遇与挑战，进而为提升苏州国际化未来城市的竞争力、宜居性和可持续性提供战略性参考，自然是基础功课。然而，在战略机遇期，格局和视野会严重影响城市的规划和管理。当我徜徉在苏州一些大型漂亮的公园里或享受一些高大上的公共设施时，心里充满自豪和赞美之情，但我的外国同事却在一旁挑毛病，说好的公共设施不是用来看的，而应让人们很方便地融入和享受。不难理解，以不同文化视野看待城市规划和运营，会有更加开阔的思路和更大的格局。在全球日以数字化、智能化和紧密互联的背景下，社会发展流行的是"全球视野，本土行动"（Think Globally，Act Locally），我更提倡"全球视野，本土理解，国际化行动"（Think Globally，Understand Locally，Act Internationally）。

　　为了促进未来苏州发展，来自世界各地的西交利物浦大学教授及国际合作者，以一种更多元的文化背景、全球的视野，在充分研究苏州历史、现状和文化的基础上，试图为未来苏州描绘出一幅国际化的行动方案。在苏州"古今交融"的文化背景下，该书针对城市发展研究的关键问题，借鉴国际城市发展理论和实践，将未来城市的思维贯穿于城市的规划建设中。通过苏州经济社会发展的深入调查，形成中外多学科跨领域的合作，并结合城市特色和情境，探索研究东西方城市发展智慧及其融合，进而从城市定位、城市生活、城市交通、城市环境以及城市居住者、从业者、管理者等方面开启了一次引人入胜的梳理与剖析旅程，推进国际与本地城市发展理论与经验的有效整合，以收获启迪和升华。

从 2019 年 6 月开始，虽然受到疫情影响，西交利物浦大学和苏州市发展规划研究院通过多次座谈讨论，交流苏州城市发展面临的问题和特点，集结西交利物浦大学国际化老师团队展开研究分析，并在论证和写作过程中与本地研究苏州的专家以及国际机构关注城市问题的官员，深入讨论成果及应用前景。本书是一系列研究的总结，以十一个章节展望了未来城市的生产、生活和生态，具体包括智慧城市治理、蓝绿系统布局、宜居住房规划、商业活力提升、紧凑型城市开发设计、健康城市建设、城市更新下的旅游发展、滨水综合复兴、城市交通和高铁空间布局，以及数字化发展等方面。作者们在介绍分析国际趋势和实践的基础上，基于实地研究和深化交流，剖析了苏州的问题和条件，展现了其研究成果。难能可贵的是，研究者们还探讨了高等院校助力地方发展的切实途径，为苏州的未来发展建言献策。

该书涉及内容广泛、理论基础扎实、分析角度独特、研究思路清晰、分析逻辑严谨，研究者国际视野宽阔，且能紧扣本地实际。除了必要的全方位、跨地区、多角度的研究分析外，还引入了一些特色鲜明的城市发展理念和思路，令人耳目一新，比如建立容纳不同发展方式的"智慧"机制、促进协作式规划在自然和人居环境治理中的应用、注重环境打造与人的需求之间的联系、打通住房拥有和人口变化的监测、兼顾品质和公平的宜居发展、采取主力店策略振兴商业、多元化旅游和古城更新并举、明确交通一体化与健康生活的关系、建设包容性数字经济等。本书可用作城市规划、建筑学等专业辅助教材，从事城市规划、建设、管理和研究的人员也可从中得到启迪和提升。希望这本多方合作研究的结晶，能促进政府、高校研究机构等相关行业更多更深入的深度合作，增进对苏州及城市未来发展前瞻性的认知和思考，提升苏州及未来城市规划和运营的理论与实践。

席酉民

管理学教授

西交利物浦大学执行校长

英国利物浦大学副校长

2021 年 7 月 2 日

前 言 | PREFACE

改革开放以来，苏州在短短几十年间奇迹般地转变为一个重要的现代化城市，2006年苏州获得了联合国人居环境奖，近年来更是相继获批成为全国文明城市、国家首批生态园林城市、首批美丽山水城市、国家"城市双修"试点城市、国家历史建筑保护利用试点城市、世界遗产典范城市、国家城市设计试点城市、国家首批全域旅游示范区、国家文化消费试点城市、国家文化和旅游消费示范城市、国家服务贸易创新发展试点城市、国家跨境电商试点城市、国家首批地下综合管廊试点城市以及省首批海绵城市建设试点城市等。苏州的城市发展和探索，在中国的全球化、工业化和城镇化进程中留下了深刻的印记。过去 40 多年间，苏州创造了享誉海内外的"三大法宝"，实现了从"小苏州"成长为融"老苏州""新苏州"为一体的特大型城市，成为改革开放的标杆城市。

但是，经济的快速发展和转型，以及人口的规模扩张和结构变化也带来了新的治理挑战。循环经济和低碳发展、高新技术产业的提质增效、创新生态的培育维护、公共服务的均衡和质量、生态修复和生态文明、城市的健康安全、区域协同网络以及国际化功能和形象的建设等都成为打造'强富美高'新图景的重要议程。面对变幻的国际局势和身处世界城市之林，站在"两个百年"奋斗目标交汇以及"十四五"规划的新起点上，未来苏州即将面向更广阔的国际舞台，迎来新一轮的高质量发展，开创现代化的高品质生活。美好的发展愿景和特殊的历史使命都要求我们以创新、协调、绿色、开放、共享的新发展理念对未来城市有更多的谋划。

近年来，联合国、欧盟等国际组织相继出台了面向未来城市发展的战略政策文件，如《联合国 2030 年可持续发展目标》《巴黎协定》等，明确提出有机地整合经济、社会、环境三者的互动关系，在促进共享繁荣品质生活的同时提倡低碳发展，保护环境提高城市韧性。纽约、伦敦、墨尔本、法兰克福等国际城市也出台了中长期发展战略规划，在城市未来发展愿景和目标方面有明显的共性，包括着重突出城市发展的绿色低碳和创新能力，强调民众公平性和幸福感，注重政府能力建设与治理模式创新。

基于国际发展趋势，展望新的城市飞跃，需要以人为核心，实现更优质的增长和更高品质的生活，以增强和维系城市对其未来发展至关重要的居民和企业的吸引力和影响力，成为他们的幸福家园。这需要更大的抱负、更丰富的创造力和更有效、更智慧的规划组织引导和城市运营管理和引导。基于对苏州发展的理解、对未来城市的勾画以及国际重要城市发展经验的对比，本书集合国内外专家针对苏州的一系列研究成果，涉及未来城市发展重点领域的一些重要问题，并开展了前瞻性、多样性和可能性的思考。在中国城市发展翻开新篇章的关键时期，从战略、政策和设计等方面，探索苏州如何集成现代规划管理的理念策略、设计思路和技术方法，实现新的自我提升，打造具有引领性的现代化未来城市。

第1章探讨了智慧可持续城市在发展过程中遇到的实际问题，通过Q方法论来衡量智慧城市从业者的态度和主观看法，提出政府在引领智慧可持续城市的发展的同时，需要允许不同发展模式的共存从而吸引社会力量参与更广泛的智慧城市建设。

第2章着重探讨蓝绿系统在实现健康环境和可持续发展以及提供休闲娱乐机会方面的重要意义，分析比较了苏州与这方面比较典型的国际案例之间的差异，提出良好的生活环境对吸引技术型劳动力和人才的战略性价值，并对苏州蓝绿系统的规划建设提出相关建议。

第3章阐述了提升宜居性和住房可持续发展之间的辩证关系以及不同干预手段的适用条件和制约因素，基于国际宜居城市温哥华的案例分析，提出需在精准地观测调节房地产投融资行为的同时，发挥弹性规划的优势，撬动可支付住房供给和人居环境提升，打造未来苏州兼顾品质和公平的国际宜居城市。

第4章着眼于观前街的城市再生政策，使用百度兴趣点、大众点评数据和游客面对面访谈等方法分析了观前街商业业态的发展现状与趋势，提出培育和发展主力店战略，并围绕主要商店合理建立零售集群和多元化的租户组合。

第5章探讨了苏州未来城市发展与资源要素约束之间的矛盾，解决分析了城市紧凑型发展的原因以及国内外城市的相关规划政策，探寻苏州增加城市开发密度的机会，并提出紧凑开发的解决方案和建议。

第6章引入社会创新理论对苏州乡村新内生发展的价值及其形成要素进行解读，并通过欧洲LEADER项目进行说明，进而从构建乡村多层次创新推动体系、城乡联动的多尺度水乡综合体网络以及优化村内外的沟通制度和村集体身份转型三个方面提出苏州乡村振兴的建议。

第7章总结了国外三个城市健康城市建设的经验，从宏观发展策略、细致全面的公共空间设计导则、具体规划建设非机动和公共交通一体化系统等方面为苏州健康城市的发展提供思路及方法。

第8章结合联合国世界旅游组织的最新指南，总结促进旅游业与城市更新协调发展的三种互补策略，并重点关注和探讨了如何在苏州古城的特定形态和文化背景下部署时空交错的旅游形式，提出多样化的旅游产品可以增加苏州古城的独特韵味，使当地社区受益，并提高城市的宜居性。

第9章着重探讨"协作式规划"的新治理模式对苏州可持续的滨水复兴的重要意义，并对全球范围相关案例进行分析，进而提出新治理模式的出现需要一种新型的伙伴关系作为支撑，而合作伙伴关系需要针对性施策、持续性领导以及自下而上的公众参与。

第 10 章重点关注苏州逐步兴起的不同规模等级的高铁新城对城市结构的深刻影响，分析了高铁发展的背景和趋势，梳理了苏州高铁新城的发展现状及存在问题，并提出未来高铁新城规划的初步建议。

第 11 章着眼于全球数字经济发展和数字化转型的趋势、核心和特点，结合苏州数字发展的目标、现状和新的挑战，提出建设包容性数字经济，完善监管和引导的双重机制等一系列策略建议，助力苏州构建富有活力和可持续数字生态系统的政策建议。

需要说明的是，由于写作时间紧、任务重，加之资料收集和实地调研受到了新冠疫情的一定影响，在此对章节作者、编审专家、编委助理、研究助理，以及为研究的顺利展开提供便利的多个机构和个人予以诚挚感谢。本书是基于国际本土思维（Glocal）的一次新的尝试，抱着广开思路和抛砖引玉的态度，为苏州的发展探索提供新的角度和策略建议。章节内容代表编写团队的个人观点，还有待于实践的检验。欢迎学术同仁和各界有关人士指导和指正，也欢迎更多立足时代前沿、着眼城市实践的优秀力量的加入和交流。

徐蕴清

西交利物浦大学城市规划与设计系副教授、博士生导师

西交利物浦大学城市与环境校级研究中心主任

2021 年 7 月 13 日

目 录 | CONTENTS

1 打造智慧与可持续的未来苏州：新智慧苏州发展的战略维度   **001**

一、智慧与可持续城市的概念   002

二、苏州的智慧城市发展   006

三、Q 方法论调查   009

四、Q 分析与研究发现   011

五、对未来苏州的建议   014

2 营造未来苏州都市环境的基本要素：基于城市蓝绿系统的讨论   **029**

一、环境品质对城市经济发展和人才吸引的正面作用   030

二、场所影响城市吸引力：作为创新摇篮的"新型城市"   030

三、场所要素：苏州的吸引力源于蓝绿系统   031

四、蓝绿系统政策的国际案例   037

五、蓝绿系统对人才吸引力的探讨   040

六、对未来苏州的建议   042

3 苏州打造宜居新"天堂"：住房规划政策的弹性机制   **052**

一、宜居城市下的城市新目标及住房金融化趋势下的重要考验   053

二、住房开发和消费的投资：问题和影响   056

三、住房调控政策：局限和障碍   060

四、住房调控政策的实施障碍和深层次原因   065

五、加拿大温哥华案例比较分析   068

六、对未来苏州的建议   077

**4 主力店战略助力未来苏州发展：百度和大众点评数据下以零售业为主导的
苏州城市再生**   **086**

一、研究综述   088

　　二、研究设计　　　　　　　　　　　　　　　　　　　091

　　三、总结讨论与政策建议　　　　　　　　　　　　　103

5　展望未来苏州：探索紧凑型城市发展，为更多人营造可持续家园　　109

　　一、可持续发展在中国的重要性与日俱增　　　　　　　110

　　二、解决方案：紧凑型开发　　　　　　　　　　　　　111

　　三、苏州高密度化开发的机遇：以安置社区为例　　　　117

　　四、高密度化政策的选择与建议　　　　　　　　　　　126

　　五、未来研究方向及本研究的局限性　　　　　　　　　129

6　苏州未来乡村振兴策略：迈向创新驱动的新内生发展　　136

　　一、新内生发展模式内涵简述　　　　　　　　　　　　138

　　二、社会创新与乡村振兴　　　　　　　　　　　　　　140

　　三、对苏州的启示　　　　　　　　　　　　　　　　　145

7　健康的未来苏州：营造支持健康生活方式的城市环境　　157

　　一、健康生活和营造健康城市已成为国际趋势和热点　　158

　　二、国际健康城市规划和建设的案例　　　　　　　　　160

　　三、中国对健康生活和健康城市的呼吁和倡导　　　　　167

　　四、对于未来苏州健康城市规划的几点建议　　　　　　170

8　旅游业助力未来苏州的城市更新：基于联合国推荐的三种战略　　175

　　一、旅游业对历史文化名城的影响　　　　　　　　　　176

　　二、对苏州城市旅游的分析　　　　　　　　　　　　　179

　　三、对苏州未来发展的建议：实施旅游业可持续增长的三项综合战略　　183

　　四、本研究的局限性和未来研究的建议　　　　　　　　190

9　面向未来的苏州滨水综合复兴　　195

　　一、流域管理的背景　　　　　　　　　　　　　　　　197

　　二、国际背景下的流域管理　　　　　　　　　　　　　200

　　三、中国苏州的流域管理　　　　　　　　　　　　　　206

　　四、对未来苏州的建议　　　　　　　　　　　　　　　212

10　未来苏州高铁新城建设与城市空间结构转型　　　　　　　　**225**

　　一、文献综述　　　　　　　　　　　　　　　　　　　　226

　　二、苏州的概况和分析　　　　　　　　　　　　　　　　230

　　三、结论及对未来苏州规划的建议　　　　　　　　　　　241

11　推动未来苏州数字经济发展　　　　　　　　　　　　　**247**

　　一、数字经济的范畴　　　　　　　　　　　　　　　　　248

　　二、数字经济生态系统　　　　　　　　　　　　　　　　250

　　三、数字技术的新发展　　　　　　　　　　　　　　　　251

　　四、数字经济的驱动力与发展趋势　　　　　　　　　　　253

　　五、苏州数字化经济的现状与挑战　　　　　　　　　　　257

　　六、对苏州未来数字化经济的建议　　　　　　　　　　　259

打造智慧与可持续的未来苏州：新智慧苏州发展的战略维度

金俊植，冯彦茹

　　智慧城市已成为当前全球城市化进程中的重要概念，并在近年来融合了可持续发展的理念。"绿色"与"智慧"技术的统一在当代生态城市的发展中值得关注。虽然在可持续发展的城市化项目中，采用智慧技术已被普遍认可，但智慧城市的实践者在实际中仍会遇到诸多操作上的困难。规划者面临一项复杂的挑战，即如何协调智慧可持续城市发展中不同利益相关者之间的观点、利益和冲突，这些利益相关者包括政府、信息与通信技术提供商、建筑企业和当地社区。本研究以中国苏州为例，探讨智慧可持续城市在发展过程中遇到的实际问题，并通过 Q 方法论来衡量智慧城市从业者的态度和主观看法。结果表明，苏州市政府必将引领智慧可持续城市的发展，但同时智慧城市需要允许不同发展模式的共存从而吸引私营部门参与更广泛的智慧城市建设。

　　关键词：智慧城市；可持续发展；新智慧苏州；Q 方法论；发展战略

　　作为一种利用信通技术（信息和通信技术）的城市发展模式，"智慧城市"的概念在全球范围内已被广泛应用于城市发展和管理的实践中，其发展与城市的信通技术基础设施和传感器网络密切相关。目前普遍认为，智慧城市可以提升城市环境的价值，提高城市居民的生活质量。许多城市发展项目越来越多地采用智慧城市技术，通过整合城市基础设施、环境、交通、能源、医疗、安全、电子政务等不同的城市系统，优化资源管理，改善公共服务。近年来，智慧城市也融合了可持续发展的理念。"绿色"与"智慧"技术的结合，在当代生态城市发展中引人注目[1]。智慧城市的发展被视为推动城市经济、社会向知识和环保型转变的催化剂[2]。这种新的发展模式通过吸引不同的信息与通信技术产业来改革城市的工业网络，从而实现低碳经济，并最终推动城市的可持续发展[3]。虽然在可持续的城市化项目中采用智慧技术已被广泛

本研究由西交利物浦大学科研发展基金（RDF–16–01–36）资助。

苏州必须在智慧城市中考虑城市的可持续发展愿景，理解智慧可持续城市发展的复杂性。

接受，但人们仍普遍认为这种"新"做法在操作上存在困难。许多从可持续性角度研究智慧城市发展的文献批评到，目前的智慧城市实践仍狭隘地集中在能源优化和可再生能源发电的技术创新上[1]。根据 Kramers 等人的观点[3]，智慧城市的概念并不完全涉及可持续性问题，而且智慧城市与可持续发展的概念之间也缺乏联系，其关键论点在于智慧城市的方法无法在经济动力、社会多样性和空间复杂性方面推动可持续发展的目标。虽然在实践中很少出现对智慧城市是否可以推动可持续发展的分析或评估，但世界各地的诸多智慧城市项目都非常积极地将智慧城市与可持续发展愿景联系起来。

本研究对智慧可持续城市的发展提出了现实思考，探讨与智慧城市发展相关的从业者的看法，特别是可持续性这一视角，并强调发展过程中积累的经验教训。研究从业人员态度的重要性在于专业人士、决策者和研究人员的想法会对智慧可持续城市的发展战略和方向产生影响，尤其考虑到当前社会各界对于一些新问题并没有形成明确的共识。Barry and Proops[4] 认为，认识个人如何"思考"环境问题是判断相关环境政策是否为社会所接受并因此得以实施的一个重要因素。同样，在智慧城市实践中，要阐明专业人士在实现可持续发展目标方面的主观意见，需要从实践主体的经验中获得数据。本研究使用 Q 方法论来度量从业者的态度和主观意见，原因在于该方法论是调查主观观点、态度和思维结构最有效的研究工具之一[5-7]。本章首先论述长期以来协同规划实践所带来的经验和教训，从而为实现城市的可持续愿景提供思路；其次，鉴于 Q 方法论在社会科学和城市规划领域鲜为人知的现实[4, 8]，本章对该方法论的原理与过程作简单介绍，包括对研究结构和过程的概述；第三，根据 Q 方法论调查，本研究评估智慧城市从业者对可持续发展问题的态度；第四，在上述分析结果的基础上，文章在最后提出智慧可持续城市发展的战略方向。

一、智慧与可持续城市的概念

（一）智慧城市的定义

很明显，通过将城市规划实践与新一代信通技术（例如大数据和人工智能）相结合，智慧城市的理念可以在提高城市运营效率和生活环境质量方面发挥积极作用。在过去的 20 年里，关于智慧城市概念的解释和定义层出不穷[9-16]。智慧城市不仅是一个跨学科的问题，也是跨区域范围内的研究机构、学者和政府部门共同关注的研究课题[17, 18]。因此,为更好地理解本研究的论点,有必要首先了解智慧城市的定义和发展趋势。

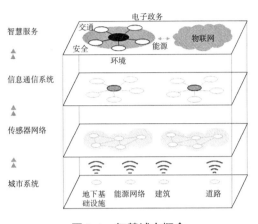

图 1-1 智慧城市概念
(图片来源: 作者自绘)

智慧城市一词首次出现于 1992 年,与信通技术有着密切的联系。2009 年,智慧城市开始成为一个独立的研究课题,在此之后关于智慧城市的研究呈现井喷式增长[19]。尽管智慧城市没有统一的定义,但是总体上可以被大致分为两类:第一类定义以技术为核心并被美国的技术商业公司所主导;另一类定义持整体性观点,是在欧洲研究机构和大学的支持下发展起来的[17, 21]。

基于技术的智慧城市战略认为信通技术是智慧城市的重点,因为通过技术可以将城市的方方面面互联互通,有效解决城市病,提高城市系统的运行效率,提高人民的生活质量,促进城市的经济增长。信息通信技术公司,如 IBM、Cisco 和 Forrester Research,是这一观点的有力支持者,比如在 2010 年 IBM 将智慧城市定义为:"在城市的运行过程中,利用信息通信技术来感知、分析和整合城市核心系统的关键信息。"

这些科技公司将智慧城市概念视为增加其市场利润的策略,并坚信通过信息通信技术建设起来的智慧城市能够促进城市的繁荣。但是,这种以技术为主导的观点因其缺乏对社会、文化的关注并且极有可能造成社会分异[13, 17, 19, 22]而备受批评。

相比之下,整体性观点不仅承认信息通信技术在智慧城市中的重要性,而且还强调人力和社会资本的开发和协调。正如 Hollands[13] 所述,智慧城市必须投资于人力和社会资本,而不是盲目地相信技术会让城市变得更美好更聪明。因此,在整体性观点的指引下,解决社会不平等,提高社会包容性,扩大公众参与,提高民众的教育水平以及关注知识经济变得极为重要[13, 17-20, 22]。然而,尽管智慧城市的整体观点已经广泛存在于学术文献中，但目前还很少被真正应用到智慧城市的实践中[19]。

（二）国际智慧城市案例

尽管目前尚没有智慧城市的统一定义，但这一概念依旧在全球收获了巨大的关注度。这是由于全球范围内急需智慧的手段来解决人口迅速增长所带来的交通拥堵、城市蔓延、资源枯竭和环境污染等问题，而智慧城市所宣称的利用信息通信技术来解决城市问题，提高城市运行效率和提高人民生活质量等标语就成了吸引无数城市展开智慧城市建设的诱因。不管是欧洲、北美、亚洲、非洲或者中东，智慧城市的建设遍布各地[18, 22-25]。

Giffinger 等人[26]从全球案例研究中提出智慧城市具有六个维度，即：智慧经济、智慧生活、智慧人民、智慧治理、智慧交通和智慧环境。Angelidou[17]所总结的智慧城市的特征包括信通技术发展、人力和社会资本发展、全球合作、促进创业，保障隐私等。Neirotti 等人[20]将智慧城市的建设分为两个领域：信息通信技术的发展和应用，人力和社会资本的发展。这些总结突出表明，信息和通信技术的发展必须用于提高社会包容性、改善教育机会、扩大民主参与和促进经济发展。Kim[27]认为，"智慧"一词在城市规划实践中具有多种用法，例如，一些人用它强调技术和工程特征，而另一些人则将其与社会和文化观点联系起来。很明显，智慧城市的概念具有多视角性，比如包含技术和社会文化等方面，其实质是不同科学概念的结合。为更好地理解智慧城市的建设，以下对三个国际智慧城市的案例作简单介绍。

1. 韩国松岛

松岛位于韩国首尔的西南面，属于仁川自由经济区的一部分。该自由经济区提出了发展创新与可持续性的计划以减少韩国长期以来对工业的依赖。松岛新城项目建立在填海的土地之上，可以容纳 65000 名居民和 30 万工人。该城市希望在生物、纳米、信息和普适技术方面取得成功从而奠定其作为全球创新和技术发展中心的地位，并以此与新加坡和中国香港竞争。松岛新城的建设模式是公共部门与私营企业合作，后者在建设中起到了关键作用。无数著名的科技与建筑公司，例如 Cisco、POSCO 均有参与项目的建设。可以说，仁川政府和私营公司希望通过一个崭新的城市从零开始建立起具有高端科技和服务的商业中心，其中包括建设全覆盖的网络、完善的交通体系以及城市绿洲。因此，松岛新城也被认为是世界上最大型的绿地智慧城市项目。然而，尽管在智慧城市建设方面很突出，但是松岛新城项目却遭到了各方批评，因为该项目使用的是自上而下的建设方法，规划与开发的过程专注于技术的发展而缺乏对于社会问题和公共参与的思考。在这种情况下，松岛新城可能只服务于上层人士或者科技工作者，导致出现社会分异现象。此外，松岛新城的目标之一是实现可持续性，但在一个填海项目上修建新城本身就具有是否可持续的争议 [25, 28, 29]。

2. 荷兰阿姆斯特丹

阿姆斯特丹是荷兰的首都也是该国的商业和经济中心。2009 年阿姆斯特丹经济委员会，阿姆斯特丹市，Liander and KPN 首次提出了阿姆斯特丹智慧城市项目（SCAP），其主要目标是促进经济发展，减少二氧化碳排放和提高市民生活质量从而实现城市的可持续性。该项目包含数十个具体建设项目，主要关注智慧生活、智慧交通、数据开放和智慧工作。尽管一开始该项目的规划采用自上而下的模式，但在随后的几年中，包括私营企业、当地社区、研究机构、高等院校在内的 100 多个合作伙伴均有参与其中，因此发展过程也具有了自下而上的特点。在所有合作伙伴的共同努力下，智慧技术、产品和服务得以在此进行研究和测试，并在测试成功后被推广应用。不仅如此，成功的经验也被分享到整个阿姆斯特丹智慧城市平台上 [22, 24, 30]。阿姆斯特丹的智慧城市项目通过参与伙伴间的联合，将科技和经济发展、社会环境变化相结合，利用智慧科技收集相关数据为城市提供智慧解决方案。因此，阿姆斯特丹被公认为世界上最成功的智慧城市之一 [24, 25]。

3. 西班牙巴塞罗那

巴塞罗那是加泰罗尼亚的首府，也是西班牙的第二大城市，以其旅游、文化和经济而闻名于世 [30]。巴塞罗那智慧城市项目始于 2011 年，致力于将巴塞罗那打造成为一个更加智慧、创新、包容和可持续的城市。整个智慧城市的建设以社会包容为核心，其中主要有四个发展领域：智慧管理、智慧经济、智慧人民和智慧生活。总的来说，该项目就是利用智慧技术来提高居民的生活质量，促进创新型经济发展。在之后的数年里，巴塞罗那又实施了无数的特别智慧项目和计划。例如，22 街区曾经是一个破败的工业地区，但在巴塞罗那的城市更新计划和智慧战略的引领下，该地区成功转型为知识密集型的智慧区域，这包括经济、居住、交通、科技、绿色基础设施等各方面的改进，成为智慧城市的标准典范。转型后的智慧街区可以为智慧城市的相关技术和服务提供测试的机会，政府、私营企业和研究机构的工作空间得以重新定位，同时居民在这里可以享受高质量的生活。就城市总体而言，"22@ 巴塞罗那"项目仅仅是巴塞罗那智慧城市项目的一部分。在城市范围内，通过自上而下和自下而上方法的结合，政府、企业、研究机构和社区都能有效地参与智慧城市建设并且为建立一个更加公平、智慧和可持续的城市而努力 [31-34]。目前，巴塞罗那被认为欧洲乃至全世界最智慧的城市之一 [24]。

（三） 融合智慧城市与可持续城市理念

文献和案例综述的结果表明，智慧城市并没有唯一正确的建设模式，世界各地许多城市都对智慧城市的概念进行了不同的诠释，从而能反映其特定的经济、政治和文化环境[20]。一般认为，在智慧城市的规划和发展过程中，并不是所有的智慧城市要素都具有同等的权重[13]。当智慧城市与可持续发展的概念整合时，也同样适用于地方性原则。例如，韩国的智慧城市概念已经转化为"U–Eco City（无所不在的生态城市）"的理念，这反映了国家低碳绿色增长的政策。中国在"十二五"规划的基础上启动了国家低碳试点项目来强调低碳城市建设的重要性，这些理念也促进了"低碳智慧城市"在中国的发展。中国政府与欧盟委员会未来智慧城市的发展合作使用的是"绿色智慧城市"这一词汇。在国际背景下，联合国专业机构国际电信联盟将"智慧可持续城市"定义为："创新的城市，其特点是通过使用信息和通信技术和其他手段来提高生活质量、城市运行和服务的效率、竞争力，同时确保满足当代人和后代人对经济、社会和环境方面的需求[35]。"

尽管这一术语存在一定的不确定性，但本章依旧使用"智慧可持续城市"这一概念。智慧可持续城市的定义主要关注的是覆盖更广泛的可持续问题的能力。鉴于本章所剖析的智慧可持续城市的复杂性无法脱离经济、社会、物质环境和政治的现实，接下来的章节将探讨智慧可持续城市建设中不可避免的各方诉求差异及其利益冲突。

智慧可持续城市的本质必须涵盖可持续发展的三大支柱，即环境、经济和社会的发展。

二、苏州的智慧城市发展

（一）中国的智慧城市

如前文所述，现有文献对智慧城市的含义和定义已有诸多论述，而世界各地的智慧城市项目所采取的策略均是适应其所服务的政治和技术现实的[36]。虽然智慧城市在定义上的不确定性是其实施的一个障碍，但另一方面这一特性也使智慧城市建设可以更灵活地适应当地的政治和文化背景。

CCW Research（2014）[37]的一项研究报告指出，在中国被广泛使用的智慧城市发展战略有四类：为市民提供智慧的城市生活方式；发展智慧产业；应用智慧技术和设施；建设创新型城市。智慧城市在中国一直被视为刺激经济结构从传统制造业向技术型产业转型、促进创新技术发展、提高政府工作效率、解决环境污染和社会问题的有效工具[38, 39]。智慧城市的早期定义倾向于强调新技术，而最近的研究则更侧重于关注社会视角对智慧城市发展的重要意义[30]。2010 年，宁波市政府发布了《关于建设智慧城市的决定》，这是地方政府首次发布支持智慧城市建设的政策，随后北京、上海、深圳、南京、扬州等诸多城市也相继出台了相关政策。在国家层面，《工业转型升级规划（2011—2015 年）》首次使用了"智慧城市"一词并提出了物联网与智慧城市协调发展的要求[40]。2014 年 8 月，国家发展和改革委员会发布了《关于促进智慧城市健康发展的指导意见》，以确保智慧城市发展的质量，特别是在公共服务、社会管理、网络安全和环境领域[41]。

截至 2012 年，中国智慧城市信息化投资规模突破 1 万亿元[42]。截至 2013 年，中国已有 310 个城市提出或启动建设智慧城市[30]。截至 2016 年 6 月，中国有 500 多个城市提出或实施智慧城市建设[40]。最新的一份对中国 369 个城市的比较研究报告显示，智慧城市的发展总体上提高了城市公共服务的工作效率，并促进了新的商业机会，如在"智慧旅游"和"智慧社区"概念框架下启动的新型信通技术项目[43]。

中国智慧城市最流行的实施模式之一是特殊项目公司（Special Purpose Vehicle，SPV），其性质是母公司之外所设立的子公司以服务特定的商业为目的。考虑到智慧城市项目业务的不确定性，该模式可以帮助母公司规避不可预见的财务风险。在中国的智慧城市发展中，SPV 的运营有不同的发展路径[44]。部分 SPV 承担了整个智慧城市的投资、融资、管理、建设和运营（如湘潭市、温岭市、蓬莱市），而有些 SPV 主要负责智慧城市项目的投资和管理（如安徽省合肥市高新区）[44]。中国政府的引导政策鼓励包括公共机构、企业、公民、服务运营商在内的各类利益相关者参与智慧城市的植入过程[45, 46]。

（二）苏州智慧城市发展概况

与中国大多数城市一样，苏州自 2011 年起就启动了智慧城市的开发，"智慧城市"这个词汇也频频见诸媒体。然而，苏州智慧城市的建设并没有跟以往的数字化战略割离开来，其发展可分为三代：信息苏州、智慧苏州、新智慧苏州。

苏州现在正在向第三代智慧城市迈进，新型智慧城市更强调经济和社会方面，而不是以技术为中心的方法。

"信息苏州"的建设始于 2006—2010 年，正值互联网和信息化发展的初期。"信息苏州"强调从技术角度建设网络基础设施和发展电子政务平台。最近的研究报告显示，"信息苏州"实现了，一是苏州信息基础设施快速发展，宽带 IP 城域网覆盖全市；二是在电子政务建设方面取得了一些进展，如江苏省首批建立的 5 个基础数据库（人口数据库、法人数据库、宏观经济数据库、政府信息数据库、自然资源地理空间信息数据库）；三是苏州建立了企业信息服务中心和电子商务平台；四是苏州的社会信息化有了很大的提高，如教育信息化、医疗卫生信息化、社会保障信息化、农村信息化，均取得了一定的成绩[47]。

2011—2015 年，苏州开始建设第二代智慧城市——智慧苏州。智慧苏州是在信息苏州的基础上建立起来的，并将最初的信息苏州的技术结构朝着新技术方向升级，例如云计算、大数据。智慧苏州的目标是打造美丽的城市环境、先进的创新产业、智慧的市民生活与社会管理。为实现信息苏州向智慧苏州的转型，苏州市政府提出了三大任务、六大平台和九大工程。三大任务分别是信息基础设施建设、智慧苏州应用推广、智慧苏州产业培育。六大平台分别是地理信息共享平台、综合信息共享平台、综合决策支持平台、市政设施管理智能化平台、智慧大交通综合服务平台、城市应急综合智慧平台。九大工程包括智慧民生、智慧卫生、智慧交通、智慧教育、智慧城管、智慧平安、智慧旅游、智慧农业和智慧电网[47]。智慧苏州发展效果显著，苏州在电子政务，公共服务，城市治理水平等方面都有显著提升，并且荣获了全国"下一代互联网示范城市""'宽带中国'示范城市"等诸多荣誉。但是国家新型智慧城市、"互联网＋政务服务理念"和信息通信技术的进一步发展为苏州市智慧城市发展提供了新的机遇与挑战[48]。

2015 年 12 月，中央政府宣布了新型智慧城市的概念，并确立了五个目标，为民服务全程全时、城市治理高效有序、数据开放共融共享、经济发展绿色开源、网络空间安全清朗[49-50]。这一举措旨在推动新一代信息技术与城市现代化深度融合与迭代演进，通过制度规划、信息引领、改革创新实现城乡新生态的协调发展。新型智慧城市强调经济和社会视角，而不是以往智慧城市发展阶段以技术为重点的方法。此外，新智慧城市注重协调、共享和公众体验[49]。2016 年，苏州市政府结合中央政府的指导方针，将新型智慧城市和"互联网＋政务服务概念"融入了苏州智慧城市发展理念之中，开启了新智慧苏州发展篇章。2016—2020 年的新智慧苏州致力于深化电子政务的顶层设计和基础服务设施建设以提高政府运行效率，服务效率和决策水平。不仅如此，促进公共服务供给，社会和谐发展，优化市场环境等目标也将进一步提升苏州的智慧化水平，而大数据，云计算和物联网等新一代信通技术则为新智慧苏州提供有力支撑[48]。2021 年 1 月，苏州提出了"数字经济和数字化发展三年行动计划"，致力于推动苏州市传统制造业的智能转型，打造城市数字治理标杆和促进苏州数字化产业发展，为苏州的智慧城市发展指出了新方向[51]。

三、Q 方法论调查

（一）Q 方法论综述

Q 方法论最初是由心理学家 William Stephenson[52] 于 1935 年提出的，在因子分析理论的基础上进一步发展而来，目的是用科学的方法来系统地考察个人的主观想法[7, 52]。尽管学界不乏针对 Q 方法论的同行批评[7]，但它作为一种科学研究方法已在当今被广泛接受[53]，

> Q 方法论是从人的角度（即本研究中的智慧城市从业者角度）来调查观点、态度和主观结构的一种最有效的工具。

也成为研究个人态度最常用的手段[54]。Q 方法最初应用于心理学，最近也广泛地被其他学科所采纳，如农业[55, 56]、公共卫生[57]、乡村规划[8]、运输[58, 59]、网络教育[60]、旅游[61]、可持续性[4] 和能源[62] 等方面。尽管 Q 方法论目前在城市规划领域的应用较少，但由于该研究方法结构良好，使用广泛，可用于衡量不同的视角、态度或主观意见[53, 63, 64]，并可通过认识人类的实践来探索新思路[65]。因此，该方法在理解规划实践方面具有潜力，其主要机理是通过了解规划专业人员的主观因素来认知其所影响的实际规划行动，包括制定战略、计划和指导方针等。

Q 方法论是定性和定量研究方法的集合[66]。从定性的角度来看，它强调个人的主观看法和理解；另一方面，该方法采用因子分析这一定量工具来检验不同观点之间的统计相关性。图 1-2 解释了 Q 方法论实施的五个阶段（更多信息可参考 Barry 和 Proops[4]；Davis 和 Michelle[67] 和 Simons[65] 的研究）。Q 方法论所提供的定性和定量分析框架可以将特定个体间的对话转化为系统化的信息，其优势在于排序活动是由参与者自行组织的，因此，该方法无需任何内在的假设即可产生 Q 排序的结果，因此具有强大的说服力[53]。

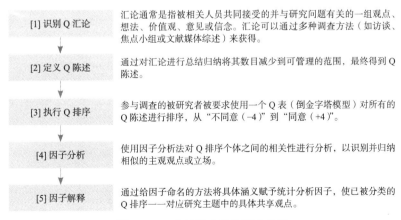

图 1-2　Q 方法论实施的五个步骤

（二）实施 Q 方法论

本章探讨智慧城市从业者对可持续性的看法，并使用 Q 方法论从被研究者的角度度量其主观的想法。鉴于 Q 方法论的性质，本章中智慧城市从业者所阐述的观点并不能代表智慧城市认知的全貌。即使如此，研究结果仍然可以为当前苏州乃至中国的智慧城市实践提供有代表性的见解和批判性的论点。

在本次苏州案例研究中，研究者共定义了 33 个 Q 陈述用以衡量实践者对智慧可持续城市发展的看法。调查于 2019 年 9 月 27 日进行，共有 13 名参与者。正如 Akhtar-Danesh 等人[68] 所指出的，Q 方法的重要性在于它可以准确表达研究对象的不同意见，而不是参与者的数量。由于本研究选择的参与者包含具有公共部门和私营部门工作经验的人员，因此研究结果可以反映智慧可持续城市实践中的不同观点。参与者的详细背景如表 1-1 所示，7 名来自公共部门，6 名来自私营部门。

本章定义了 33 个 Q 陈述用以衡量从业者对智慧可持续城市发展的看法。

参与 Q 排序的参与者背景   表 1-1

Q 排序身份	智慧城市从业经验	工作背景	是否参与过智慧城市项目实施
1	11YU11	9 ~ 11 年	公共部门	是
2	12YU21	超过 12 年	公共部门	是
3	02NU22	少于 2 年	公共部门	否
4	02NU23	少于 2 年	公共部门	否
5	02NU24	少于 2 年	公共部门	否
6	02NU25	少于 2 年	公共部门	否
7	02NU31	少于 2 年	公共部门	否
8	05NA62	3 ~ 5 年	私营部门	否
9	02NA71	少于 2 年	私营部门	否
10	02NA41	少于 2 年	私营部门	否
11	05YA51	3 ~ 5 年	私营部门	是
12	02NA52	少于 2 年	私营部门	否
13	02YA61	少于 2 年	私营部门	是

（图表来源：作者自制）

四、Q 分析与研究发现

因子分析的结果显示有两种截然不同的意见群体，每个群体内部对智慧可持续城市的发展持有相同的观点。在 13 名调查参与者中，9 名参与者被确定与因素 1（第一意见组）密切相关，而 3 名参与者与因素 2（第二意见组）密切相关。根据参与者的背景，因素 1 被认为是"公共部门主导的观点"，在表 2 中表示为"话语 A"。因素 2 被命名为"私营部门主导的观点"，这是由于因素 2 的所有三个参与者都来自智慧城市行业。因素 2 在表 2 中表示为"话语 B"。如表 1-2 所示，每一个话语都展示了参与者所持有的具体视角和态度。

<table>
<tr><td colspan="4" align="center">两种话语中 Q 陈述的得分</td><td align="right">表 1-2</td></tr>
<tr><td rowspan="2"></td><td rowspan="2" align="center">Q 陈述</td><td colspan="2" align="center">话语</td></tr>
<tr><td align="center">A</td><td align="center">B</td></tr>
<tr><td>1</td><td>政府应该引领智慧可持续城市的发展</td><td>4</td><td>−2</td></tr>
<tr><td>2</td><td>智慧可持续城市需要加强城市的韧性以应对气候变化引起的自然灾害</td><td>−1</td><td>0</td></tr>
<tr><td>3</td><td>绿色与可再生能源技术是许多智慧可持续城市发展的核心</td><td>+3</td><td>+1</td></tr>
<tr><td>4</td><td>总的来说，智慧城市是不可持续的，因为它相比以前的城市耗费了更多的能源</td><td>−4</td><td>+4</td></tr>
<tr><td>5</td><td>智慧城市的一个关键方面是可持续生活的新方式而不是便捷的生活方式</td><td>−1</td><td>+2</td></tr>
<tr><td>6</td><td>目前，社会缺乏对利益相关者在智慧可持续城市发展中的角色和责任的认知</td><td>−2</td><td>−1</td></tr>
<tr><td>7</td><td>智慧城市项目应该在城市可持续发展愿景下实施</td><td>+2</td><td>−3</td></tr>
<tr><td>8</td><td>与智慧城市建设相关的大多数人都把可持续问题放在首位</td><td>+1</td><td>−1</td></tr>
<tr><td>9</td><td>有必要建立一个指导机构让更广泛的利益相关者能参与智慧可持续城市的发展</td><td>0</td><td>+1</td></tr>
<tr><td>10</td><td>让智慧城市更有可持续性需要更多的资源和资金</td><td>−2</td><td>−4</td></tr>
<tr><td>11</td><td>智慧可持续城市没有一个主导的发展模式</td><td>−3</td><td>+1</td></tr>
<tr><td>12</td><td>我不是很关心智慧城市中的可持续发展</td><td>−4</td><td>3</td></tr>
<tr><td>13</td><td>智慧可持续城市的技术规范可以标准化</td><td>+1</td><td>−1</td></tr>
<tr><td>14</td><td>有必要建立一个框架，用于评价信息通信技术对智慧可持续城市可持续性的影响</td><td>+2</td><td>+3</td></tr>
<tr><td>15</td><td>整合城市的不同系统对建立成功的智慧可持续城市是至关重要的</td><td>+4</td><td>0</td></tr>
<tr><td>16</td><td>网络安全（黑客攻击风险）的概念在智慧可持续的城市环境中变得极其重要</td><td>+1</td><td>+2</td></tr>
<tr><td>17</td><td>智慧可持续城市必须能为城市的经济做出贡献，例如就业、增长和融资</td><td>+3</td><td>+1</td></tr>
<tr><td>18</td><td>智慧可持续城市需要一个"令人惊奇的因素"：它应该展示一些创新的东西</td><td>+2</td><td>−2</td></tr>
<tr><td>19</td><td>智慧可持续城市立法框架的缺失是其实施过程中的一个明显障碍</td><td>−1</td><td>+1</td></tr>
<tr><td>20</td><td>如果在隐私和数据保护方面有严格的规定，就很难确保智慧可持续城市的全部利益</td><td>−2</td><td>+2</td></tr>
<tr><td>21</td><td>我认为大多数未来的环境问题可以被智慧技术解决</td><td>+1</td><td>−3</td></tr>
<tr><td>22</td><td>我相信智慧技术可以让公众的行为在每一天的生活中变得更加可持续</td><td>+2</td><td>−4</td></tr>
</table>

Q 陈述		话语	
		A	B
23	无线网络基础设施对智慧可持续城市发展的重要性超过智慧城市	+1	+1
24	公众不愿意为能使他们的生活更可持续的智慧服务支付额外费用	−3	0
25	目前，智慧可持续城市的实践没有达到应有的公众参与度	−2	−3
26	智慧可持续城市的用户不仅是政府，还有企业与公众	0	−1
27	智慧城市的可持续发展战略应该超越智慧解决方案的技术层面	+3	+4
28	智慧可持续城市应该成为整合城市可持续发展实践的平台	0	0
29	智慧可持续城市是联系公众的一个有效手段，因此可以增加地方民主参与度	0	−2
30	智慧可持续城市可以通过将公众作为传感器来加强其社区参与	−1	−1
31	我将智慧城市视为实现可持续发展愿景的手段	0	−2
32	在智慧可持续城市发展中，很难与私营部门合作，因为他们眼光短浅	−3	+3
33	智慧可持续城市应该向用户和软件开发者提供大量的公共数据	−1	0

注："从 −4 到 +4"代表对话语的同意程度从"不同意"到"同意"。

（图表来源：作者自制）

（一）话语 A：公共部门主导的视角

统计分析结果表明，话语 A 对陈述 1、3、15、17、27 非常同意，对陈述 4、11、12、24 非常不同意。话语 A 的参与者强调了政府主导的智慧可持续城市建设的重要性（陈述 1，+4 分），并认识到在城市中整合各种系统对于建设成功的智慧可持续城市非常重要（陈述 15，+4 分）。A 话语的参与者也表示，智慧可持续城市可以为城市的经济发展做出贡献（陈述 17，+3 分）。值得注意的是，那些持有公共部门主导观点的人承认绿色和能源技术在建设智慧可持续城市中的重要性（陈述 3，+3 分），但也强调智慧城市的可持续战略需要超越智慧技术（陈述 27，+3 分）。这些观点与当前苏州智慧城市发展面临的问题是一致的，即从信息苏州和智慧苏州向新智慧苏州升级。这反映出新智慧苏州比以往更注重社会、文化、经济和人文体验的发展。同样值得注意的是，该话语认为智慧可持续城市的主导模式是可行的（陈述 11，−3 分）。

话语 A 对 4 和 12 的表述表示强烈反对（陈述 4 和 12，−4 分），说明公共部门强调可持续发展在苏州智慧城市发展中的重要性。此外，话语 A 表示在智慧城市发展的实践中与私营部门的合作是可行的（陈述 32，−3 分）。从这些分析结果中可以看出，苏州政府公共部门面临潜在的机会来构建一个更加强调可持续发展愿景的新智慧苏州发展战略。这将使苏州拥有中国独一无二的智慧城市。这同时也表明，实现苏州智慧可持续城市的愿景、建立新型智慧苏州的公私合作模式、更广泛吸引智慧城市发展的利益相关者都已具备了坚实的基础。这一战略也可以通过加强公众对智慧城市发展的参与来实现，这一点在本话语 A 中得到了广泛认同（陈述 25，–2 分）。

（二）话语 B：私营部门主导视角

总的来说，以私营部门为主导的观点非常赞同陈述 4、27、12、14 和 32，不赞同陈述 10、7、21、22 和 25。该话语中最重要的问题在于对待智慧城市中发展可持续性的态度。与话语 A 不同的是，私营部门主导的观点认为，在智慧城市的实践中，可持续性不那么重要。例如，话语 B 说明智慧城市是不可持续的，因为其更高的能源消耗（陈述 4，+4 分），同时城市的可持续发展愿景与智慧城市的实施缺乏关联（陈述 7，–3 分）。此外，私营部门主导的视角也不太关心智慧城市中的可持续发展（陈述 12，+3 分）。这些观点也反映在环境问题和公民的绿色生活方式上，例如，该话语既不认为大多数未来的环境问题可以通过智慧技术来解决（陈述 21，–3 分），也不相信智慧技术可以用来改变人们的行为，使其日常生活更加可持续（陈述 22，–4 分）。

B 话语对其他方面表达的观点也与 A 话语有不同之处。私营部门主导的观点较少强调政府在智慧城市模型中的主导性（陈述 1，–2 分），但同时也表达了在智慧城市发展上需要更加多样化模型的诉求（陈述 11，+1 分）。分析结果表明，私营部门对智慧城市立法框架的重视程度高于公共部门（陈述 19 和 20）。另一方面，与公共部门的观点相比，私营部门较少关注发展智慧可持续城市的新方法和创新（陈述 18）。另一个有趣的观察是，在智慧城市的实践中，私营部门对与公共部门的合作表达了更为保守的看法（陈述 32）。

话语 A 和 B 都认为有必要建立一个衡量信息通信技术对智慧可持续城市的可持续性影响的评价框架（陈述 14），而且建设智慧可持续城市可能不需要更多的资金和资源（陈述 10）。两者同时均强调了利益相关者在智慧可持续城市发展中的重要角色和责任（陈述 6）。此外，两种话语都认为智慧可持续城市的发展可以为城市经济作出贡献（陈述 17），而智慧城市的可持续发展战略应该超越智慧解决方案的技术层面（陈述 27）。这些共识可成为新智慧苏州发展的战略方向。

苏州政府必须引领新智慧苏州的建设，但允许在智慧城市发展中采用多种模式，以适应私营部门参与更广泛领域的智能城市建设。

（三）Q调查结果摘要

从 Q 调查的结果中，我们可以得出一些有价值的关于新智慧苏州发展战略维度的思考。研究中智慧城市利益相关者的意见和观点可归纳如下，一是苏州政府必须引领新型智慧苏州的建设，但允许在智慧城市发展中采用多种模式，以适应私营部门参与更广泛领域的智慧城市建设。这将有助于城市经济的改善与新智慧苏州的发展。二是新智慧苏州应率先开创具有强大可持续发展愿景的创新型智慧城市新模式，这一模式将创造新智慧苏州的特色，使苏州引领中国未来智慧城市的发展方向。三是需要制定完善的立法框架来最大限度地发挥智慧可持续城市的效益。框架应该明确利益相关者在智慧可持续城市发展中的角色和责任，构建衡量信息通信技术对城市可持续性影响的评估体系。

五、对未来苏州的建议

2019 年 9 月，本研究对从事智慧城市实践工作的从业人员进行了两次半结构化访谈，以了解苏州智慧城市项目发展中的实际问题和挑战。访谈涵盖两方面内容，苏州智慧城市的整体发展情况；苏州发展实践中面临的挑战。本节对访谈的主要结果进行总结，受访者的许多意见都与 Q 调查的结果相关，即强调城市系统的整合（陈述 15）和超越技术层面的智慧城市（陈述 27）。

（一）制定新的智慧城市一体化战略

苏州在经历了信息苏州（2006—2010 年）和智慧苏州（2011—2015 年）的发展后，于 2016 年开始新智慧苏州的发展并朝着创建全国一流数字经济和数字化发展标杆城市前进。虽然最新的理念已被用于智慧城市发展的实践，但人们仍普遍认为"新"实践存在操作上的困难。与世界上许多其他智慧城市一样，新智慧苏州面临着如何在现实生活中收集和应对利益相关者不同诉求的挑战。智慧城市的发展需要大量利益相关者的参与，包括城市规划者和信息与通信系统工程师（后者往往缺乏直接参与传统的规划实践的经验）。在谈到苏州智慧城市发展转型时期的经验时，其中一位受访者提到，为向苏州新型智慧城市迈进，改变参与智慧城市项目的从业者的视角是很重要的。"第一个挑战就是，推动的实施者，他的思想和认识……我做新型智慧城市要跳开技术站到更高的格局来看待这项工作的推进。那么这项工作就不是以技术为主，在第二代到第三代的转型中，我不希望技术来主导，而是（技术）转换为其中的一种支撑作用。这个很重要。"

　　最近的研究报告指出，尽管让更广泛的利益相关者参与制定智慧城市战略很重要[69]，但不同利益相关者之间的不良合作可能会导致"筒仓效应"，影响有效沟通和跨部门支持[40, 70]。显然，实施过程中因管理不善造成的冲突会削弱智慧城市的潜力，阻碍未来的改良行动。如何处理不同参与者在智慧城市发展中的不同观点和冲突，是规划师面临的复杂挑战，这些利益相关者包括：服务提供者（公共部门）、经营者（企业）以及终端用户（当地社区）。当前，整体性规划、管理新智慧苏州并制定综合战略和政策的必要性已得到广泛认可。显然，智慧城市的发展需要运用协同规划的方法。随着可持续发展概念的出现，越来越多的人认识到，智慧城市在经济、社会和环境决策方面需要跨部门、多层次的合作。基于当今的共识，城市问题已不能再由传统的国家机构通过国家干预来解决；或者说，复杂的问题需要复杂的机构来应对。新智慧苏州一体化战略的目标应该是，一是将所有参与新智慧苏州发展的利益群体聚集在一起，使其为共同利益而努力。二是建立被绝大多数人接受和理解的新智慧苏州综合愿景。三是将智慧可持续城市的发展过程作为一个整体来考虑，并将所有的要素、技术、环境、社会和经济联系起来。

　　在过去十年的协同规划中，从最佳实践中总结出来的一个关键成功要素是实施过程中的联合现状调查和共享学习[27]。从协同规划的经验来看，在智慧可持续城市的早期发展阶段，开展联合现状调查，共同识别项目的关键问题至关重要。这是因为利益相关者如果不能在问题上达成一致，也就不能在答案（解决方案）上形成统一。一旦参与者能就基本调查结果达成共识，他们就可以迅速制定出相关政策并做出管理决策[71, 72]。联合现状调查利于参与者建立牢固的关系，更好地了解彼此的诉求，从而达成更好的协议[73]。虽然从业人员了解联合调查的必要性，但在现实中，这些过程往往既昂贵又耗时。由于智慧城市项目周期长并且人员变动频繁，能利用利益相关者共同的现状调查过程进行了解和学习是非常重要的。

　　考虑到实际情况的限制，联合现状调查的成功很大程度上取决于协调人员的技能和专门知识。智慧城市发展中有效管理变化的关键并不在于让参与者积聚在一起按照相同的时间表工作，而是应该协调其间不同的利益并努力制定出共同目标[27]。完成协调和促进的工作需要特别的专门知识，智慧城市项目在不同的发展阶段需要不同的促进或调解技能。战略制定阶段：建设苏州智慧城市战略咨询项目需要经验丰富的战略顾问，对城市发展和信息通信技术行业有深入的了解，以便为苏州设计新智慧城市的概念和相关服务；详细设计阶段：新智慧城市运营系统的详细设计需要经验丰富的业务流程专家，对地方政府的工作流程有专门的知识；建设阶段：在智慧城市建设阶段，需要具备 ICT 和建设项目管理经验的服务商。

（二）从本土文化的角度设计智慧苏州

前文已强调在新智慧城市建设中通过协调不同的工作流程来整合城市系统；同时，智慧可持续城市没有统一的定义，其建设应该超越技术层面。城市发展战略必须反映具体的城市环境（例如当地的文化、经济、城市规模和数字基础设施），不能忽视自身的雄心和能力[20, 30, 74]。一位受访者谈到了苏州城市身份与新智慧城市之间联系的重要性："如果你是从新型智慧城市来讲，我们整个建设肯定是和其他城市不一样的。苏州必须融入自己的文化，现在我们是国内外知名的创意城市，那我们的创新、生态也要融入进去。就是说已经脱离了技术方面的智慧城市，从不同方面来看待智慧城市。"

最新研究强调文化因素在智慧城市可持续发展中的重要性。地方历史和文化是智慧城市获得成功和增强竞争力的关键领域[13, 20, 22, 75, 76]。人们普遍认为，地方文化可以包含，政治和社会生活、公民智力和教育等公民文化；商业文化和市场声誉等企业文化；文化活动、文化生活和博物馆等可能代表城市的文化[22, 76]。

考虑到苏州作为历史文化名城、水乡的身份以及历史上丰富的农业文化背景，Kim（2019）提出三条苏州发展智慧城市的路径[77, 78]。一是以历史文化优势着手，苏州历史文化遗产丰富，对旅游开发和教育具有重要价值。使用新开发的现实增强技术，可以通过相机视角在移动设备上显示图形和文本，使用个人的移动电话即可将过去的街道视图（历史照片）与现实的视图（相机视图）重叠。这种基于位置的智能服务会吸引更多的游客来老城区，以提高其经济活力。二是以水运优势着手，苏州因运河网络而闻名，在古代，运河网络是客货运输的主要通道。尽管如今的苏州依旧在水运上保持优势，但新技术的使用可以使苏州的水运发展更进一步。近年来，自动驾驶汽车技术有了长足的发展，考虑到苏州在历史上所拥有的四通八达的水上交通基础设施，引进具有自动驾驶功能的新型水上交通系统具有很大潜力。三是以农业优势着手，农业是苏州的核心能力之一，也是历史上推动苏州成为地区商业中心的重要因素。随着食品质量和安全日益受到关注，建议将农业生产与智能技术相结合，为有需求的城市人口服务。项目可以混合多种功能，包括工厂化农场、咖啡厅、餐厅、周末农场设施、农业教育中心和社区工作室，在生态、经济和社会全方位促进城市的可持续性。加强城镇化进程中被弱化的以农业为中心的社区意识[79]。

以上三个例子突出说明在智慧城市和可持续城市的发展中，跨越苏州的过去和未来，将智慧技术和当地文化融合在一起非常重要（图1-3）。新智慧苏州必须具有区别于海内外其他智慧城市的独到之处，将智慧技术广泛应用于苏州的城镇化建设，将新型智慧城市的方法当作一种有效的工具，通过创新技术的应用来增强苏州的地方特色，而不是把苏州发展成中国众多智慧城市中的一个。

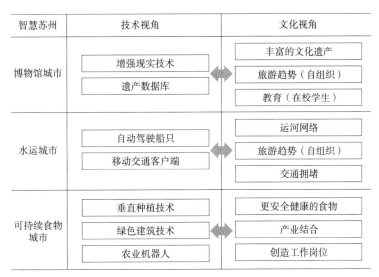

图1-3 智慧苏州融合智慧技术与本地文化

（图片来源：作者自绘）

（三）新智慧苏州的制度保障

前文已讨论协同的方法对于实现新智慧苏州的重要性。在制度保障方面，智慧城市发展的重点在于为参与者之间的交流和建立互动网络提供场所及平台。在智慧城市发展的过程中，对智慧城市发展成果的不同理解会导致冲突的发生，损害项目的信誉。比如开发商担心投资回报无法得到保障；而地方管理者考虑到其日常工作程序改变的高昂成本，容易忽略项目的成就和价值；此外，信息与通信技术发展成本的增加会推动智慧城市的房价上涨，导致居民对定价更高的智慧城市房地产的价值产生怀疑。

在这方面，伙伴关系工具被认为是在中国以及世界各地发展智慧城市的理想制度保障之一。然而，伙伴关系的概念在中国相对较新，在智慧城市的实践中，其经验框架尚未获得有效发展，也因此导致一些业务问题的出现，一些已有的伙伴关系等同于财政业务安排，例如特别项目公司（SPV）。具体来说，伙伴关系可以呈现不同的形式，包括发展伙伴关系、发展信托、联合协议、联盟和公司、促销伙伴关系、代理伙伴关系和战略伙伴关系（表1-3）。

伙伴关系类型 [80]   表 1-3

类型	动员层级	覆盖范围	伙伴范围	职权范围
发展伙伴关系	地方	单一地点或小面积，例如市中心	私人开发商，住房协会，地方政府	共同发展，互利共赢
发展信托	地方	社区	社区与其他代表	以社区为基础的更新
联合协议、联盟和公司	地方，可能是对国家政策的回应	明确界定的更新区域	公共的，私人的，有时是自愿的	制定正式/非正式战略，通常通过第三方实现
促销伙伴关系	地方，例如本地商会	区或者全市	私人部门为主导，由商会或发展机构赞助	地方营销，促进增长和投资
代理伙伴关系	国家，以立法权为基础	城市或者次区域	由私营机构委任资助的公营机构	赞助机构的职权范围
战略伙伴关系	区域，县，地方	次区域或者大都会	所有部门	制定增长和发展的总体战略

在中国，"发展伙伴关系"是被广泛认可的能够使项目的财政资源最大化的特殊工具，但在世界范围内，"战略伙伴关系"因其强调全球现代社会的合作与协调成为备受青睐的服务提供方式。表1-4归纳了本研究调查的六个全球智慧城市的战略、愿景、发展重点、制度安排和参与组织。从分析结果来看，大多数全球知名的智慧城市项目都是通过战略伙伴关系来实施的，这种战略伙伴关系涉及不同的利益相关者。

全球案例回顾 [25, 30-34, 81]   表 1-4

案例	战略或项目	愿景	发展重点	制度安排	参与组织
仁川	IFEZ松岛智慧城市项目	致力于在科技、生物和纳米信息领域取得卓越成就，成为全球领先的创新和技术发展中心	基础设施和服务	战略伙伴关系	政府；房地产开发商；科技公司
阿姆斯特丹	阿姆斯特丹智慧城市项目	在阿姆斯特丹大都市区促进经济发展并且减少二氧化碳排放	工作；流动性；公共设施；开放数据和生活	战略伙伴关系	政府；研究机构；公民；商业
巴塞罗那	巴塞罗那智慧城市项目	建设尺度近人、生产高效、联系紧密、零排放以及高速运作的都会区	生活质量；交通；废弃物管理；环境与能源；城乡融合	战略伙伴关系	巴塞罗那市议会；惠普等公司；联合国；欧盟委员会；世界银行

续表

案例	战略或项目	愿景	发展重点	制度安排	参与组织
里昂	大里昂的智慧城市战略	成为创新使用和服务的试验区。融合可持续发展与充满活力的经济系统	绿色数字经济；环境和能源	战略伙伴关系	经济与国际发展代表团等各部门；产业；学术界；市民
布里斯托	智慧城市布里斯托	利用智能技术，到 2020 年将二氧化碳排放量减少 40%，并实现更广泛的经济和社会目标	智慧数据；智慧能源；智慧交通	战略伙伴关系	公共部门；私营部门；市民
新加坡	智慧国家项目	成为世界上第一个智慧国家，提高生活质量，促进商业发展，帮助政府更好地为人们服务	生活；创造更多的机会；支持更强大的社区	战略伙伴关系	国家；公司；市民

从长远来看，战略伙伴关系将是新智慧苏州的理想模式。战略伙伴关系适合新智能苏州发展的主要原因有三个方面，一是苏州进行了机构改革，促进政府各部门之间的协同效应，并就智慧城市发展和数据共享中的协调与协作的重要性达成了共识；二是苏州经济资源丰富，因此，在智慧城市中建立战略伙伴关系方面具有良好的政治和经济基础，不会造成财政负担；三是苏州强调可持续发展的愿景在新智慧苏州发展中的重要性，这只能通过与更广泛的利益相关者的合作来实现。

战略伙伴关系可以超越财政资源的协调，从长远来看是新型智慧城市的理想模式。

从笔者对韩国 IFEZ 松岛智慧城市项目的观察来看，IFEZ 地方政府的智慧城市部门在有关项目的发展中承担了协调者的作用。该司在项目初期就已明确了与该项目有关的主要利益集团，并利用正式和非正式网络从内部和外部寻求更广泛的资源，以应对开发中的各种问题。尽管 IFEZ 的智慧城市部门促进了企业实践，但在地方当局、公共公司和建筑/信息与通信公司等利益相关者之间建立全面共识方面存在局限性，这是因为，企业行为难以摆脱由 IFEZ 主管部门负责的审批流程的影响。

新智慧苏州应该从 IFEZ 松岛项目中吸取教训。为完善新智慧苏州的组织机构，可以扩充现有智慧城市部门，明确以下重点：界定新智慧苏州的工作范围，以满足城市的特殊需求；调查新智慧苏州在实践中可能遇到的问题和障碍；为新智慧苏州制定战略和标准化方案。时序上，苏州可以采取两种方式：短期内，赋予苏州相关部门更多职能以协调智慧城市建设的相关工作并促进政府各部门间合作；长远上构建智慧可持续城市的长期战略伙伴关系（图 1-4）。

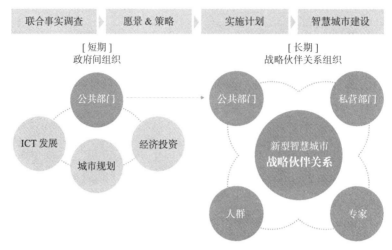

图 1-4 政府主导下的新智慧苏州：短期和长期发展

（图片来源：作者自绘）

（四）新智慧苏州的工作流程协调

智慧城市发展的实践面临着技术标准化、与城市规划的协作、以民为本的服务等方面的挑战[81]。最新研究表明，部分中国的智慧城市可能未能充分反映当地居民的需求，未能全面发展智慧城市[82, 83]。

智慧可持续城市是利用创新方案解决城市问题的潜在工具，与传统的城市规划和发展方法不同。这种创新的解决方案需要多种多样的实施过程，以应对可持续发展的多维度性、复杂性和动态性。有些程序，例如制定相关条例，要求公共部门的领导保持连续性，但另一些程序则需要社区参与，因此智慧可持续城市需要强调自上而下和自下而上两套方法的协作互动。借鉴城市规划的实践经验，协同规划的原则对于克服新智慧苏州发展的操作困难具有重要启示作用。

智慧城市的发展应强调城市核心系统之间的相互关系，将城市发展成为"系统的系统"[84]。例如，运输、商业和能源系统之间联网可以使人们对资源消耗做出更好的决定。在紧急情况下，系统集成的协同作用更加明显。如果公用事业公司的监测系统检测到供气管道发生燃气泄漏，综合管理系统可以做出如下联动反应：利用管道上的压力传感器提供的信息确定燃气泄漏的位置；使用监控摄像头实时监控该地区的情况；利用交通信号控制系统重新组织交通，协助公众规避危险地带；通过短信向附近市民通报紧

新型智慧城市需要创新的方式来协调不同的工作流程，以促进不同城市系统的整合，否则难以取得成功。

急情况。在这个场景中，智慧城市系统集成了 4 个由政府部门和企业单位运行的不同的信息与通信系统，包括燃气供应监控系统（公用事业供应部门）、监控摄像系统（公安部门）、交通信号控制系统（交通部门）和短信通知系统（电信行业）。

促进工作应该重点鼓励和优先考虑不同城市系统的整合，否则智慧城市建设难以取得成功。例如，智能电网发展的一个关键问题是如何将国家电网信息系统（公共基础设施）与单个家庭（私人财产）的能源系统连接起来。对此，政府可以通过管理建设审批程序来解决这一问题（图 1-5），比如通过制定或修改建设条例将批准住宅公寓建设的一个先决条件设定为必须安装具有标准化通信协议的智能电表，以此引导城市智能电网的综合发展。新智慧苏州的各个组织机构应该积极合作，同时协调信通技术问题与城市规划实践的互动。

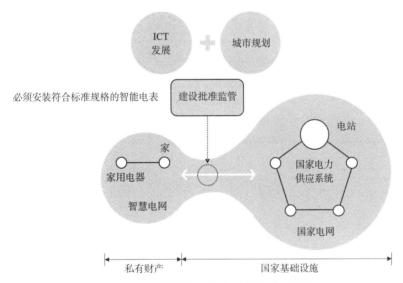

图 1-5　组织间的促进：智能电网的审批规则

（图片来源：作者自绘）

工作流程协调的另一方面与新智慧苏州发展中的公众参与有关。可以考虑组织公共创意竞赛，以寻求智慧可持续城市问题的解决方案，例如，向公众征集如何通过使用创新技术来改变人们的行为，使其更具可持续性的方案。该类实践可以参考"趣味理论"竞赛（www.thefuntheory.com）和"可玩城市奖"（www.watershed.co.uk/Playable City）的做法。此外，也可以考虑建构一个被称之"以公民为传感器"的志愿信息系统，鼓励市民志愿者利用自己的数据开发应用程序，或者提供私人的数据协助监测城市管理的具体表现。一个简单的例子是设立让市民向当地政府报告社区问题的互联网平台（见 Fix My Street，www.fixmystreet.com）。这是一个双赢的解决方案，一方面城市可以节省监测资源，另一方面公民也能有效和及时地获得公民服务。

参考文献：

[1] JOSS S, COWLEY R, TOMOZEIU D. Towards the 'ubiquitous eco-city': an analysis of the internationalisation of eco-city policy and practice [J]. Urban Research and Practice, 2013, 6（1）: 54-74.

[2] KIM J S, WANG Xiangyi. Rethinking the Strategic Dimensions of Smart Cities in China's Industrial Park Developments: the Experience of Suzhou Industrial Park, Suzhou, China, In: Caprotti F, Yu L, and Sustainable Cities in Asia [M]. New York: Routledge, 2017: 248-260.

[3] KRAMERS A, HOJER M, LOVEHAGEN, WANGEL J. Smart sustainable cities - exploring ICT solutions for reduced energy use in cities [J]. Environmental Modelling and Software, 2014, 56: 52-62.

[4] BARRY J, PROOPS J. Seeking sustainability discourses with Q methodology [J]. Ecological Economics, 1999, 28（3）: 337-345.

[5] PERITORE P N. Brazilian party left opinion: A Q-methodology profile [J]. Political Psychology, 1989, 10: 675-702.

[6] ZRAICK R I, BOONE D. Spouse attitudes towards the person with aphasia [J]. Journal of Speech and Hearing Research, 1991, 34: 123-128.

[7] BROWN, S R. Q methodology and qualitative research [J]. Qualitative Health Research, 1996, November 4: 561-567.

[8] PREVITE J, PINI B, HASLAM-MCKENZIE F. Q methodology and rural research [J]. Sociologia Ruralis, 2007, 47（2）: 135-147.

[9] DUTTON W H. Wired Cities: Shaping the Future of Communications [M]. London: Macmillan, 1987.

[10] ISHIDA T. Digital city Kyoto [J]. Communications of the ACM, 2002, 45: 76-81.

[11] KOMNINOS N. Intelligent Cities: Innovation, Knowledge Systems and Digital Spaces [M]. London: Spon Press, 2002.

[12] AURIGI A. Competing urban visions and the shaping of the digital city [J]. Knowledge Technology and Policy, 2005, 18: 12-26.

[13] HOLLANDS R G. Will the real smart city please stand up? Intelligent, progressive or entrepreneurial [J]. City, 2008, 12（3）: 303-320.

[14] YIGITCANLAR T, VELIBEVOLU K, MARTINEZ-FERNANDEZ C. Rising knowledge cities: the role of urban knowledge precincts [J]. Journal of Knowledge Management, 2008, 12: 8-20.

[15] SHIN D. Ubiquitous city: urban technologies, urban infrastructure and urban informatics [J]. Journal of Information Science, 2009, 35: 515-526.

[16] TRANOS E, GERTNER D. Smart networked cities [J]. Innovation: The European Journal of Social Sciences, 2012, 25: 175-190.

[17] Angelidou, M.（2017）'The Role of Smart City Characteristics in the Plans of Fifteen Cities', 24（4）: 3-28.

[18] Caragliu, A., Bo, C. Del and Nijkamp, P.（2011）'Smart Cities in Europe', 18（2）: 65-82. doi: 10.1080/10630732.2011.601117.

[19] MORA L, BOLICI R, DEAKIN M. The First Two Decades of Smart-City Research: A Bibliometric Analysis [J]. Journal of Urban Technology, 2017, 24（1）: 3-27.

[20] NEIROTTI P, DE MARCO A, CAGLIANO A C, MANGANO G, SCORRANO F. Current trends in smart city initiatives: Some stylised facts [J]. Cities, 2014, 38: 25-36.

[21] Angelidou, M.（2015）'Smart cities: A conjuncture of four forces', Cities. Elsevier Ltd, 47, pp. 95-106. doi: 10.1016/j.cities.2015.05.004.

[22] DAMERI R P, SABROUX C R. Smart City and Value Creation [A]. In: DAMERI R P, SABROUX C R. How to Create Public and Economic Value with High Technology in Urban Space [M]. Springer, Cham, 2014: 1-12.

[23] DAMERI R P. Smart City Implementation; Creating Economic and Public Value in Innovative Urban Systems [M]. Springer, Cham, 2017.

[24] MORA L, DEAKIN M, REID A. Strategic principles for smart city development: A multiple case study analysis of European best practices [J]. Technological Forecasting & Social Change, 2014, 142: 70-97.

[25] YIGITCANLAR T, HAN H, KAMRUZZAMAN M, LOPPOLO G, MARQUES J S. The Making of Smart Cities: Are Songdo, Masdar, Amsterdam, San Francisco and Brisbane the Best We Cou ld Build? [J]. Land Use Policy, 2019, 88（September）:1-11.

[26] GIFFINGER R, FERTNER C, KRAMAR H, KALASEK R, Nataša Pichler-Milanović N, MEIJERS E. Smart cities-Ranking of European medium-sized cities[R].

2006[2020-7-26]. https://www.researchgate.net/publication/261367640_Smart_cities_-_Ranking_of_European_medium-sized_cities.

[27]　KIM J S. Making smart cities work in the face of conflicts：lessons from practitioners of South Korea's U-City projects [J]. Town Planning Review，2015，86（5）：561-585.

[28]　KIM J I. Making cities global：the new city development of Songdo，Yujiapu and Lingang[J]. Planning Perspectives，2014，29（3）：329-356.

[29]　KUECKER G D，HARTLEY K. How Smart Cities Became the Urban Norm：Power and Knowledge in New Songdo City [J]. Annals of the American Association of Geographers，2020，110（2）：516-524.

[30]　CAICT，PDSF. Comparative Study of Smart Cities in Europe and China 2014[M]. Springer，Cham，2016.

[31]　BAK T，ALMIRALL E，WAREHAM J. A Smart City Initiative：the Case of Barcelona [J]. The Journal of the Knowledge Economy，2013，4：135-148.

[32]　CAPDEVILA I，ZARLENGA M I. Smart city or smart citizens? The Barcelona case [J]. Journal of Strategy and Management，2015，8（3）：266-282.

[33]　MANCEBO F.（2020）'Smart city strategies：time to involve people. Comparing Amsterdam，Barcelona and Paris [J]. Journal of Urbanism：International Research on Placemaking and Urban Sustainability，2020，13（2）：133-152.

[34]　NOORI N，HOPPE T，JONG M. Classifying Pathways for Smart City Development：Comparing Design，Governance and Implementation in Amsterdam，Barcelona，Dubai，and Abu Dhabi [J]. Sustainability，2020，12（4030）：1-24.

[35]　ITU-T Focus Group on Smart Sustainable Cities. Smart sustainable cities：An analysis of definitions，Focus Group Technical Report[R]. 2014[2015-04-16]. http://www.itu.int/en/ITU-T/focusgroups/ssc/Documents/Approved_Deliverables/TR-SWM-cities.docx

[36]　LIM Y，EDELENBOS J，GIANOLI A. identifying the results of smart city develop-ment：Findings from systematic literature review [J]. Cities，95（102397）：1-13.

[37]　计世资讯，2014. 中国智慧城市的建设进程与规划比较 [EB/OL].（2014-04）.[2019-09-18]. http://www.ccwresearch.com.cn/view_point_detail.htm?id=524312.

[38]　马同翠，汪明峰，顾成城. 中国智慧城市的建设进程与规划比较 [J]. 中国城市研究，2015（00）：126-138.

[39]　于文轩，许成委. 中国智慧城市建设的技术理性与政治理性——基于 147 个城市的

实证分析 [J]. 公共管理学报，2016，13（4）：127-138+159-160.

[40] 徐振强 . 展望智慧城市 2017[J]. 城乡建设，2016（12）：12-15.

[41] 党安荣，王丹，梁军，何建邦 . 中国智慧城市建设进展与发展趋势 [J]. 地理信息世界，
2015，22（4）：1-7.

[42] 中国电子报 . 智慧城市开辟信息消费巨大空间，电子信息产业 [EB/OL].（2013-09-
30）.[2019-09-28].

http://news.rfidworld.com.cn/2013_09/f5e55a959260936e.html

[43] 《中国智慧城市惠民发展评价指数报告（2014 版）》发布 [J]. 中国信息界，2015，000
（1）：27-27.

[44] 张延强，单志广，马潮江 . 智慧城市建设 PPP 模式实践研究 [J]. 城市发展研究，
2018，25（1）：18-22.

[45] 王怡，王雷，范文琪 . 智慧城市中的利益相关者协同合作机制 [J]. 科技展望，
2014，（7）：3-4.

[46] 楚金华 . 基于利益相关者视角的智慧城市建设价值创造模式研究 [J]. 当代经济管理，
2017，39（6）：55-63.

[47] 苏州市经济和信息化委员会 . "智慧苏州" 规划 [R]. 2011.

[48] 苏州市人民政府 . 苏州市电子政务 "十三五" 发展规划 [R]. 2017.

[49] 傅荣校 . 智慧城市的概念框架与推进路径 [J]. 求索，2019，（5）：153-162.

[50] 中共中央网络安全和信息化领导小组办公室 . 新型智慧城市：让生活更美好 [EB/OL].
（2016-01-03）.[2019-10-13]. http://www.cac.gov.cn/2016-01/03/c_1117652330.htm.

[51] 苏州市人民政府 . 苏州市推进数字经济和数字化发展三年行动计划（2021—2023 年）
[R]. 2021.

[52] STEPHENSON，W. Technique of factor analysis [J]. Nature，1935，136：297.

[53] CROSS，R M. Exploring attitudes：the case for Q methodology [J]. Health Education
Research，2005，20（2）：206-213.

[54] PETIT DIT DARIEL O，WHARRAD H，WINDLE R. Developing Q-methodology to
explore staff views toward the use of technology in nurse education [J]. Nurse Rese-
archer，2010，18（1）：58-71.

[55] BRODT S，KLONSKY K，TOURTE L. Farmer goals and management styles：impli-
cations for advancing biologically based agriculture [J]. Agricultural Systems，2006，
89（1）：90-105.

[56] DAVIES B B，HODGE I D. Shifting environmental perspectives in agriculture：

Repeated Q analysis and the stability of preference structures [J]. Ecological Economics，2012，83：51-57.

[57] KRAAK V I，SWINBURN B，LAWRENCE M，HARRISON P. A Q methodology study of stakeholders' views about accountability for promoting healthy food environments in England through the Responsibility Deal Food Network [J]. Food Policy，2014，49：207-218.

[58] RAJE F. Using Q methodology to develop more perceptive insights on transport and social inclusion [J]. Transport Policy，2007，14（6）：467-477.

[59] VAN EXEL N J A，DE GRAAF G，RIETVELD P. I can do perfectly well without a car[J]. Transportation，2011，38（3）：383-407.

[60] PETIT DIT DARIEL O，WHARRAD H，WINDLE R. Exploring the underlying factors influencing e-learning adoption in nurse education[J]. Journal of Advanced Nursing，2013，69（6）：1289-1300.

[61] STERGIOU D，AIREY D. Q-methodology and tourism research [J]. Current Issues in Tourism，2011，14（4）：311-322.

[62] CUPPEN E，BREUKERS S，HISSCHEMOLLER M，BERGSMA E. Q methodology to select participants for a stakeholder dialogue on energy options from biomass in the Netherlands [J]. Ecological Economics，2010，69（3）：579-591.

[63] WATTS S，STENNER P. Doing Q methodological research：theory，method & interpretation [M]. London：Sage，2012.

[64] ZABALA A. qmethod：A Package to Explore Human Perspectives Using Q Methodology [J]. The R Journal，2014，6（2）：163-173.

[65] SIMONS J. An introduction to Q methodology [J]. Nurse Researcher，2013，20（3）：28-32.

[66] STENNER P，WATTS S，WORRELL M. Q Methodology [A]. In：Willig C，Stainton-Rogers W. The Sage Handbook of Qualitative Research in Psychology [M]. Los Angeles：2017：212-235.

[67] DAVIS C H，MICHELLE C. Q methodology in audience research：bridging the qualitative/quantitative 'divide' [J]. Participations：Journal of Audience and Reception Studies，2011，8（2）：559-593.

[68] AKHTAR-DANESH N，BAUMANN A，CORDINGLEY L. Q-Methodology in Nursing Research A Promising Method for the Study of Subjectivity [J]. Western Journal

of Nursing Research，2008，30（6），759-773.

[69] 徐振强，刘禹圻. 基于"城市大脑"思维的智慧城市发展研究 [J]. 区域经济评论，2017，（1）：102-106.

[70] 徐振强. 中国的智慧城市建设与智慧雄安的有效创新 [J]. 区域经济评论，2017，（4）：69-74.

[71] KARL H，SUSSKIND L，WALLACE K. 'A dialogue，not a diatribe：effective integration of science and policy through joint fact finding' [J]. Environment，2007，49：20-34.

[72] SUSSKIND L，CAMACHO A E，SCHENK T. 'A critical assessment of collaborative adaptive management in practice' [J]. Journal of Applied Ecology，2012，49：47-51.

[73] EHRMANN J R，STINSON B L. 'Joint fact-finding and the use of technical experts'. In Susskind L，McKearnan S，Thomas-Larmer J. The Consensus Building Handbook [M]. Oaks：SAGE，1999：375-399.

[74] BIBRI SE，SIMONS，KROGSTIE J. 'Smart Sustainable Cities of the Future：An Extensive Interdisciplinary Literature Review' [J]. Sustainable Cities and Society，2017，31：183-212.

[75] LI XIA，FONG P S W，DAI Shengli，LI Yingchun. 'Towards Sustainable Smart Cities：An Empirical Comparative Assessment and Development Pattern Optimization in China' [J]. Journal of Cleaner Production，2019，215：730-43.

[76] ZAIT A. 'Exploring the Role of Civilizational Competences for Smart Cities' Development' [J]. Transforming Government：People，Process and Policy，2017，11（3）：377-92.

[77] 苏州日报. 打造"智慧苏州"推进高质量发展 .[EB/OL].（2019-12-20）[2020-01-02]. http://www.subaonet.com/2019/1220/2610016.shtml

[78] 金俊植，徐蕴清，钟声，郑亨哲，李柏良，张澄. 食物与城市：绿色与智慧型城市再生途径——以苏州工业园区为例 [M]. 上海：学林出版社，2018.

[79] LIU Pu，PENG Zhenghong. China's Smart City Pilots：A Progress Report [J]. Computer，2014，47（10）：72-81.

[80] Bailey，N. Partnership Agencies in British Urban Policy [M]. London：UCL Press，1995.

[81] CHIA E S. Singapore's Smart Nation Program-Enablers and Challenges [A]. In：2016 11th Systems of Systems Engineering Conference[C]. Kongsberg：Institute of Electrical and Electronics Engineers，2016.

[82] 孟庆珂. 当前我国智慧城市建设中的问题与对策 [J]. 科技展望，2016，26（15）: 31.

[83] Science and the Future of Cities. Report of the International Expert Panel on Science and the Future of Cities[R]. 2018[2019-09-18].

https://docs.wixstatic.com/ugd/6c6416_2fb4ff7eb0dd45979e268fbb334ab678.pdf.

[84] DIRKS S，KEELING M. A vision of smarter cities: How cities can lead the way into a prosperous and sustainable future[R]. 2009[2019-10-14].

http://www.doc88.com/p-3347438660720.html.

扫码看图

2 营造未来苏州都市环境的基本要素：基于城市蓝绿系统的讨论

保拉·佩莱格里尼，张乾涛，袁旭，陈金留

优美的生活环境有助于增强城市的吸引力和经济效益。蓝绿系统，即与水关联的绿地，影响着居住环境的质量。本章着重探讨蓝绿系统在实现健康环境和可持续发展以及提供休闲娱乐机会方面的重要意义。本章在中国政府倡导的"新型城市"的框架下，对苏州的空间结构进行分析，反思国际趋势和政策，详细比较苏州与一些对资本、人力以及企业具有强烈吸引力的国际案例之间的差异，并赋予蓝绿系统战略性价值。通过分析，本章强调良好的生活环境对吸引技术型劳动力和人才的重要性，并对苏州蓝绿系统的规划建设提出相关建议。

关键词：蓝绿系统；吸引力；环境；人才

蓝绿系统，即由绿地以及与水相关的元素组成的系统，在决定城市生活环境质量方面具有非常重要的作用。蓝绿系统的完善程度，会影响空气、水、食物的质量，影响生物多样性和雨水径流，调节微气候，减轻城市热岛效应，同时其所具有的给人减压、恢复注意力、增进社会交流的功能可以帮助改善居民的整体健康状况。由于对生态系统和居民身心健康具有重要影响，蓝绿系统实际也会影响城市居民及其家庭成员扎根于所在城市的意愿[1-9]。蓝绿系统的良好质量是联合国开发计划署可持续发展目标第 11 项——"可持续城市和住区"的指标之一。该指标建议："到 2030 年，普及安全、包容且无障碍、绿色公共空间的使用"。联合国环境组织表示，有明确证据表明环境质量与公共卫生之间存在联系，因此《2030 年联合国可持续发展议程》提出需要在环境层面建立一个"利于健康人群生存的健康地球"[10-12]。城市将大量土地用做绿地人有裨益，因为这种做法实际是在投资再生能源，以慢速交通和公共交通取代私家车从而

蓝绿系统是联合国开发计划署可持续发展的目标之一，特别是根据目标 11，即"可持续城市和住区"的主张，"到 2030 年，普及安全、包容且无障碍、绿色公共空间的使用"。

减少二氧化碳和PM$_{10}$的排放，同时绿地还可以协助废弃物的综合回收。

一、环境品质对城市经济发展和人才吸引的正面作用

良好的生活环境有助于增强城市的吸引力以及经济的活力。蓝绿系统质量与城市对人才、资本和企业的吸引力具有相关性。由于提高生活质量和改善环境具有战略价值，有远见的城市领导人越来越重视与此相关的政策[13-16]。

城市环境的质量影响着城市的吸引力，进而影响企业、高技能劳动者和人才的选址决定。

日本城市开发商森大厦株式会社创立的研究机构森纪念财团城市战略研究所发布的2018年全球实力城市指数（Global Power City Index，GPCI）采用多维度的计算方法，对全球44个主要城市在吸引人才、资本、企业方面的综合实力做出评估和排名[17]。GPCI评价体系包括6组（经济、研发、文化互动、宜居性、环境、可达性）共70项指标，其中环境绩效是6组指标之一。只有得分均衡的城市（即每组指标都表现良好）才能获得较高排位，而仅有一两个特定优势则不足以证明该城市具有吸引力从而得到世界级创意阶层人士的青睐。

环境绩效不仅考虑与蓝绿系统直接相关的指标，如水质、绿地覆盖率、舒适温度水平，还包括二氧化碳排放、可再生能源利用率、气候行动承诺、废物回收率等。值得注意的是，北京和上海在2018年GPCI排名中（分别为第23位和第26位）大幅下滑的原因，就在于两个城市在环境领域的表现不尽如人意。

从创业的角度看，一些可以吸引到大量高技能人才的顶尖创新型公司，也清楚地认识到以绿色空间为特色的工作环境对其员工创意具有积极作用，因此在空间环境方面做出大量投入。比如亚马逊建造了一个供员工召开会议的温室，内部建有一条室内河并栽植了3000多种异国植物；苹果公司在库比蒂诺新建的圆形总部是一个围绕着公园的巨大的居住圈[18]；腾讯在深圳新建的城市园区，工作环境被大自然所环绕，在步行范围内建有蛇形公园，周边则配备了大量的绿色露台[19]。

二、场所影响城市吸引力：作为创新摇篮的"新型城市"

苏州力求将经济结构向具有全球影响力的创意和创新产业转型，总体目标是在经济发展中前进，减少对低成本廉价制造产品的依赖[21]。目前，工业园区和苏州高

新区正在发生这一转变。根据苏州工业园区"十三五"规划，到2025年，园区将构建世界级高新技术产业园区的框架；到2035年，园区将力争成为世界一流的高新技术产业园[22]。

"十三五"规划要求新型文化创意产业要与科技、信息、旅游、体育、金融等行业合作。为此，吸引和留住人才的能力是关键发展动力，"十三五"规划提出"把人才作为发展的第一支撑"[20]。

"十三五"规划也提出了建设"新型城市"的要求，其中第一节指出："按照资源和环境承载能力调整城市规模，采用生态友好型规划、设计和建设标准，建设绿色城市，实施生态廊道建设和生态修复行动，充分利用城市集中的创意资源，发展商业园区和创新摇篮，建设创新型城市"[20]。

为增强城市吸引力并与中国及世界其他城市竞争，苏州应该考虑将劳动密集型制造业向创新产业的转型，并与城市环境质量的改善结合起来。城市应该朝着"十三五"规划所描述的"新型城市"迈进，如果没有优质的生活环境，城市难以吸引和留住顶尖人才。

经济政策和激励措施——如巨大的就业机会、有利的住房市场、便利的公共设施、高效的交通基础设施、良好的教育机构等对于吸引人才至关重要。但也应该看到，仅有经济环境是不够的，良好的城市环境是促进人才聚集的另一个必不可少的因素。城市的吸引力和竞争力不仅影响着企业和人才的选址，也决定了个体之间交流的广度和深度，后者是提升创造力和创业精神的关键。从长远的角度来看，当特殊支持政策逐渐被弱化并终止以后，最终决定能否留住人才的关键是场所的综合品质。

根据"十三五"规划要求，苏州为吸引国内外高技能人才和企业家，提高城市竞争力，应考虑由廉价制造业向创新产业转型，并与改善城市环境质量结合起来。

三、场所要素：苏州的吸引力源于蓝绿系统

城市之间的经济竞争决定了哪些城市会繁荣发展，哪些城市日渐衰落。世界宜居城市的排名显示，虽然苏州在中国的表现良好，但必须进一步提升才能在世界范围内更具竞争力[23-25]。全球实力城市指数显示[17]，有竞争力的城市需要在各方面均有优异的表现。在城市空间层面，权威学者理查德·佛罗里达（Richard Florida）表示："大多数城市所关注的物质空间，包括体育场、高速公路、城市商场、旅游和主题公园之类的娱乐区等，对于许多创意阶层人士来说，都是无关紧要、缺少

或根本不具有吸引力的。创意阶层在社区中寻找的是丰富而高质量的体验，对事物多样性的开放态度，最重要的是为人才提供展现其创造力的机会"[26]。即使发达城市也需要增加其高质量空间才能充分满足高端人才的需求。

> 大多数城市所关注的物质空间，包括体育场、高速公路、城市商场、旅游和主题公园之类的娱乐区等，对于许多创意阶层人士来说，都是无关紧要、缺少或根本不具有吸引力的。创意阶层在社区中寻找的是丰富而高质量的体验。
>
> ——理查德·佛罗里达

（一）苏州与世界城市蓝绿系统的比较

城市需要提高环境质量，这可以通过重新构建对城市化起到影响作用的景观系统来完成，其中包括在快速城市化进程中急剧减少的绿地空间。根据《苏州市城市绿地系统规划（2017—2035）》的构想，到2035年，苏州市城市绿地系统的结构布局特点是"市域一核两带，市区四环四楔"。楔形和环形绿地是通用于国际社会的概念，强调城市系统应由斑块（包括城市公园或大小不等的绿色自然区域）和斑块之间的连接（通常称为走廊或绿色连接）组成，这种组合可以更好地实现绿色系统的生态和休闲价值。具体的内容是"一核"为太湖生态核，"两带"是长江田园生态带与水乡湿地生态带。"四环"分为内环、二环、三环和外环，分别对应古城风光环、区块拉接环、城市公园环和郊野生态环。"四楔"指西南角七子山石湖东太湖绿楔、东南角澄湖吴淞江独墅湖绿楔、东北角阳澄湖绿楔和西北角三角咀绿楔。同时，还将建成"一纵"（大运河绿廊）、"三横"（吴淞江绿廊、太浦河绿廊、望虞河绿廊）生态廊道。

为了解和评价苏州蓝绿系统的规划和实施情况，本章主要采用了两种研究方法。

第一种方法是考察苏州现有的三个最大的蓝绿区域、石湖周边的国家森林公园以及《苏州市城市总体规划（2011—2020）》设定的三大蓝绿区域。基于《苏州市城市总体规划（2011—2020）》的权威性、可用性及实施结果的可观察性，以下与苏州蓝绿系统有关的数据均来自于此规划。本研究涵盖的现有蓝绿区域包括：金鸡湖景区，位于工业园区，总规划面积1150公顷；石湖景区，位于吴中区，滨湖区域占地面积564公顷；东沙湖生态公园，位于工业园区，总规划面积121公顷。研究涉及的未来蓝绿区域包括（边界取自《苏州市城市总体规划（2011—2020）》的图27-1：中央区绿色系统规划）：桑田岛公园，位于工业园区苏州溪以南，现状总面积200公顷（现状用地为农田、乡村绿地和村庄，现状基础设施已有道路网格）；荷塘月色湿地公园，位于相城区，规划总面积353公顷，规划为湿地公园（现状用地为二类工业用地和村庄）；双子公园，位于苏州高新区，包括南北两部分，南部是规划建设中的狮山公园，规划面积 74 公顷，北边是新区和何山公园，现有总面积 70 公顷。

第二种方法是比较研究法。重点比较 6 个苏州的公园和 6 个其他世界级城市的公园，并考虑如下因素：公园尺度，位置，以及公园是否是楔形绿地系统的一部分（参考"楔形"的思想[8]）。被选取的 6 个其他城市的公园分别是：伦敦海德公园、纽约中央公园、巴黎布瓦涅、慕尼黑英国花园、圣保罗伊比拉普埃拉、上海世纪公园，如图 2-1 ～ 图 2-12 所示。比较研究的目的是将苏州置于世界背景中，寻找苏州与强吸引力和强竞争力城市之间在定性与定量指标上的差距。本研究所选参照城市具有不同的人口、空间尺度、人口密度。如果苏州渴望成为世界级城市，需要依托其特定的历史传统与风格——如传统园林，并平衡未来的各项行动。

以下是苏州及各案例区域的卫星图像，全部采用相同的比例尺以便于比较。苏州案例的边界与面积来源于旧版总体规划公布的资料。

图 2-1 苏州金鸡湖景区

图 2-2 苏州石湖景区

图 2-3 苏州东沙湖生态公园

图 2-4 苏州桑田岛公园（规划）

图 2-5　苏州荷塘月色湿地公园（规划）

图 2-6　苏州新区 / 何山公园—狮山
（现有 + 规划）

图 2-7　法国巴黎布洛涅森林公园
（Bois de Boulogne）

图 2-8　美国纽约曼哈顿中央公园
（Central Park）

图 2-9　上海世纪公园

图 2-10　英国伦敦海德公园和圣詹姆斯公园
（Hyde Park and St. James Park）

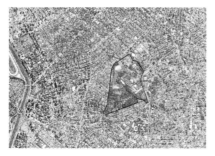

图 2-11　巴西圣保罗伊比拉普埃拉公园
（Ibirapuera Park）

图 2-12　德国慕尼黑英国花园
（The Englischer Garten）

（图片来源：作者改绘）

（二）空间尺度分析

与森林或者草原城市不同，苏州是一个水城。根据2011—2020年的总体规划，苏州金鸡湖景区比案例中的布洛涅森林公园（Bois de Boulogne）还要大（后者是巴黎的"左肺"）。但巴黎不仅有一个肺，还有两个被称为"森林"（The woods）的地方，即862公顷的布洛涅森林公园（Bois de Boulogne）和995公顷的文森森林公园（Bois de Vincennes）。相比，正是因为金鸡湖景区有740公顷的水面，所以它很难具备城市森林的功能。此外，金鸡湖沿岸大部分是狭窄而不连续的绿化区，并且与建筑物混杂在一起。另外，苏州石湖公园和东沙湖公园均是以水面为主。除此之外，北部的两个大型公园漕湖湿地公园和虎丘湿地公园也是水面占据大部分用地的湿地公园。

可以看出，水是苏州城市景观的主要元素。虽然水面具有一定的吸收二氧化碳的功能，但却不能像树木那样具有去除二氧化碳和释放氧气的双重功能，从而对空气除碳起到关键作用。此外，水面也不能成为游人漫步的空间，它的大面积存在意味着草坪占比的减少，并影响多样性的游憩活动，例如游戏、野餐、散步、安静的放松。湖泊无疑是一道美丽的风景线，但如果游客周围缺少宽阔的绿地环绕，其在自然环境中的感受会大打折扣。

距离老城区中心11公里的荷塘月色湿地公园或将成为苏州北部的"绿肺"，其规划已经完成，目前正处于建设阶段，主要部分为56公顷的湿地（百度地图资料）。相比而言，纽约曼哈顿中央公园有341公顷的草、树林、岩石和水面，其中水面的比例要小得多，池塘和小型湖面占总表面的13%。此外，除了大都会博物馆，公园内几乎没有建筑。

这些元素和数字可以突出显示苏州是一个拥有广阔水域的城市，而不是一个大面积树木覆盖的城市。这一点很重要，因为水在缓解空气污染、调节微气候和增加步行机会方面无法像林地那样发挥作用。

（三）区域位置比较

当代的大型城市通常具有多中心结构。毫无疑问，海德公园位于伦敦老城区的中心，类似的情况还有曼哈顿的中央公园、东京的上野公园，此外慕尼黑的英国花园也紧邻老城区。中心的位置增加了公园的标志性，也可以提高城市生活质量，因此备受大众欢迎。相对而言，苏州除了金鸡湖位于苏州工业园区的中心，苏州城市中心或其他城区的中心地带均缺少大型公园。苏州的城市主要功能区之间的距离反映了近些年苏州城市发展向外拓展的趋势。

公园景区的地理中心性反映了东西方之间的文化差异。欧洲文化把公园理解为一种公共基础设施，与污水处理系统属于同一种性质，最初的社会目的是为高度人工化且污染严重的工业城市提供健康的空间。此外，城市公园也是富裕和成功的标志，因为它的存在说明城市不需要将其所有土地用于工业或居住[14]。

（四）公园与绿地连接系统的组成

跟绿带的组成相似，楔形绿地是块状绿地与其间连接体共同组成的整体，通常具有明确的边界，可以在其内部进行开发活动的同时为野生生物提供繁衍生息的栖息地[5, 56]。比较结果显示，苏州的公共绿地（指公园、防护用地、广场用地、附属用地）总量少于本章讨论的国际案例城市，而且绿地大多具有不连贯性。在对比的城市中，比如伦敦、巴黎、斯德哥尔摩以及其他城市，不仅有"主要的大型公园"，而且还有其他各种绿地。大多数案例城市均通过线性公园或至少是绿色道路，将森林和草地连为一体，绿色覆盖城市的各个区域，而建筑仅覆盖地表的一小部分。例如，伦敦所定义的大伦敦绿色网格（All London Green Grid，ALGG），旨在促进整个伦敦"绿色基础设施"的设计和实施。ALGG的目标包括：增加开放空间的使用权；保护景观和自然环境并增加接触自然的机会，使城市适应气候变化的影响；建立可持续的出行网络并促进自行车骑行和步行；倡导可持续的食物种植；提倡绿色技能以及可持续设计、管理和维护的方法[27]。

苏州新的总体规划不但提出了构建城市蓝绿系统的原则，而且在理念上还具有很大的飞跃，总规中提出了"花园中的城市"，而不仅仅是城市中的小花园。但是另一方面，与案例城市相比，特别是伦敦，苏州目前已实现和规划的绿地数量仍然较少（图2-13）。为达到可持续目标，城市绿楔与绿环必须成为真实可用的空间；而苏州现状的公共绿地，包括树林和草坪，仍集中于城市外围而未能与已通车的中环和城市中心有效连接。

> 苏州是一个水的城市，而不是森林和草地的城市。与国际城市相比，苏州的公共绿地（指公园、防护用地、广场用地、附属用地）数量更少，并且绿地大多缺乏连贯性，远离城市中心地带。

图 2-13 苏州市区绿化系统规划结构图

（图片来源：《苏州市城市绿地系统规划（2017—2035）》）

四、蓝绿系统政策的国际案例

在全球实力城市排名中名列前茅的城市，为提高其环境质量，多年来一直大量投资蓝绿色基础设施。这种做法可以增加城市的吸引力，提高可持续性，减轻环境问题的困扰。虽然这些城市与苏州的具体情况不同，但苏州若要增强城市吸引力，可以从国际经验中得到有益启示。

（一）巴黎——激进而创新的行动

法国巴黎（全球城市实力指数 GPCI 排名第四）的城市领导人意识到，巴黎必须确立并保持"世界城市"的地位，才能够与纽约、伦敦或东京等主要城市竞争。为实现这一目标，巴黎于 2008 年在大都市区范围内启动了一个旨在实现《联合国气候变化框架公约的京都议定书》可持续发展承诺的项目，行动的前身来自若干已有的城市环境治理计

成功的城市往往大量投资蓝绿基础设施，以提高城市环境的质量。巴黎、新加坡、斯德哥尔摩、费城和深圳均实施了不同的政策。

划，新项目在提升城市形象方面已获得很大成功。如今，仲量联行公司（Jones Lang LaSalle Incorporateda，JLL）等全球房地产咨询公司均利用该项目的成果为巴黎做城市营销[28-31]。

自 2016 年以来，为实现更可持续的发展目标，巴黎采取了一系列激进的行动，例如"目标 100 公顷计划"：目标是到 2020 年，在企业和公共组织的帮助下，在巴黎开辟至少 100 公顷的屋顶、墙壁和外墙用于城市农业；此外，还将新建 30 公顷的公共绿地；再如"脱沥青计划"：旨在使全市 50% 的地面成为具有良好透水性的多孔隙表面或种植区域，比如绿地或屋顶花园。为在 2030 年之前实现这一目标，巴黎还提倡将市中心地面实施"从矿物到植物"的小规模转化，让土壤和植被取代重要建筑周围一直处于裸露状态的硬质表面，具体案例可以参考巴黎市政厅的方案（Hotel de Ville）[32]。巴黎的行动旨在达到尽可能增加具有可渗透性的地面并收集储存雨水，使城市适应气候变化并缓和城市的热岛效应，发展都市农业。

（二）新加坡——被绿植覆盖一半的城市

新加坡（全球城市实力指数 GPCI 排名第五）在吸引和留住高技能人才方面是非常成功的案例，一个重要原因是该城市能够提供在亚洲范围内数一数二的生活质量。为获得全球竞争力，新加坡一直在不断地更新发展目标，其中的重要一项即是保护和改善城市有限的自然资源。新加坡在发展之初自然环境资源已近枯竭，但当地政府在这些不利条件之上创造出了"花园中的城市"。根据国家公园委员会统计，近一半（47%）的新加坡国土被绿化覆盖，公园散布于各个居住区并有机地连为一体。此外，还有大量水体在城市中穿插流动，不仅在美学上令人愉悦，对空气质量也具有改善作用，而且还可以缓解热带的酷热天气[33]。

新加坡目前已经实现了多个环境计划，包括提高能源效率，全面回收废弃物，减少饮用水消耗量以及特别关注环保领域，包括城市设定的绿地目标为到 2030 年每千人绿地占有量达到 0.8 公顷，即人均 8 平方米；城市创建了公园连接系统，这是一个可步行的绿道网络，连接了岛上所有的城市公园与自然景观；对水库和水道进行更接近自然的设计，并向公众开放，好的案例包括由新加坡国家水务局[34-36]主导的位于宏茂桥－碧山公园（Ang Mo Kio-Bishan Park）的加冷河（Kallang River）设计。由于新加坡人口密度高，绿色系统的质量和分布非常重要。常见的做法是把人口稠密的地区用大片绿地或开放空间隔开，使高楼大厦包围于绿色花园之中，同时增加高层建筑的花园和露台。

（三）斯德哥尔摩——建设毛细绿地，做到开门见绿

瑞典斯德哥尔摩（全球城市实力指数 GPCI 排名 11，在环境性能方面居首位）不但具有卓越的城市环境，而且是全球技术创业中心与人才的磁石，比如 Spotify、Skype、King 等均始创于此。斯德哥尔摩发布的用于吸引人才的《人才指南》称该市为"探索、生活和工作的绝佳去处"[37]。《指南》指出："斯德哥尔摩并不是被大自然包围，而是城市本身就是大自然。城市约 40% 的区域被绿地覆盖，此外还有 30 个公共海滩和 8 个自然保护区。虽然斯德哥

国际案例表明，城市中自然要素的提升与城市规划的作用密不可分。自然要素不仅关系到风景名胜或旅游目的地的价值，而且与人们的日常生活也密切相关。

尔摩是一个正在成长的大城市，但并没有因此失去绿色。"[38]。即使斯德哥尔摩目前已经拥有丰富的蓝绿空间以及紧密相连的公园网络作为"城市客厅"，城市仍制定了更深层的目标：增加公众对城市绿地的使用，做到"开门见绿"[39-41]。

斯德哥尔摩的绿色环境理念正日益深入人心。城市化进程要求城市的结构变得更加紧凑，城市地区之间增加有机联系，通过庆典和自发聚会等各种活动促进社会融合。为彰显绿色环境理念的重要性，瑞典统计局每五年发布一次城市绿地统计资料，根据土地所有权和植被质量对绿地进行监测和分类，评估人口与绿地的亲近程度[42]。在瑞典，关于可持续性、自然和经济政策总是可以得到综合性地考虑。目前瑞典全国已有 2500 多家高科技公司投资清洁技术[43]。瑞典在全球创造力指数排名和《世界幸福报告》的排名均处于前十位[44]。

（四）费城——以可持续发展吸引并留住人才

在过去的 15 年中，美国费城不断地在蓝绿系统的资源和能力上投资，所采取的可持续性措施完善了城市蓝绿基础设施网络，包括绿化街道、屋顶和公共空间，扩大公园空间，清洁城市水域[45]。城市绿化的改善增加了城市的可持续性和宜居性，加强了城市对人才的吸引力，也为区域经济注入更大的活力。费城自 2006 年以来开始实施一系列成功的政策，城市人口在 10 年间增长了 10 万人，其中主要是年轻且初入职场的中产阶级人口。

费城的一项针对政策影响力的研究表明，只有 43% 的受访者认为就业机会是毕业后选择居住地的第一驱动因素，而生活质量、环境、公民参与度和宜居性也是个人选址的重要原因。该研究总结出费城最吸引人的五大城市特征为：可负担性；接近

华盛顿特区和纽约市的便利位置；方便的设施，包括居住邻里的设施、可步行性、自行车可骑行性；高度集中的高等教育机构；公民参与的机会[46, 47]。

（五）深圳——平衡蓝绿空间的发展与保护

深圳的发展保留了 20 世纪 80 年代最初确定的城市结构概念，即城市组团和绿色交通走廊的结合。深圳的发展要求保护好规划中的绿地、农田和生态土地，不被新建筑占用，平衡开发用地和开放空间之间的矛盾。此外，深圳还提出在工业和环境领域实现高水平的绿色转型。这些发展战略，比如 2004 年的"绿色系统计划"和 2010 年的绿带建设已经得以实施。经过 30 年的大规模发展，深圳市政府对城市蓝绿体系的建设日益重视，同时将旧城更新作为城市发展的重点，以求城市的可持续性[48, 49]。

深圳的"绿谷项目"是一个很好的案例，位于市政中心和福田以北的城市中心轴线上。正如项目设计理念所言：开放空间总体规划将诸多独立的公园统一到一个整体的景观系统中，该景观系统一直延伸到附近的山脉、水库和河流，其中包括观澜河生态走廊。通过城市设计指南引导公园系统与相邻的开发用地连为一体，把自然景观融于居民的日常生活体验。"绿谷项目"可以有效解决城市雨水管理的问题，减少热岛效应，改善城市健康水平和生态环境，因此得到了生态影响评估的支持。[50]

五、蓝绿系统对人才吸引力的探讨

城市蓝绿系统的质量是否与该城市的吸引力之间存在正相关性？高技术与高科技人才的偏好是否与城市蓝绿系统的品质存在联系？目前美国和欧洲已有一些证据支持这种关系的存在[26, 53]。

人才选择工作居住的城市是否跟城市绿蓝系统的质量具有关联？美国和欧洲已有一些研究佐证了两者存在关联。

近年来，在欧洲，城市质量一直是公共干预的基本领域，也是"区域竞争力"的最重要因素之一。高生活质量的城市对于企业的发展战略具有多方面的意义，包括支持工厂选址，促进高端服务业的活动，便于企业行使管理职能，以及良好城市对吸引和留住员工的促进作用。这些特征因其对地方经济的促进作用而成为社会发展的关键因素[15]。

发达国家日益重视发展的品质，而不仅仅是国内生产总值（GDP）的增长。2007 年，时任联合国开发计划署署长海伦·克拉克在一次演讲中提出了反对"唯 GDP 考核"

的观点 [54]。世界经济合作与发展组织（Organisation for Economic Co-operation and Development，OECD）致力于为改善生活而制定更好的政策。2016 年该组织提出，各国政府努力的中心应该包括就业、健康、住房、公民参与、环境等 11 个与人们福祉相关的领域 [55]。由于发达社会已经经历了从基本需求（比如充足的食物，体面的住房，可以支付教育医疗保健等生活费用的工资水平）到生活享受（比如非必须消费和更多选择）的转变，因此政策要求各国应该超越 GDP 的概念而采用更为复杂的幸福理念，即创造能够为人们带来幸福和生活质量的繁荣 [56]。

（一）创意阶层及其对经济发展的作用

根据理查德·佛罗里达所述 [57]，职业是将教育转化为技能和劳动生产率的机制。佛罗里达 [51] 最初在 2000 年提出了"创意阶层"（creative class）的概念，这一阶层由高技能和受过良好教育的人群组成，随后"创意阶层"这一词汇被世界各地的学者和决策者广泛采用。在很大程度上，这个概念是基于对经济发展动力的总体分析的基础上发展而来的。

根据佛罗里达的定义，创意阶层人士所从事的是解决复杂问题的创造性职业，其中涉及大量的独立判断并且需要高水平的教育或人力资本。这部分人群由知识分子、知识密集型劳动者和不同领域的艺术家组成，相关职业类别主要包括：计算机和数学；建筑与工程；自然与社会科学；教育、培训和图书馆职位；艺术与设计；娱乐、体育和传媒。此外，创意阶层人士还从事其他职业化的工作，例如管理；商业和金融运营；法律；医疗卫生；技术职位；高端销售管理。

佛罗里达利用美国都会区的数据估测全美创意阶层人数达到 4000 万人，占美国劳动力的三分之一。在美国最大的都市圈中，创意阶层的集中度存在明显差异。圣何塞（硅谷）位居 2000 年榜单的榜首，其次是华盛顿特区和波士顿，而拉斯维加斯和迈阿密等大都市则排在最后。

在几个关键的经济指标中，创意类职业占比较高的都市区比那些份额较低的都市区表现更好，这也说明该群体在城市中的重要性。一些研究表明，人口的职业构成比教育水平能更好地解释瑞典的区域发展结果 [58]。创意阶层有能力通过创新活动来推动区域经济，对区域发展至关重要。

在几个关键的经济指标中，创意类职业占比较高的都市区要比那些份额较低的都市区表现更好。

（二）"新型城市"的目标：培育中国的"创意阶层"

早期关于创意阶层的研究是在西方背景下进行的，而包括中国在内的发展中国家的相关研究则较少。一些最新的研究缩小了这方面的差距。其中一个领域是全球比较研究，根据创造力评分对国家进行排名。其中，最著名的例子是马丁繁荣研究所（Martin Prosperity Institute）的全球创造力指数（Global Creativity Index，GCI），该指数对139个国家的人才、技术和包容性进行了比较，人才指一个国家劳动力在科技、文化艺术、商业、管理和专门职业领域的实力。该研究所的2015年报告指出，在以"创造力与繁荣"为基础的GCI评分中[59]，澳大利亚排名第一，美国第二，其次是新西兰和加拿大。在金砖四国中，巴西排在第29位，俄罗斯第38位，中国从2012年起有了很大的进步，但仍排在第62位，而印度则排在第99位。在亚洲国家中，新加坡排名第1位，总体排名第9位，全国47%的从业人员可以被归入创意阶层。实际上，中国在该报告绘制的全球技术地图中排名很高，居于第14位，但在综合了创意阶层和教育程度的人才指数后，中国仅排在第87位。

另一个领域是专门针对中国的研究[60-63]。Rao和Dai[60]以上海为例，考察了决定创意阶层集中度的邻里社会因素。其研究发现，邻里社会宽容度和生活质量支持条件（Life Quality Supportive Conditions，LQSC）对不同类别的创意阶层集中度都有重大影响。此外，对外来者开放并持欢迎态度的小区对创意阶层有更强的吸引力。佛罗里达等人的研究[61]将人才按照教育和职业分类，以此检验中国省级地区的人才、技术和区域经济绩效之间的关系，结果发现受政府政策高度影响的大学的存在与人才的实际存量有很强关联度。此外该研究还对中国省级地区在创意阶层和人均国内生产总值（GDP）方面进行了排名。就创意阶层而言，北京和上海的人才比例最大。在全国范围内，各地区的创意阶层占比差异显著，比如北京的创意阶层人口占据总人口的9.6%；但其中，只有7个省份的创意阶层比例占到总人口的3%以上。江苏位置居中（第17位），略低于浙江和广东。总体而言，中国在培育创意阶层方面还明显落后于发达国家。更具体地说，江苏在这方面面临着严峻的挑战。尽管江苏的人均国内生产总值在中国名列前茅，但在创意阶层方面并没有太多优势，这可能会限制其经济增长的潜力，这一问题需要得到政策制定者的关注。

六、对未来苏州的建议

（一）蓝绿系统对提升人才吸引力的重要意义

在当今世界，缺乏高质量和健康环境的城市很难具有吸引力与竞争力，而蓝绿系统正是提高城市环境质量的关键。很多世界一流的城市在投资改善其蓝绿系统方面都做出了巨大的努力，相关的规划侧重于日常生活和环境方面，而不是那些作为风景名胜或旅游胜地的价值。总体而言，鉴于气候变化和环境污染这类全球问题日益严重的现状，环境可持续性已经变得越来越重要。在评估城市生活质量的排名中，绿色环境，不论是其可持续性的价值还是游憩娱乐的功能，一直是被考虑的重要维度。

场所的营造在人力资本竞争中起着举足轻重的作用。那些可以吸引到大量高质量人才的城市，往往可以从包容度、城市形态、绿色环境等方面找到原因。因此，需要营造多层级的蓝绿体系为主的城市活力场所，增加这些蓝绿系统分布的均衡性、可达性以及延续性，构建围绕蓝绿系统的多层级公共交通系统，同时激发设计思维，让场所设计成为激发创意、活力的载体。创造并保持良好的环境是一个漫长的过程，必须事先做好规划。苏州凭借其悠久的历史和私家园林文化的底蕴在城市建设方面取得了长足的进步，当前应将这一享誉全球的传统转变为强有力的城市战略。

卓越的城市发展质量将使苏州有能力与世界一流城市竞争。高质量意味着苏州不仅需要规划建设有效的发展"硬件"（比如建设经济开发区，建设基础设施、科研设施等），而且还必须具有良好的"软件"，即用清洁、绿色、生动、安全的生活环境吸引并留住人才。为实现这一目标，蓝绿系统至关重要，国家《国民经济和社会发展第十四个五年规划和2035年远景目标纲要》也提出，建设宜居、创新、智慧、绿色、人文、韧性城市。科学规划布局城市绿环绿廊绿楔绿道，推进生态修复和功能完善工程。

（二）先进城市的经验借鉴及对苏州的启示

面对挑战，苏州已经取得了一定的成绩，但另一方面，城市要在国际和国内背景下竞争，还需要为绿色城市环境做出更大努力。苏州应采取多层面的方法，对经济、环境、科研、文化交流、宜居性、可达性进行多维度的整合，以增强城市吸引人才、资本和企业的能力。苏州可以考虑学习国际案例的经验，具体做法分为两步：一是明确国际案例城市关注的政策领域并分析苏州在此领域的已有政策与行动；二是根据最佳城市实践的目标评估苏州的现状，找出苏州的不足之处，并制定相关政策解决问题。

苏州可以考虑借鉴以下经验：一是向新加坡学习如何构建互联的蓝绿空间网络，为市民提供比现有体系更丰富多样的休闲开放空间；二是向深圳学习重视城市蓝绿系统的建设，通过绿化走廊把互不关联的绿地连为一体，这一做法不是仅仅针对已有的水域或房地产开发后所遗留的支离破碎的空间，重点是有目的和针对性地进行设计建设。苏州应该比中国其他城市更加注重蓝绿系统，可以将其构想为古典园林的现代版本；三是考虑采用巴黎的绿色环保目标，力争50%的城市范围转化为透水的种植表面，尽量种植树木，发展城市农业，增加可食用植物的种植面积；四是考虑斯德哥尔摩改善生活质量的目标在苏州是否具有可行性，增加绿色开放空间的可达性，构建"毛细绿地"，让居民可以"开门见绿"。还可以效仿斯德哥尔摩制作《人才指南》，以此评估自身的竞争力，并寻找改进的机会。

马可·波罗（Marco Polo）形容苏州是中国最美丽的城市之一，将其称为"花园城市"，那么苏州园林的传统能否在当代得以延续？苏州需要为自己打造一个更具新意的当代绿色城市身份，并以此在中国的城市中脱颖而出。像苏州这样人口众多并迅速增长的城市，应该按比例规划大型的公共绿地，否则在特定的使用高峰时期，因人流过大会导致公共绿地丧失宁静的气氛，无法提供美丽的自然景观和安全游憩的机会。具体大型公共绿地的合理比例，需要每个国家或城市自己设定标准。为确定合理的数值，未来的研究应探索人才的居住环境偏好，并研究人的幸福感与环境

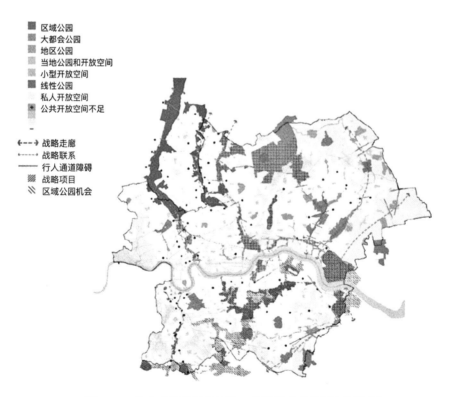

图2-14　作为大伦敦绿色网格一部分的东伦敦绿色网格 [65]

可持续性之间的联系。苏州是一座水之城，但不是森林之城。苏州市中心与太湖之间的山丘起着绿肺的作用，但其森林覆盖范围和布局需要重新整合。党的十九大报告也强调了植树造林对建设生态文明的重要意义[64]。对比法国国家统计局（INSEE）的数据，苏州市区比巴黎还要大，但却缺乏巴黎所具有的大面积树林。目前市政府有扩大城市森林区域的计划，其中石湖公园具有巨大的潜力，应考虑将其与附近的森林公园以及山上的树林一起整合为连续的绿色空间，以供人们步行、骑车，以及放松、逃避城市的喧嚣。该公园距离苏州城墙最近，山丘与连片的农田绵延至太湖。通过将湖泊与城市中心相连并延伸至古老城墙，可以形成一条长达18公里引人注目的城市绿色走廊。苏州作为水城具有独特的功能，组成水系统的元素可以被更好地利用。在以苏州古城为中心的50公里×50公里的区域中，有4200公里的滨水沿线。如果可以把这些滨水区域纳入公共线性公园系统，特别是规划的绿楔中，这将有助于苏州成功构建大规模的蓝绿系统。

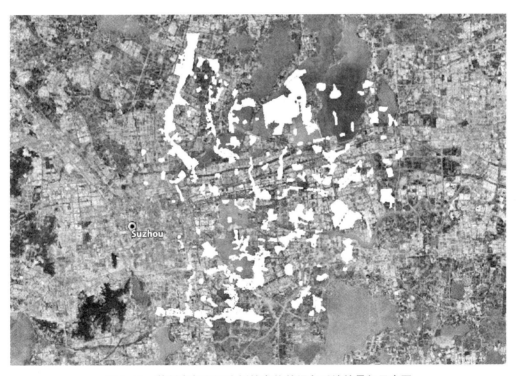

图 2-15　苏州东部和同比例的东伦敦绿色系统的叠加示意图

（图片来源：作者自绘）

参考文献：

[1]   Wild，T. C.，T. C. Wild，J. Henneberry，and L. Gill. Comprehending the Multiple 'Values' of Green Infrastructure-Valuing Nature-Based Solutions for Urban Water Management from Multiple Perspectives. [R]. Environmental Research 158，2017，179-187.

[2]   Gomes S，Florentino T. The role of urban parks in cities' quality of life [J]. Eres，2015.

[3]   Konijnendijk C.C，Annerstedt M，Nielsen A.B，Maruthaveeran S. Benefits of Urban Parks. A systematic review A Report for IFPRA [J]. 2014.
      Retrieved from：http://www.ifpra.org/images/park-benefits.pdf（15.05.12）.

[4]   Chiesura A. The role of urban parks for the sustainable city [J]. Landscape & Urban Planning，2004，68（1）：129-138.

[5]   Maas J，Verheij R A，Groenewegen P P，et al. Green space，urbanity，and health：how strong is the relation? [J]. J Epidemiol Community Health，2006，60（7）：587-592.

[6]   Dietz，Rosa，and EA，et al. Environmentally Efficient Well-Being：Rethinking Sustainability as the Relationship between Human Well-being and Environmental Impacts [J]. HUM ECOL REV，2009.

[7]   Ito K，Ingunn Fjørtoft，Manabe T，et al. Landscape Design for Urban Biodiversity and Ecological Education in Japan：Approach from Process Planning and Multifunctional Landscape Planning [M]. Designing Low Carbon Societies in Landscapes. Springer Japan，2014.

[8]   Oliveira F L D. Green Wedge Urbanism：History，Theory and Contemporary Practice [M]. 2017.

[9]   Sutton S B，Olmsted F L. Civilizing American cities：writings on city landscapes [M]. Da Capo Press，1997.

[10] UN，Sustainable Development Goals，goal 11，Sustainable cities and communities[R/OL]. https://www.undp.org/content/undp/en/home/sustainable-development-goals/goal-11-sustainable-cities-and-communities. html.

[11] Paul Ekins，Joyeeta Gupta，Pierre Boileau，Global Environment Outlook Geo-6，Healthy Planet，Healthy People [R/OL]. Cambridge University Press，© UN Environment Programme 2019；https://www.unenvironment.org/news-and-stories/story/healthy-environment-healthy-people.

[12] Anonymous. Transforming our World: the 2030 Agenda for Sustainable Development [J]. Civil Engineering: Magazine of the South African Institution of Civil Engineering, 2016, 24（1）.

[13] Carlino G A, Saiz A. Beautiful City: Leisure Amenities and Urban Growth [J]. Social ence Electronic Publishing, 2008.

[14] European Commission, Making our cities attractive and sustainable. How the EU contributes to improving the urban environment, European Union [M]. 2010, p.14

[15] Calafati A. Economie in cerca di città. La questione urbana in Italia [M]. Donzelli, 2009.

[16] ARCADIS, the Sustainable Cities Index 2018[R/OL]. Citizen Centric Cities, 2018.https://www.arcadis.com/media/1/D/5/%7B1D5AE7E2-A348-4B6E-B1D7-6D94FA7D7567%7DSustainable_Cities_Index_2018_Arcadis.pdf.

[17] Institute for Urban Strategies, The Mori memorial Foundation, Global Power City Index-GPCI [M]. Tokyo, 2018 http://www.doc88.com/p-712937620178.html.

[18] Nature Reorganized. No Parks? A debate featuring Sarah Dunn, Karen K. Lee, Nikita Lopoukhine, Martin Lukacs, and Martin Rein-Cano. Introduced by Lev Bratishenko. Article 14 of 17 of the Canadian Center for Architecture CCA[R]. 4 January 2018. https://www.cca.qc.ca/en/issues/11/nature-reorganized/647/direct-rom-nature.

[19] https://inhabitat.com/tencent-gets-proposal-from-mvrdv-for-green-smart-city/[R/OL].

[20] THE 13th FIVE-YEAR PLAN for economic and social development of the People's Republic of China 2016—2020, Translated by Compilation and Translation Bureau, Central Committee of the Communist Party of China Beijing[R/OL]. China Central Compilation & Translation Press http://en.ndrc.gov.cn/newsrelease/201612/P020161207645765233498.pdf.

[21] Rein S. The end of cheap China: economic and cultural trends that will disrupt the world [M]. John Wiley & Sons, 2012.

[22] Li You. Suzhou Industrial Park celebrates 25 years [R/OL]. http://www.chinadaily.com.cn/cndy/2019-04/12/content_37457505.htm, 2019-04-12.

[23] Mercer's Quality of Living research, Quality of Living City Ranking 2019[R/OL]. https://mobilityexchange.mercer.com/Insights/quality-of-living-rankings.2019.

[24] ECA - Company of Employment Conditions Abroad Limited, the 10 most livable cities across Chinaworldatlas.com/articles/the-most-liveable-cities-in-china.html. [EB/OL].

[25] The Economist Intelligence Unit，the Global Liveability Index 2019[C]. 2019.

[26] Florida R. Cities and the Creative Class [J]. City & Community，2010，2（1）.

[27] Greater London Authority，London Plan 2011. Implementation Framework，Green infrastructure and open environments：the all london green grid. Supplementary planning guidance，March 2012[EB/OL].
https://www.london.gov.uk/what-we-do/environment/parks-green-spaces-and-biodiversity/ all-londongreen-grid.

[28] SDRIF -Le Schéma directeur de la région Île-de-France，Institut Paris Region，2013.

[29] http://www.grand-paris.jll.fr/en/grand-paris-project/[R/OL].

[30] Bernardo Secchi，Paola Viganò，La ville poreuse. Un projet pour le Grand Paris et la métropole de l'après-Kyoto[R/OL]. Métis Presses，2011 http://www.legrandparis.net/ consultation/.

[31] IAU - L'Institut Paris Region，Mémento environnement[R/OL]. 2015
https://www.institutparisregion.fr/nos-travaux/publications/lenvironnement-en-ile-de-france.html.

[32] CityLab：
https://www.citylab.com/environment/2019/06/paris-trees-famous-landmarks-garden-park-urban-forest-design/591835/；and
https://www.paris.fr/pages/des-forets-urbaines-bientot-sur-quatre-sites-emblema-tiques-6899/ [R/OL].

[33] Centre for Liveable Cities and Urban Land Institute，10 Principles for Liveable High-Density Cities. Lessons from Singapore [EB/OL]. 2013.

[34] https://www.nationalgeographic.com/environment/urban-expeditions/green-buildings/ green-urban-landscape-cities-Singapore/ [R/OL].

[35] https://www.nparks.gov.sg/gardens-parks-and-nature/park-connector-network；http:// habitatnews. nus.edu.sg/pub/naturewatch/text/a052a.htm [R/OL].

[36] http://www.urbangreenbluegrids.com/projects/singapore/ [R/OL].

[37] https://www.investstockholm.com/move-to-stockholm/the-talent-guide/[R/OL].

[38] https://www.investstockholm.com/before/explore-the-stockholm-region/[R/OL].

[39] RUFS，the big picture. Guide to the development plan for the Stockholm region[R/OL]. Regionplanekontoret 2009.

http://rufs.se/globalassets/h.publikationer/2009_r_rufs2010_exhibition_proposal_the_big_picture.pdf.

[40] Clark P, editor. The European City and Green Space: London, Stockholm, Helsinki and St. Petersburg, 1850-2000[M]. Ashgate Publishing, Ltd.; 2006.

[41] City of Stockholm, Stockholm a sustainably growing city [M]. 2013.

[42] EFGS—European and Global Forum for Geography and Statistics, Assessing urban green space in Sweden[R/OL].
https://www.efgs.info/information-base/case-study/analyses/assessing-urban-green-space-in-sweden/.

[43] OECD-Organization for Economic Co-Operation & Development, Green Growth in Stockholm[C]. Sweden, 2013.

[44] World Happiness Report 2019[C]. Editors: John F. Helliwell, Richard Layard, and Jeffrey D. Sachs Associate Editors: Jan-Emmanuel De Neve, Haifang Huang, Shun Wang, and Lara B. Aknin, https://worldhappiness.report/.

[45] City of Philadelphia Office of Sustainability, Greenworks, A Vision for a Sustainable Philadelphia[R/OL].2016;
https://www.phila.gov/documents/greenworks-a-vision-for-a-sustainable-philadelphia/.

[46] Equal Measure with Knight Foundation, Report: Key Insights into Talent Attraction and Retention Efforts in Philadelphia, Fall 2015[R/OL].
http://www.equalmeasure.org/wp-content/uploads/2015/11/Talent-Attraction-and-Retention-Report-November-2015-1.pdf.

[47] 10 Innovative Ways to Attract Millennials to Your City, in CitiesSpeak [EB/OL]. 5 Oct. 2017

[48] Wu H.J, the Way toward Green City—the Case of Shenzhen, 45th ISOCARP Congress 2009[C].

[49] Tao Y, Li M. Annual Report on the Development of China's Special Economic Zones [M]// Annual Report on The Development of China's Special Economic Zones (2017), Blue Book of China's Special Economic Zones. 2019.

[50] http://www.openfabric.eu/projects/the-green-valley-shenzhen-china/[R/OL].

[51] Jess, Benhabib, and, et al. The role of human capital in economic development: evidence from aggregate cross-country data [J]. Journal of Monetary Economics, 1994.

[52] Glaeser, E. L. Review of Richard Florida's The Risc of the Creative Class. [R/OL].

https://scholar.harvard.edu/files/glaeser/files/book_review_of_richard_floridas_the_rise_ of_the_creative_class.pdf，2004.

[53] European Commission，Directorate-General for Regional and Urban Policy and Directorate−General for Regional and Urban Policy，Quality of life in cities，Perception survey in 79 European cities，Regional and Urban Policy [EB/OL]. Oct. 2013. https://ec.europa.eu/regional_policy/sources/docgener/studies/pdf/urban/survey2013_ en.pdfR/OL.

[54] Helen Clark，Where is Happiness on the Global Agenda? Keynote Speech at the Global Dialogue for Happiness[C]. 2017，United Arab Emirates.

[55] OECD-Organization for Economic Co-Operation & Development，Strategic Orientations of the Secretary-General：For 2016 and beyond，Meeting of the OECD Council at Ministerial Level Paris [EB/OL]. 1-2 June 2016. https://www.oecd.org/ mcm/documents/strategic-orientations-of-the-secretary- general-2016.pdf.

[56] Brinkman R L，Brinkman J E. GDP as a Measure of Progress and Human Development： A Process of Conceptual Evolution [J]. Journal of Economic Issues，2011，45（2）： 447-456.

[57] Florida R，Mellander C，Stolarick K. Inside the black box of regional development- human capital，the creative class and tolerance[J]. Social ence Electronic Publishing， 2008，8（5）: 615-649.

[58] Mellander C，Florida R. Human capital or the creative class-explaining regional development in Sweden [J]. KTH/CESIS Working Paper Series in Economics and Institutions of Innovation. 2006.

[59] Martin Prosperity Institute，Global Creativity Index（GCI）[EB/OL]. 2015

[60] Rao Y，Dai D. Creative Class Concentrations in Shanghai，China：What is the Role of Neighborhood Social Tolerance and Life Quality Supportive Conditions? [J]. Social Indicators Research，2017，132（3）: 1-10.

[61] Florida R，Mellander C，Qian HF. Creative China? The university，human capital and the creative class [J]. Chinese Regional Development，2008.

[62] Dai J，Zhou S，Keane M，et al. Mobility of the Creative Class and City Attractiveness： A Case Study of Chinese Animation Workers [J]. Eurasian Geography & Economics， 2012，53（5）: 649-670.

[63]　IPR2. Mapping the cultural and creative sectors in the EU and China. [R/OL]. https:// culture360.asef.org/news-events/mapping-cultural-and-creative-sectors-eu-and-china/, 2011.

[64]　新华社 . 决胜全面建成小康社会　夺取新时代中国特色社会主义伟大胜利——在中国共产党第十九次全国代表大会上的报告 [R/OL].

http://www.gov.cn/zhuanti/2017-10/27/content_5234876.htm，2017-10-27

[65]　https://www.london.gov.uk/what-we-do/environment/parks-green-spaces-and-biodiversity/all-london-green-grid. [EB/OL].

扫码看图

3 苏州打造宜居新"天堂"：住房规划政策的弹性机制

徐蕴清，钟声

苏州是中国著名的宜居城市，也是较大的移民城市，更是住房投资者眼中的新"天堂"。在苏州积极探索高质量增长和提高国际开放度的背景下，如何不断提升城市宜居性，同时避免国际上日渐起主导地位的以金融为推动、以房地产为基础的增长方式对地方竞争力和吸引力的负面影响，对未来苏州提出了重要考验。本章通过统计数据、专家访谈和制度分析，阐述了提升宜居性和住房可持续发展之间的辩证关系，并结合苏州分析了不同公共干预措施的适用条件，以及决定和制约其有效性的深层次原因。基于国际宜居城市温哥华应对高房价策略的案例分析，且结合苏州本地发展特点，本章提出要精准地观测房地产投融资行为，打通房产和权利人之间的信息建设，并同时推进房住不炒的策略和灵活规划的优势，撬动住房的有效供应、保障住房可支付性并提升品质和人居环境，同时抑制投资需求，引导市场和居民的行为改变，让住房回归和保持其功能和使用属性，打造兼顾品质和公平的国际宜居城市。

关键词：城市宜居性；住房金融化；政策干预；灵活规划；国际比较

"宜居"向来是人们追求的城市理想，而苏州自古就是人们熟知的人间"天堂"。随着人们对宜居城市的理解不断丰富，如何在日新月异的发展变化中保持甚至提升人们心中的"天堂"标签是个艰巨的任务和永恒的话题。住房在人们生活中占据了重要地位，而在宜居城市中拥有住房也已成为资产保值增值和人们通向品质生活的重要途径。全球化的浪潮中，在国际和国内资本市场快速发展，跨地区投资和人口流动剧增的情况下，住房消费和住房投资已超越本地范畴，在跨国和跨地区的层面上进行，而住房也日益偏离其居住和社会属性，成为资本积累的工具。一时间，宜居城市对投资者具有无限的吸引力，然而高投资引致的高房价和社会分化反而降低

本研究由西交利物浦大学科研提升基金（REF-18-01-05）资助。

了城市的宜居性和吸引力，严重影响其长期可持续发展。因此，建设宜居城市和防止住房金融化不可分割，需要携手并进。要在全面理解宜居城市和住房市场之间的辩证关系和互动影响，以及深刻分析住房金融化的负面影响和深层障碍的基础上，长期探索和调整适合当地的有效途径，既避免住房受国内外资本追捧而带来的风险和不可持续性，又保证住房不断改善并提升城市宜居性。本章通过理论构建、影响分析、问题挖掘和国际比较，探讨了不同干预措施的制约因素和适用条件，结合苏州积极探索高质量增长和提高国际开放度的背景，提出苏州应该树立的态度、采用的角度和采取的应对和预防策略。

一、宜居城市下的城市新目标及住房金融化趋势下的重要考验

中共十九大多次强调，我国经济发展的基本特征就是由高速增长阶段转向高质量发展阶段，关键要解决人民日益增长的美好生活需要和不平衡不充分的发展之间的矛盾[1]。生活品质（Quality of Life）这个概念自从 20 世纪 50 年代兴起并在 20 世纪 80 年代快速发展至今，其内涵已经发生了重大变化，从开始的以经济或收入为主要指标的个人福祉，转变为包括客观指标和主观感受的，综合多方面的个人幸福感和社会均衡度的考量[2, 3]（表 3-1）。研究发现收入和经济水平对个人感受的影响，不在于其绝对值的高低，更多体现在个人与其周遭的人物和环境相比较，包括与自身过去相比较的感受[4]。因此，高品质的生活，在狭义上需要给个人带来美好生活的感受，而在广义上要兼顾社会公平，包括平行和代际公平，即不同人群和子孙后代对生活的满意程度[8]。也由此可见，宜居性与可持续性之间虽侧重不同，但关联紧密甚至互相依存，在城市规划和发展的策略制定中，应该考虑个人、社区和城市等不同层次的品质生活。

基于住房本身及住区和社会环境的生活品质（Quality of Life）评价指标	表 3-1
住房指标	房屋所有权，住房面积，居民满意度调查（住房 / 社区），住房使用类型，密度（人均房屋面积），卧室数量，浴室数量，起居室数量，住房使用期限，物理条件
邻里指标	住宅区位（城市中心，工业区，郊区），教育设施，医疗设施，商业服务，娱乐服务，交通服务，开放空间，人口密度，社区类型，安全，景观，社会环境（社区），视觉感知（建筑密度，美学，规模，建筑），空间（与内部和外部空间的连接），生活节奏
社会经济因素	年龄，性别，收入（个人或家庭），教育程度，家庭规模，家庭组成，居住时间，车辆数量，失业，气候，儿童，户口状况

（资料来源：作者根据参考文献 [16-20] 绘制）

住房是建设宜居城市的重要部分。而宜居城市的内涵已经从住房自有率和住房居住条件，向住房可负担性和基于公平和包容原则下的住区物质环境和社会环境转变和丰富。

同时，越来越多的研究指出，住房条件已成为判定生活品质的关键指标，尽管其内涵正随着宜居性概念的变化而丰富完善[7-11]。一方面，住房自有率成为衡量住房条件的关键，而房屋本身的大小、质量和小区环境设施等物质条件也成为重要因素。这正是中国住房改革的主要努力方向，国人的住房条件也因此得到很大改善。同时值得注意的是，随着全球住房价格的不断上涨，住房的可支付性也变得更为重要[12-15]。另一方面，基于公平、可达和包容原则下的住区物质环境和社会环境，包括服务设施、教育医疗、公共空间和公共绿地以及社会网络正日益得到重视，这符合人们日益丰富的生活需求和可持续社会倡导下的观念转变。当社会进入新的发展时期，需及时调整和提前推进不以拥有住房为绝对目标，同时重视和发挥住房的使用功能性和社会属性，避免其成为投资投机的工具，创造以住房为中心的良好人居和社会环境。

在全球范围内，一场以金融为推动、以房地产为基础的增长方式，正在主导经济和城市发展，主要表现在金融机构在房地产业中不断扩大的作用和前所未有的主导地位[21]。这源自主流机构基于住房短缺这一全球性严峻考验的关键策略，即通过金融手段支持住房的大量供应和消费。在金融化思维的主导下，住房越来越被视为一种商品，拥有住房成为一种积累和创造财富的手段（而非分配财富的手段），为全球市场上交易和出售的金融工具提供保障[24]。这场房地产金融化的运动，从20世纪70年代随着新自由主义的发展而兴起，放松管制、减少政府开支、相信市场对住房资源的分配等主导思想，为其迅速发展提供了土壤[30]。政府将提供住房的责任转移到市场上，通过对金融机构的支持和住房所有权的推崇，创造了国际资本流动和海外资本投资住房市场的积极环境。同时，信贷扩张和金融机构的壮大很快在全球化的背景下进一步在国际上蔓延，成为21世纪的普遍国际现象。如图3-1所示。

值得注意的是，住房本身具有多重属性，既是重要的资产，也是社会消费品，同时还是人居环境的重要组成，对住房政策的侧重也反映了不同地区对住房属性的不同定位和根本性思考。尽管这种金融化策略在很大程度上有助于住房条件的改善和住房数量的提高，破解供给不足的难题，但这也导致住房市场越来越向资本和投资者的价值取向偏移，而弱化对最终使用者（End User）的关注[61]。住房投机带来泡沫风险，住房供应的结构不尽合理，对住房的实用性和社会功能性缺乏足够的考量，无法保证刚需家庭，通常是中低收入的家庭，能够得到多样的可选住房，反而加剧

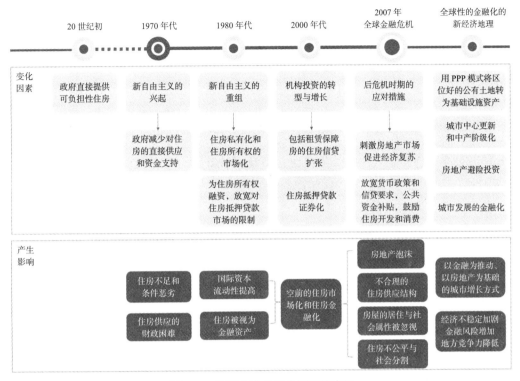

图 3-1　住房金融化概念发展演变图
（资料来源：作者根据参考文献 [22-24] 绘制）

了社会不公和分化 [22-25]。这种以金融为推动、以房地产为基础的增长方式，会加剧房地产价格上涨、经济不稳定和金融风险，并最终削弱地方的竞争力和吸引力。近年来大量的国际学者也针对这一现象开展更多反思。

　　尽管在中国，金融市场对房地产市场的渗透一直受到控制，住房抵押的绝对值和占经济的比重以及住房租赁的证券化并不突出，但是随着住房改革的深化和升级，一段时间内房地产业成为

住房金融化正在全球蔓延，通过金融手段支持住房大量供给和消费。国际住房投资加剧泡沫风险，并使住房偏离其使用功能和社会属性，加剧社会不公和分化，不利于新时期的宜居城市建设。

推动经济增长的重要力量，住房消费和住房投资为地区经济发展提供了持续动力。而且 2008 年全球金融危机之后，这种趋势持续加强，在贸易萎缩、消费不振的情况下，房地产投资一定程度上拉动了经济复苏。城市更新常常在缺乏动力和参与的情况下，通过房地产投资来实现，成为一场住房使用价值被交易价值所主导的行动 [25]。在以不动产投资为导向的城市开发过程中，获取住房所有权被视为解决住房的最佳选择，

因此融资活动以及住房市场的资源配置通常围绕着住房所有权进行，持续的资本涌入导致房价飙升，而房价的飙升进一步助推了资本以及各项资源向房地产市场注入。在国际和国内资本对本地市场的冲击下，每个家庭的住房成本不断提升，可支付性明显降低[26]。与此同时，过量的资本进入房地产市场还会加剧经济的不稳定和金融风险，进而削弱地方的竞争力和吸引力，阻碍宜居城市建设和可持续发展。鉴于房地产业对于推动经济增长的作用以及其潜在的风险，政府相关部门要正确判断住房金融化的特征和影响，并将其放在地方建设宜居城市的高度上整体考虑，根据具体情况做好适度的平衡、有效的调整或积极的预防。

二、住房开发和消费的投资：问题和影响

这部分从全国和苏州两个层面比较和分析住房供应和消费的发展变化情况，以及问题和影响。

（一）全国层面

1991—2019 年的近 30 年间，中国国内生产总值年均增长 9.2%，同期房地产开发投资额年均增长 25.6%，接近这一期间 GDP 增速的 2.8 倍[34]。2004—2019 年，年土地出让收入从 4.3 万亿人民币增长到 7.2 万亿人民币，占 2019 年全国财政收入的 31.3%[27, 33]。根据《中国家庭金融调查报告 2014》中的调查样本结果，住房拥有率达到 90.8%[28]，而人均住房面积从 1978 年的 6.7m² 提高到 2018 年的 39m²[29]，住房的物质条件大大改善。

然而快速攀升的房价已成为很多地区亟需解决的问题。美国国际公共政策顾问机构 Demographia 在过去 15 年持续发布了一系列具有权威性的国际住房可支付性研究报告，其《2019 年全球住房可支付性调查报告》对全球 309 个城市，其中包含 91 个人口超过 100 万人的主要住房市场，进行了调查和比较[32]，所用指标是房价中位数与家庭收入中位数比值。根据 Demographia 的定义，房价收入比低于 3 被视为可支付住房市场，而高于 5 已经是极度不可支付市场。报告指出，在这些市场中住房消费负担较重的中国香港已经达到 20.9，而欧美大部分地区都在 4 ~ 5。相比之下，中国内地城市多地超过 5，在一线城市甚至都超过了 30，大大增加住房负担[33]（图 3–2）。

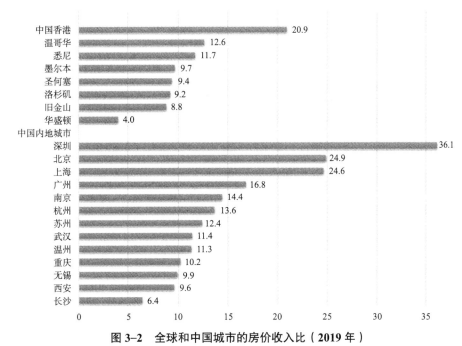

图 3-2 全球和中国城市的房价收入比（2019 年）

（资料来源：作者根据参考文献 [32，33] 绘制）

在超大规模的住房开发、投资、消费和贷款的情况下，空置房问题日益突出，尽管还未有政府权威数据的发布，但一直受到国内外学者的关注。西南财经大学甘犁教授及其团队每两年发布一次空置房分析报告，在最新的《2017 年中国城镇住房空置分析报告》中提到，"房屋空置率呈现区域差异，2017 年，二线城市、三线城市空置率分别为 22.2% 和 21.8%，远超一线城市的 16.8%；从住房贷款余额来看，2017年空置住房占用的贷款余额显著上升，有空置住房的家庭未偿抵押贷款占抵押贷款总额的 47.1%，预计规模为 10.3 万亿元"。空置背后隐藏的问题，既包括过度投资和投机行为，也有市场主体短期行为带来的房屋区位不好，质量差，配套差的问题。面对房价快速上涨和日益严重的住房差距和社会问题，自 2010 年起中国政府开始通过大量的保障房建设以缓解社会矛盾。

尽管在 1998 年住房改革以来的 20 多年里，中国从 2004 年第一轮宏观调控开始，就一直在积极地调控快速上涨的房价，但是政策变化多，效果也喜忧参半 [37-39]。面对 2008 年全球金融危机过后经济复苏时期的新一轮的房价飙升，2012 年以后，在上海和重庆两地开展了房产税的试点，以此来寻找长效机制，抑制投资和投机，然而收效甚微，影响面有限，全面执行也缺乏法律制度基础和更全面的考虑。另外，在现实仍以土地财政为基础的地方经济发展逻辑之下，要想在优化住房结构的同时，通过机制解决区位差和配套资源有限的问题，障碍还是很多。到目前为止，对房价快速持续上涨的原因，学术界还未给出全面深刻的解释[37-42]，也未找到有效稳定的应对机制来控制和调节在经济社会等更广泛层面所产生的负面影响，在如何兼顾控制房价上涨并不断改善住房和提高宜居性方面也显得疲软。

（二）苏州层面

过去 30 年苏州抓住了全球化和产业重构的契机，成功地从具有 2500 年历史的东方水城，成长为经济高度开放的重要的现代化城市。尽管苏州缺乏城市能级影响度，但其经济发展的很多指标都在全国名列前茅。1990—2016 年间，外商直接投资总额达到 1316 亿美元，年均增长 35.2%[44]。苏州的产业基础和升值空间也在不断地增强，根据福布斯排行，苏州连续三年高居中国城市产业创新的前三名[43]。随着城市的飞速发展，苏州的人口空前增长。2010—2020 年间，常住人口增加 229 万人，增长了 21.88%，增量及增幅均列全省第一，形成了苏州住房市场重要的购买力量。2020 年底，苏州发布《苏州市户籍准入管理办法》《苏州市流动人口积分管理办法》《苏州市流动人口积分管理计分标准》，对落户政策进一步放宽，在增加人才及人口吸引力的同时，也增加了房消费市场的潜在购买力。

1993—2020 年，苏州房地产开发投资平均增长 34.5%，高于同期全国 22.3% 的平均水平，其占当地 GDP 的比例也从 1992 年的 1.73% 上升至 2020 年的 13.25%，高于全国平均水平[49]。虽然 2008 年金融危机对全球经济和很多城市造成了严重冲击，但自 2009 年以来，苏州成为经济迅速复苏并逆势实质性增长的中国城市之一，成为重要的避险城市（Hedge City）。在中央和地方经济刺激措施出台后，看到城市潜力的开发商和投资者积极入市，抓住新的机遇。住房销售在 2009 年强劲上涨 126.6%，住房新开工数在一年后也增加了 61.21%[46]。2010 和 2011 两年，苏州的房地产开发投资年增长分别达 29.2% 和 28.1%[46]。截至 2016 年，苏州共有 1424 家房地产和建筑企业在运营，高于 1999 年的 496 家[47]。2020 年土地出让的建设用地面积是 2002 年的 4 倍，土地出让收入达到 2002 年的 31.6 倍[48]（图 3-3）。

2001—2020 年，商品住宅竣工面积 2.22 亿平方米，销售面积 2.71 亿平方米，年平均分别增长 8.68% 和 14.6%[48]。市场需求的增长比供应的增长更为强劲，在此期间销售量和竣工量的比值的最高值在 2019 年达到 1.98。在 2016 年市场快速增长阶段，根据有关部门[50]的估算，吸收所有可用住房空间大约只需要 7.5 个月，远低于苏州商业地产的 3.3 年。同时，销售增速最快的时期与人口增长高速期几乎同步。根据有关数据显示，非本地居民购房者所购的套数占总交易套数的份额比 10 年前有明

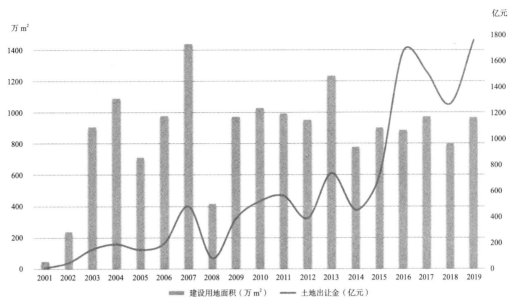

图 3–3 苏州土地出让金和建设用地面积（2001—2019 年）

（资料来源：作者根据参考文献 [34] 绘制）

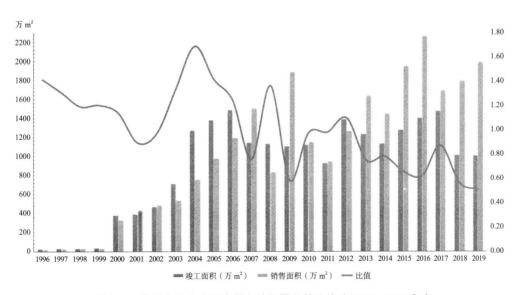

图 3–4 苏州商品住宅开发量和销售量及其比值（1996—2019 年）

（资料来源：作者根据参考文献 [34] 绘制）

显增长。苏州吴江区是四大核心区之一，自 2013 年撤市并区以来，基础设施投资迅速，与中心城区和上海等周边城市紧密连接，当地购房者中非本地买家比例不断上升，且主要来自上海、浙江和其他省份。

快速发展的苏州极具吸引力，但金融化的问题已经凸显。新的增长机遇期里，苏州需要加强警惕，让不断发展的住房市场为其长期竞争力和宜居性作出贡献，而不是带来经济和社会的隐患。

住房消费和投资的快速增长带来了市场过热和房价上涨的巨大风险。尽管苏州地区的经济实力具备产业基础，房地产的升值潜力有目共睹，然而外部资本对本地住房市场的强烈兴趣和不断注入所产生的负面影响已显现。此外，苏州还未完成产业升级的目标，仍呈现产业强创新弱的特征，在就业结构在向高层次人才转变的过程中，大量现有人口的住房问题和住房公平性日益严峻。社会差距已经在住房条件和区位选择中得到体现。目前，基础设施较为完备的新型产业园区房价较高，相对而言，城乡接合部等区域居住条件有所欠缺，房价则相对较低。

因此，作为快速发展和极具吸引力的苏州，需要更加重视不断发展的住房市场，使其为提升长期竞争力和吸引力作出贡献。面对复杂多变的外部环境需要为自身可持续发展赢得宝贵的时间和稳定的社会环境。住房应该从拉动经济的角色，转为在稳定社会、提高生活满意度方面发挥积极作用。这就需要苏州认真考虑现在和未来的人口目标和特征，联系宜居城市内涵和对苏州的意义，在住房可支付性、广义的人居环境以及平行和代际的住房公平性上齐头并进，实现高质量的前进。

三、住房调控政策：局限和障碍

要达到以上目标，还需要了解目前政策的局限性。正如上文所述，从2004—2019年之间，国家共有12次调控收紧，6次放松，变化较多，效果参差，具体表现在两个方面。一方面，调控收紧时，对新开发量产生部分影响，但对销售的影响不明显也不持续，房价上涨也没有明显减缓；另一方面，调控放松时，房价往往会上升，甚至明显快于调控阶段之前的速度。从2003—2018年的15年间，全国平均房价增长了3.9倍，年均增长9.38%[34]（图3-5）。以下将结合苏州的情况，通过几个典型的调控政策案例分析问题。

（一）调控措施的效果有限

调控主要体现在对土地、信贷以及价格等方面的限制性政策措施，以及一些针对结构性和长效机制的改革，重点政策手段包括70/90政策、第二套房限贷以及基于户口的限购、限售，还有土地限价和销售限价等全方位限制措施。从2004年到

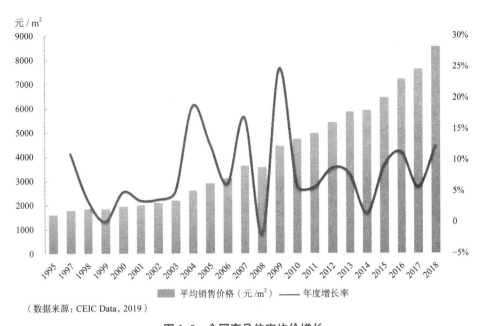

（数据来源：CEIC Data，2019）

图 3-5　全国商品住宅均价增长

（资料来源：作者根据参考文献 [33，34] 绘制）

2020 年，苏州的房价年均增长 13.1%[48]。

　　从全国来看，在迎合住房投资者和利益驱动之下，开发商供应的市场住房中，90m² 以下的房屋比例从 1980—1989 年间的 77% 下降到 2000—2005 年间的 55%，而 120m² 以上的房屋比例在同一时期从 13% 上升到 28%[52]，不利于住房市场的结构平衡和不同群体的住房可支付性目标的实现。2006 年中央出台重要政策——"70/90 政策"，这项规定要求 90m² 以下的房屋户型占住房项目的 70% 以上，同时居住用地供应量七成用于中低价位中小套型，即双 70 指标 [51]。这是一条调整住房结构的长效政策，在此之前，还没有关于住房大小规模的正式标准。

　　然而这条政策并未得到某些地方和开发商的积极响应和执行。较为硬性的规定被认为不利于各地满足市场的改善需求，对开发商的产品定位和后期的物业管理也带来了困扰和挑战。政策颁布多年后执行情况不佳并逐渐在多地取消。根据 CIA（2019 年）[48] 的数据，在苏州，120 ~ 144m² 和 90 ~ 120m² 的房屋销售在市场占主导地位，分别是当年房屋销售总额的 30.5% 和 32.5%，而 90m² 以下的房屋仅占 8.6%。

　　另一项重要政策，即限购政策（HPR），由北京于 2010 年首次提出，并在一些二三线城市跟随采用，苏州于 2011 年开始实施限购政策，之后逐渐升级形成一系列的相关限制，即根据购房者的身份户口，实施行政性限制其购买住房的数量。尽管这一制度被认为是宏观调控实施以来，最为严格也最有希望产生效果的政策，但在实施过程中，效果不尽人意。

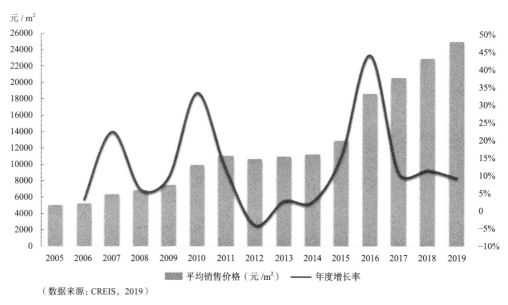

图 3-6　苏州房价变化

（数据来源：CREIS，2019）

（资料来源：作者根据参考文献 [33，34] 绘制）

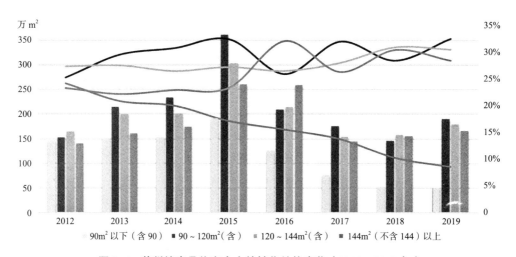

图 3-7　苏州按商品住宅大小的销售结构变化（2012—2019 年）

资料来源：作者根据参考文献 [33] 绘制

　　另外，由于限购政策是基于购房者的户口状况实行差别化的购房数量限制，把自己变为"新苏州人"便成为增加购房数量的有效方式。在与管理者、开发商和中介机构的调研中发现，主要方式包括来苏州求学落户、以亲戚名义买房以及在苏州注册公司并以公司名义买房，以达到迂回购房的目的。在苏州注册公司的手续缩减到仅3天时间，且资料要求较为简单[56]。2014—2017年的4年间，新增私营企业数量年均增长29.3%[57]。此外，苏州落户政策的门槛并不高，大学毕业生找到工作或在苏州购买75m²以上住房即可获得本地户口。此政策直到2016年底因落户政策改革才相应解除[53, 54]。而2020年新冠疫情以来，各地集中力量组织

限制投资和房价上涨的住房政策常常收效有限，甚至在限制放松时引起市场强烈的反弹。购房者、开发商、投资者以及地方政府形成的互动影响，反映了对住房消费和投资的强烈需求，以及对地方经济发展的热切愿望。

经济复苏和社会恢复。尽管房住不炒的宏观调控仍未放松，但苏州自从5月1日出台人才落户新政，宣布本科毕业即可落户之后的短短100天之内，共有4万多人提交落户申请，数量已接近2019年全年申报人数的九成，这既显示了苏州城市的吸引力，也带来了住房市场更多的潜在需求[55]。2020年底，苏州发布《苏州市户籍准入管理办法》《苏州市流动人口积分管理办法》《苏州市流动人口积分管理计分标准》，对落户政策进一步放宽，在增加人才及人口吸引力的同时，也增加了住房消费市场的潜在购买力。2019—2020年，苏州房价调控达到了目标，新建住房价格上涨低于5%。

（二）调控放松后迅速反弹

每一次调控措施的发布，在地方执行过程中，往往会形成由购房者、房产中介、开发商、投资者以及地方政府部门形成的互动影响、配合或者默认。对于住房消费和投资的极大需求，以及地方经济发展的强烈愿望，通常也会弱化这些政策的效果。正因此，当调控松动或改为经济刺激时，被压制的市场需求被释放出来，带来快速甚至破纪录的增长，从而形成了政策诱发的价格周期[58, 38]。在图3-8中可以看到，2008—2010年和2015—2016年苏州的房价都出现了限制放松之后的反弹。

继2014年，呼和浩特市第一个取消限购，包括苏州在内的全国40多个城市在3个月之间也纷纷取消。据中原地产[60]统计，2016年前8个月，全国39个城市土地出让收入超过100亿元，苏州及南京、武汉等几个城市地价翻了一番，2016年苏州市住宅开发投资和商品房新开工分别增长32.7%和82.4%，在制度环境再度有利的情况下，开发商对住宅投资的信心保持高涨。

2012—2016年苏州房价上涨74.6%，其中2016年一年上涨44.1%[48]。住房投资需求得到极大释放，联排别墅销售面积占比由2015年的8.6%上升至2016年的

13.1%，公寓销售面积占比由上年的 87.7% 下降至 76.0%。此外，苏州市 36.24% 的购房者为非本地购房者，其中与上海相邻的两个下辖县级市太仓和昆山的比例最高，分别为 52.86% 和 52.84%[50]。

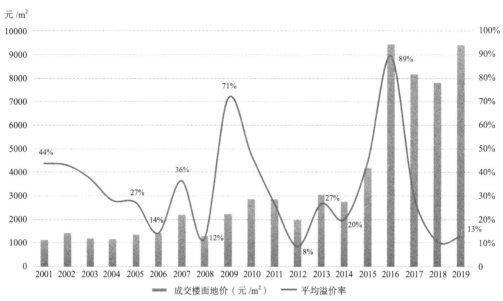

图 3-8 苏州土地出让量和均价图（2001—2019 年）
（资料来源：作者根据参考文献 [34] 绘制）

针对这一现象，从 2016 年 3 月到 10 月，苏州地方共出台了 4 轮政策，主要从卖地环节的地价上限、预售阶段的价格控制和交易环节的限购三个方面进行全面调控。这也使苏州成为先于北上广深等一线城市，第一个开始新一轮调控的城市，进一步表明房价上涨的危害程度以及对其充分认识的重要性。2020 年前五个月的均价比 2016 年均价上涨了 41.4%[58]，低于前四年的涨幅。但之前的经验也表明，处于经济复苏为主导的刺激环境之下，苏州往往比其他城市更早一步回暖甚至提前升温；在强烈的市场预期和内外资本的合力之下，这对苏州稳定房市和建设家居城市的目标提出了更大的挑战。因此，从 2016 年底中央提出"房子是用来住的，不是用来炒的"定位以后，苏州严格落实房地产调控政策，2020 年新冠肺炎疫情之后的复工复产背景下，并没有放松限购等调控政策，体现对抑制投资需求的必要性取得更多共识，也取得了较好的效果。2017 年到 2020 年，房地产投资额的年均增长率减缓到 5.52%，新开工面积年均下降 4.7%，商品住房的销售面积年均下降 2.38%[48]。

四、住房调控政策的实施障碍和深层次原因

显然，控制房价上涨，抑制投资需求需要一套"组合拳"，既要精准打击投资和投机需求，同时又要提高有效的住房供应，并进一步制定宜居发展的新目标。反观过去有一段时期住房政策的反复可知，一方面，政策本身需要一段时间出效果，且易受到宏观经济环境变化的影响；另一方面，国家和地方在政策制定上也需要"边学边做"积累经验。从根本上看，这些政策措施遇到障碍也存在着深层次的原因。因此，需要对这些障碍进行透彻分析，根本性地提高干预的精准度和效果，从而重构对住房问题的认识、态度和政府角色定位。以下从三个方面分析这些深层次原因。

（一）全国住房投资市场（NHIM）

根据新制度经济学鼻祖诺斯教授的定义，制度或制度安排是一套非正式和正式的规则及其执行机制，决定了人们互动的交易成本和行为结果[59]。制度变迁可分为强制性制度变迁（自上而下）和诱导性制度变迁（自下而上）两种[59]。强制性的制度变迁（Imposed Institutional Changes）是由政府命令或议会明确执行的，以回应对政府而言的有利机会，或在不同群体之间重新分配资源。而诱致性制度变迁（Induced Institutional Changes）是由个人、法人实体或一群个人自愿发起、组织和执行的，以应对和获取现有制度设置所产生的机会或漏洞。它导致对现有制度的修改或替换，或出现一种新的制度安排。

根据以上的分析可以看出，在现有的房地产市场上，有一个自发的、不受监管的"国家住房投资市场"（National Housing Investment Market，NHIM）的重要机制，在不断推动和维持房价上涨。这种机制受到开发商、投资者和某些地方政府的欢迎，因为它是市场的推动力和加速器，为企业和个人创造利润，为地方政府提供财政收入。尽管住房政策通常是以抑制住房投资和投机为目标，调控措施也常常密集出台，但NHIM本身并没有受到直接的监管，这些政策的出台更多是暂时迫使其改变路线或收缩规模。而当这些政策被收回，并优先考虑地方和国家的经济增长时，NHIM会迅速复苏和活跃起来。

政府通过政策命令将房价变化调节在健康水平，但当房价上涨超过这一水平时，强制性的制度变革更容易执行。但当房价停滞或下跌时，诱导性制度机制会自发开始起作用，促使住房政策软化[61]。这决定了宏观调控的路径是曲折的，环境是复杂的，政策效果是多变的，由于土地供应机制特性和强制性与诱导性制度互动所产生的问题，房价持续保持较快增长。而在苏州这种外向程度高、高度适合住房投资的城市

所发生的情况，成为制度引致动态变化的生动例证。

（二）以房地产为主导的城市发展（Property-led Urban Development）

全国性的住房投资市场（NHIM），于 20 世纪 90 年代启动，并于 2000 年后在全国城市中快速蔓延，是一种以房地产带动城市发展的模式[62]。这是一种基于国有土地出让，获得的土地收益继而投入城市基础设施建设，提升城市吸引力和投资潜力，并鼓励土地和房地产开发以促进地方经济发展和城市变迁的发展方式[63]（图 3-9）。这种模式使得房地产在城市发展中扮演了重要角色，甚至为没有支柱产业和地方特色的城市找到了经济增长的引擎。房地产业带动了几十个相关产业的快速发展，开发商积极进行全国布局，而跨地区住房消费和投资也快速蔓延。由此，房地产投资与城市的投资和增值紧密地联系到一起，城市发展和建设进入了快车道。中国住房金融化的概念不同于国际上的一般理解，即通过发达的金融工具加速住房金融化，因为中国是在金融市场并不发达的情况下，将自有住房作为重要资产，以住房的投资为城市经济的增长融资，也就是城市经济的金融化。

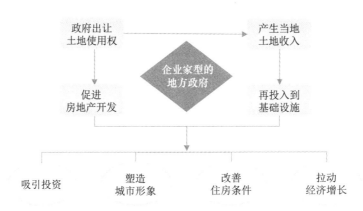

图 3-9 房地产带动的城市发展模式

（资料来源：参考文献 [62]）

以房地产为主导的城市化的盛行，带来了多方面不可持续的问题，包括耕地流失、住房投机和价格上涨、城市内部和城市之间发展不平衡、经济过热和金融风险、空置、环境退化和社会不稳定等问题。由于其优先考虑经济快速增长、数量规模扩张和投资拉动的内在特征[63, 38]，从根本上造成政府对住房市场的政策干预的效果有限，甚至会阻挠重要和有效政策的制定。这决定了住房市场在城市发展中的特殊地位，也决定了住房和调控政策的深层难度，即必须改变这种以房地产带动城市发展的模式。

而近期以来，一系列以促进长期效应为目标的长效机制和措施也逐渐被试点或采用，反映了对改变发展模式的认识提升和决心增强。除了对调控的原则性坚守和一城一策的推动；在金融端防止过量资金流入房地产；在交易端，通过二手房限售进一步遏制投资投机性需求；在土地端开始采用"两集中"，通过集中供地分流开发商资金，避免过热现象；同时开始试点土地出让收入划归为税务部门征收，逐渐减弱对土地财政的依赖，且为房产税立法做更多准备。

（三）以增长为导向的规划（Planning for Growth）

当房地产占据重要地位时，开发商和投资者在城市建设中的话语权得到加强，从而削弱了城市规划对开发建设项目的引导和规范作用。过去二三十年里，中国的城市规划理念和方法，虽然得到了巨大发展和广泛应用，但是在城市建设的管理中却扮演了从属的角色，可概括为"以增长为导向的规划"（Planning for Growth）[58]，侧重为开发创造条件，引导和规范开发行为相对减弱。为实现城市的快速变迁，很多地方没有给予城市规划足够的时间，进行长远的思考，甚至出现规划被随意更改的情况。另一方面，为防止项目的负面影响，规划条件常常以固定和预设的形式出现，而用以调节开发商行为和激励开发商贡献的灵活规划机制却在实践中难以施展。

然而，当时代的命题发生重大转变时，即从高速发展变为高质量发展，住宅对生活品质的贡献变得更为突出，而要保证对住宅使用价值的重视和人居环境的不断提升，以及对公共利益和社会公平的守护，都有待于城市规划的地位和严肃性得到更多重视，并且最终向"以高质量发展为导向的规划"（Planning for Quality Growth）做出关键和持久的改变。规划具有前瞻性、灵活性、公平性和长期性的本质特点[64]，因此与高质量、可持续和宜居性的理念高度契合。如果说"房住不炒"与宜居城市建设密不可分，那么要实现这一目标，就需要修正和应对全国住宅投资市场NHIM的制度机制，从诱导性制度发挥作用的条件角度思考策略，并从根本上改变房地产主导的局面，发挥规划的机制调节作用，即不仅抑制投资需求和金融渗透，还要提高住房的有效供应，改善人居环境，兼顾公平，发挥住房的使用价值。尽管苏州房地产占GDP的比例低于其他一些二三线城市，但主要源于其拥有庞大的产业基础，且其房地产的绝对值仍非常可观，投资需求和潜力巨大，还应高度警惕、尽早且积极地探索创新机制，领先其他城市确保这一系列的重要转变的稳步实施和持续效果。

五、加拿大温哥华案例比较分析

加拿大温哥华的城市发展和房地产开发的经历对苏州具有诸多借鉴之处。选择温哥华作为案例比较的原因主要有四个方面。第一，温哥华位于加拿大国土西端的不列颠哥伦比亚省，是该国太平洋沿岸最大的交通门户，其社会经济开放程度高，房地产市场很容易受到外来特别是国际资本流动和人口迁移的影响。第二，温哥华多年来稳居全球宜居城市前列，例如权威的英国《经济学人》智库 2019 年全球宜居城市排名中温哥华位列第六[65]，因此温哥华在发展过程中一直需要处理房地产开发与宜居之间既相关又矛盾的辩证关系。多年来温哥华居高不下的房地产价格，不仅影响当地人的生活品质，而且也对城市的竞争力造成诸多负面影响。第三，作为北美甚至是全世界最多元的移民城市之一，温哥华具有大量亚裔人口，2016 年加拿大统计局人口数据显示，人口中东亚与东南亚裔人口比例高达 31.3%[66]。文化的相对接近也使得温哥华房地产投资的取向（比如对于房地产预售这种开发行为更高的接受程度）与中国的市场情况有一定的可比性。第四，加拿大的东亚裔移民受原居住地建筑环境的影响更习惯于在高密度和功能混合的城市环境中居住，这种文化与消费倾向会直接影响房地产开发的外在形式，因此温哥华的城市形态相比其他过度蔓延的北美城市更加接近中国城市。比如与北美大部分低密度独立屋占主流的城市不同，温哥华市 2016 年非空置住房（283916 套）中 62% 是密度较高的公寓，相反独立屋只占到 15%[66]。这些跟苏州当前的情况和问题有很多共性。由于温哥华近年房地产金融化及其后果的加剧，省市两级政府均采取了一系列更加有力的措施，其结果已经初现，可以为苏州制定相应政策提供参考。但是必须指出，温哥华地处北美，与苏州在城市尺度，城市文脉及社会制度等方面也有诸多差异，因此对于温哥华经验的借鉴需要采取开放和批判并重的态度。

本章提到的温哥华具有两层地理和行政含义。第一层是指"温哥华都市区（Metro Vancouver Regional District）"，简称大温地区，是由 21 个市（Municipality），1 个选举区（Electoral Area）和 1 个

温哥华的几点特征：①经济开放度很高；②全球宜居城市；③北美多元移民城市；④大量亚裔人口和相关居住习惯；⑤资金避险城市。与苏州有较高的可比性，可为苏州提供借鉴。

土著自治领地（Treaty First Nation）组成的在功能上高度融合的连绵区域，总面积大约 2881 平方公里，2016 年总人口大约 246 万人 [66]。第二层是指"温哥华市（Municipality of Vancouver）"，是温哥华都市区中最大的一个市的名称，总面积 114 平方公里，2016 年总人口 63 万人 [67]，是大温地区的中心城市，因其特殊的地位，省政府授权其制定了《温哥华宪章》（Vancouver Charter），相比大温地区其他市 / 区享有更多城市发展的自主权，亦有更多政策创新的空间，这一点在后文提到的房屋空置税征收方面即有所体现。加拿大地方政府在行政建制上跟中国相差较大，为便于比较，可以从功能尺度的关系上大致把大温地区认为苏州地级市的层级而温哥华市则相当于苏州市区。鉴于大都市区域内部联系的密切性（比如房地产市场的高度融合性）以及温哥华市在城市政策制定上的独立和灵活性，本案例分析是以大温地区为背景并着重讨论温哥华市的情况。

（一）住房可支付性的问题和高房价的原因

大温地区尤其温哥华市最近几年面临着严峻的住房金融化风险和住房可支付性问题。图 3-10 显示大温地区标准房价在过去 15 年持续攀升的情况，可以看出 2013 年后整体升值迅速。但是房地产市场的持续升温并没有伴随家庭收入的同比例增长。2000—2015 年间，大温地区平均房价增加了 207%，是同期家庭平均收入增长速度的 4.1 倍 [69]。房价与收入增长的错位在温哥华市更加严重，2001—2017 年，该市总体房价提高了 365%，而温哥华东区 的人口收入仅增长 18%，两者比值超过 20 [70]。

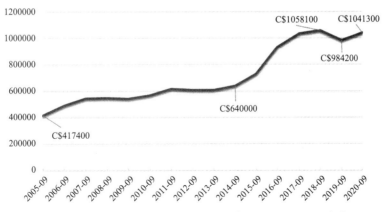

图 3-10　大温地区历年基准房价变化情况（2005—2020 年）

* 基准房价：为获得最准确的房价趋势图，大温哥华地产局使用基准价格制定了房屋价格指数（MLS®HPI），该基准价格旨在代表特定 MLS®HPI 住房市场中的典型住宅房地产价格。

（资料来源：作者根据参考文献 [68] 绘制）

住房价格的持续升高对于租房户的影响远远超过购房户,因为前者更多属于低收入的弱势群体。根据国际通用的测算标准,住房成本占据家庭收入 30% 以上即属于住房不可支付的行列。根据大温地区租房市场的价格测算(表 3–2)[71],收入最低的 25% 的租房户(年收入低于 23605 加元),需要拿出家庭收入的 86% 才能获得一室户的租赁住房,而收入排序位于 25% ~ 50% 的家庭也需要 35% 的家庭收入用于住房开销。总体而言,50% 的租房户对住房没有足够的支付能力。温哥华市的情况比大温地区总体情况更加严重。

大温地区出租房可支付性:住房户房租和其他房屋支出占家庭收入比重　　表 3–2

家庭收入范围(C$)	分位数	平均收入(C$)	单间	1 室	2 室	3 室	4 室	所有单元
0 ~ 23605	Q1	12939	61%	86%	120%	144%	162%	91%
23605 ~ 50389	Q2	36782	30%	35%	41%	46%	51%	38%
50389 ~ 86336	Q3	66749	20%	22%	25%	27%	34%	24%
> 86336	Q4	145731	12%	13%	15%	15%	15%	14%
全部			29%	25%	23%	21%	21%	24%

* 住房户房租和其他房屋支出占家庭收入比重:可支付(<30%),不可支付(30% ~ 49%),严重不可支付(≥ 50%)
(资料来源:参考文献 [71])

　　大温地区近年房价攀升过快的重要原因是加拿大政局稳定、经济高度透明,以及温哥华作为世界著名的宜居和多元文化城市对国际资本和高净值人士构成极大的吸引力,使得房地产作为反映地点优势的优良安全资产,成为热捧的对象,因此房地产市场日益偏离住房的社会属性而转向投资目的,同时温哥华也由原来的生活型城市转变成"资金避险城市"(hedge city)。住房金融化之下,一方面,倾向于高收益的高端投资项目大量供应,忽视中低收入需要造成住房供给结构的失衡;另一方面,也意味着越来越多的空置房屋的出现,造成土地和其他社会资源的浪费。2016 年普查发现,温哥华市 8.2% 的住房处于空置或半空置状态,比 2001 年数据提高了 3%[72, 66]。

　　在地理环境上,大温地区东部和北部环山,西面环海,南面即美加边境,加上省政府为保护农田在大温郊区划定了相当数量的限制开发的农业用地,使得大温地区的城市扩张空间有限,土地资源相对稀缺。2017 年大温地区住房总量 759286 套[73],这也意味着其房地产市场的容量有限。此外,不仅住房结构失衡,普通住房数量少,且大温地区尤其温哥华市的租房市场的供给长期以来严重短缺。房租一直处于加拿大的最高水平,且租房市场的空置率常年低于 1%[74]。

房价的攀升将大量中低收入人群挤出市场，一些原有居民，尤其租房户不得不迁出原来的社区甚至大温地区进而造成当地劳动力市场的短缺和动荡。2016 年整个不列颠哥伦比亚省等待社会住房分配的家庭有 26% 来自房屋价格处于最顶端的温哥华市，而 2017 年大温地区无家可归者的 60% 也集中在温哥华市，2019 年其总数达到了有统计数字 20 年来的新高[76]。当大量原有长期性居民被新的具有迁徙式生活方式的短期居民所取代以后，社区的稳定性、归属感与内聚力被大大削弱，社区概念日趋淡化，不管在文化上还是财富上都有很大差异的新老居民之间的矛盾也不断加剧。

温哥华房地产的金融化在一定程度上跟城市的宜居性有关，宜居的概念被房地产开发商用来包装开发项目，宜居生活则变成富有阶层的专属品，同时普通居民失去对自己的城市和社区的所有权。

可以说温哥华房地产的金融化在一定程度上跟城市的宜居性有关，宜居的概念被房地产开发商用来包装开发项目，宜居生活则变成富有阶层的专属品，同时普通居民失去对自己的城市和社区的所有权。

（二）对策的选择和实施

海外资本是一把双刃剑，因其同时具有对地方经济发展的促进作用，温哥华政府在一段时间内并没有出台更加有力的措施治理大温地区房地产市场的非理性发展。但近年来问题升级直接影响到大温地区经济的竞争力，同时作为基本民生问题的住房政策成为左右选举结果的重要因素，因此最近几年温哥华政府频繁出击，通过各种政策平息民怨。这些措施大致可以分为两类：税收政策和保证扩大可支付住房存量的政策。第一类直接针对房地产市场的投机行为并降低投资房屋的空置率，主要是大温地区的政策；后一类则主要通过提高可支付住房的供给来减轻住房金融化的负面影响，以大温地区政府支持加温哥华市政策主导。

1. 税收政策和抑制投资需求

自 2016 年以来，大温地区政府和温哥华市政府分别增加了 4 个房地产相关的税种，收入主要用于解决可支付住房的短缺问题（表 3-3）。

关于外国买家税，与其配套执行的还有对房屋快速转手炒作行为的限制措施，比如大幅度提高房屋建成前楼花转手的违法行为的罚款数额。税收的一部分被纳入"住房优先项目基金（Housing Priority Initiative Fund）"，用于省政府的可支付租赁房投资。

加拿大温哥华地区房地产税收汇总表 表3-3

项目	外国买家税（Foreign buyer's tax）	空屋税（Empty homes tax）	投机与空置税（Speculation and vacancy tax）	学校税（School tax）
实行年份	2016年（2018年强化）	2017年	2018年	2019年
颁布机构	省政府	温哥华市政府	省政府	省政府
针对人群	海外买家	有空置房屋者	有空置房屋者，特别是外国居民与卫星家庭（定义为家庭全球年收入超过一半没在加拿大纳税）	豪宅拥有者
针对房屋类型			位于省内房价和租金最高的大温地区和省府所在的大维多利亚都市区（两都市区内部分偏僻地区除外）的房屋	全省所有估价超过300万加元的住宅
税基	房屋交易价格	房屋年估价值	房屋年估价值	房屋年估价值
税率	2016年为15%，2018年增强为20%，一次性征收	2020年前为1%，2020年增至1.25%，2021年将增至3%	2018年为0.5%；2019年对于有加拿大籍或本省永久居民身份但并不属于"卫星家庭"的，税率保持0.5%；对于外国居民或者属于"卫星家庭"的加拿大籍或加拿大永久居民家庭，税率为2%	以累进方式征收，估价值在300万加元以下的部分不缴税，300万~400万加元的缴纳0.2%，超过400万加元的部分缴纳0.4%的税款
收入支配	部分用于住房优先项目基金	部分用于可支付住房计划	全部用于本省的可支付住房项目，但可以在省内各市之间调配使用，对低收入人群集中而地方税收较少的市进行交叉补贴	自由支配，可用于可支付住房的发展
收入支配权	省政府	温哥华市政府	省政府	省政府

（资料来源：作者根据参考文献[77-80]绘制）

四个税种分别对外国人、投资投机者、豪宅拥有者精准和多重打击。尽管征收时间较短，但收效明显，投资市场快速降温。其重要前提是政府制定和征收税收的权力和能力，以及数据建设和房产价值评估等一系列服务机制的配合和健全。

关于空屋税，温哥华市因具有更多自主权得以制定该项税收政策，而大温地区的其他市/区并无同样的地方立法权。在加拿大，房地产税（property tax）是市一级政府的最大财政来源，主要用于地方的基础设施建设维护，中小学开支以及市政府的各类开销，空屋税的征收使温哥华市政府获得更多的收入用于解决该市的可支付住房的问题。2019年温哥华市房产税总收入超过8.7亿加元，约占全市财政来源的44.5%[81]。

而投机与空置税与空屋税的差别在于前者

由大温地区政府征收，适用区域扩展至温哥华市以外其他房地产市场过热的城市，可以在一定程度上抑制因温哥华市单独征收空屋税使投机资本流向周边城市造成问题转嫁的情况发生。同时该收入归大温地区政府支配，可以在省内各市之间调配使用，对低收入人群集中而地方税收较少的市进行交叉补贴。对于温哥华市来说，符合条件的物业则会被双重征收市空屋税和省投机与空置税。

学校税则是通过对高市价物业征税达到收入再分配的目的，同时也平抑高端房屋的价格。因为不列颠哥伦比亚省尤其大温地区有大量昂贵的物业，目前预计2019—2020年度学校税可以为大温地区政府增加2亿加元的收入。

尽管以上四个税种因征收时间比较短，目前还很难看出其长期效果，但是短期内已产生一定作用。比如2018年，温哥华市申报的空屋数量比2017年减少了15%[82]，全市租房市场总的空置率由2016年10月的0.7%增长到一年后的0.9%和两年后的1%[83]，可以看到出租房屋的供给明显增加。虽然出租房屋供不应求的局面并没有实质性的改变，但是问题严重程度有了一定的缓解。从住房交易的数量和价格来看，大温地区的房地产在税收政策执行以后也发生了变化，外国买家税征收后的2016年8月大温地区住房交易量比前一年降低了26%，其中需求弹性较大的独立屋的交易量更是锐减44.6%[84]。但是2017年市场又开始出现回暖迹象，此后大温地区政府将税率提高到20%。从图3-10历年房地产价格曲线可以看出，2018年后总体价格呈下降趋势，2020年开始出现一些回升迹象。图3-11显示温哥华市最贵的西区独立屋指标变化，可以看出2017年后大幅度的下跌趋势一直保持到2019年底。

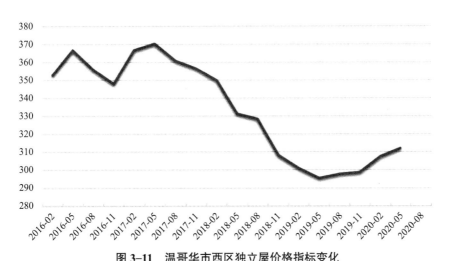

图3-11 温哥华市西区独立屋价格指标变化

*2005年1月的指标值为100，基准价格为C$975200

（资料来源：作者根据参考文献[85]绘制）

但是需要指出的是在最近 2 年除了本省的政策措施，还有其他一些因素在影响大温地区的住房市场，比如为控制泡沫风险加拿大的银行提高了房屋贷款的门槛，以及中国对资本外流的管制加强等因素都会造成投资性购房的降温，因此房地产价格的下降并不能完全归因于新税收政策的执行。此外 2020 年作为突发事件的新冠疫情对住房市场也产生了直接影响，一方面疫情造成人口流动规模减小，同时经济减缓失业率提高，对新的住房需求有所降温，但另一方面联邦政府为刺激经济采取了低利率的政策，又对住房需求产生一定的推动作用。不管是大温地区还是温哥华市，截至 2020 年 9 月，全年房价有明显波动，总体比 2019 年有所升高，但是因为目前疫情发展还有诸多不明朗的因素，因此仍难以判断房市的走向。

2. 提供可支付性住房并打造包容宜居的人居环境

仅通过税收政策减少房地产市场的投机行为并不能完全解决大温地区可支付住房的问题，更不是提高人居环境和社会公平的有效手段。因避税而新释放到租赁市场的原有投资性住房，也往往不是底层居民可以支付的住宅类型，即使不存在房地产泡沫，逐利为目的的市场本身没有动力建造低端住宅，可支付住房短缺是房地产市场的结构性问题，需通过政府与私人企业和非政府组织更紧密的合作扩大该类住房存量才能使问题得到更有效的解决。

> **仅**通过税收政策减少房地产市场的投机行为并不能完全解决大温地区可支付住房的问题，更不足以提升城市的宜居性。因避税而新释放到租赁市场的原有投资性住房，往往不是底层居民可以支付的住宅类型。

2018 年温哥华市政府出台了《温哥华住房战略（2018—2027）》（以下简称《战略》），旨在纠正失衡的住房供给，保护和更新存量可支付住房并在各方面向城市弱势群体倾斜。《战略》制定了十年可支付住房目标（表 3-4），重点发展较高密度的公寓式住房，同时，提出提高城市规划的有效性目标。传统的城市规划比如用地区划强调功能分区，缺少弹性。近年来，温哥华市的城市规划体系逐渐向更加灵活的方式转变，为可支付住房的提供创造了更多保障。下文重点总结三个方面值得借鉴的行动方案。

第一，保护和更新可支付住房，增加中低收入住房的总量。在已开发地区，鼓励填充开发（infill development），保留原有旧建筑的基础上重新规划，利用目前地块间隙利用率不高的空间开发小规模住宅和混合利用，不仅保护了原有存量，而且增加了可负担住宅的数量，供应了更多城市服务设施。如图 3-12 所示，在温哥华地区人口增长较快的列治文市的市中心，把原有的室外停车场转变为商业设施（如户

温哥华市十年可支付住房目标（2018—2027年）　　　　表3-4

房屋类型		温哥华住房10年目标	占比
公寓	社会和支持性住房	12000	16.7%
	特殊目的租屋	20000	27.8%
	共管公寓	30000	41.7%
填充住宅	后街住房（出租）	4000	5.5%
	附加房	1000	1.4%
联排屋	联排屋	5000	6.9%
总计		72000	100%

（资料来源：《温哥华住房战略（2018—2027）》[70]）

外购物区）、开放空间（如娱乐设施、屋顶庭院）和包括一定比例的适合多元人口居住的可支付性住房、家庭住房和出租住房，以及两个多种交通模式联运枢纽（multi-modal mobility hub），以支持无缝集成多种出行模式的高密度居住；并通过灵活规划的手段，允许开发商提高容积率和密度的同时，对以上改造开发特别是可支付性住房作出贡献，并保证所有设施和交通换乘节点对公众同等开放。

传统的城市规划比如用地区划强调功能分区，缺少弹性。城市规划体系逐渐向更加灵活的方式转变，为可支付住房的提供创造了更多保障。通过灵活规划、激励措施等手段，积极吸引社会力量改善多层次的人居环境，即提高土地利用效率也维护社会公平，满足多元人群的需求。

图3-12　温哥华Richmond Centre购物中心改造的规划变更公示

（资料来源：作者拍摄）

图 3-13 温哥华 False Creek North 住房项目

（资料来源：作者拍摄）

第二，打破以往死板的功能分区规划模式，对于在交通节点、社区中或者环境设施配套优良的地段，允许和鼓励建设包括可负担的出租住宅的规划变更申请，鼓励多种形式和价位的住宅共存的建设模式，提高地块建筑密度，为多元人口创造互相融合的居住空间。

第三，市政府规划部门会向申请规划许可的开发商提出在相关地块上开发社会住房数量的要求，从而保证更高档的新项目不会造成可支付住房数量的减少。这是将开发的社会成本计入开发项目的一种做法（inclusionary planning）。此外，规划部门还通过容积率奖励（FAR Bonus）和简化项目申请的手续等措施来引导开发商为可支付住房以及公共设施和住区环境等方面作出更大贡献，开发商可以权衡提供社会住房的成本和容积率奖励的经济价值决定是否获取奖励。

另外，通过创新机构设置，促成多机构联合解决问题的机制。温哥华社区土地信托（Vancouver Community Land Trust）是 2014 年建立的非营利机构，通过与各种住房机构尤其温哥华市政府的合作比如长期租用市政府所有的土地，利用规模效益和交叉补贴，在城市不同区域开发并统一管理廉租房，取得了非常好的效果。其他积极的合作伙伴还包括温哥华可支付住房机构（Vancouver Affordable Housing Agency），不列颠哥伦比亚省住房机构，加拿大住房贷款公司，以及各类社区组织和私人慈善机构等。多机构联合可以把零散的资源集中起来，并且对住房和贫困问题进行综合应对，以获得最佳效果。

温哥华住房计划执行以后取得了一定效果，表 3-5 显示，2018 年社会住房、共管公寓以及后街住房的达标情况良好，新住宅数量超出了计划，但是特殊目的租屋

（Purpose Built Rental）和联排屋离年度目标还有很大距离。当然，目前计划执行的时间有限，长期的效果还未能显现。

温哥华住房战略 10 年计划的进展（2018 年）　　　　表 3-5

房屋类型		温哥华住房十年目标	温哥华住房年度目标	2018 年批准的单位	自 2017 年以来已批准实现目标的单位	达成年度目标的进度百分比	达成十年目标的进度百分比
公寓	社会和支持性住房	12000	1200	1938	3640	162%	30%
	特殊目的租屋	20000	2000	1031	1853	52%	9%
	共管公寓	30000	3000	4511	8338	150%	28%
填充住宅	后街住房（出租）	4000	400	709	1300	177%	33%
	附加房	1000	100	—	—	—	—
联排屋	联排屋	5000	500	86	275	17%	6%
总计		72000	7200	8275	15406	11%	21%

（资料来源：作者根据参考文献 [86] 绘制）

六、对未来苏州的建议

尽管中国的住房金融化不同于国际经验特征，但这种以自有住房为重要资产，使对住房的投资扩大为城市经济发展融资的方式，即城市的金融化，已经产生了巨大影响，处置不当可能会在一定程度上阻碍宜居城市的建设。新形势下，既要不断地优化住房供应、提升品质和人居环境，又要避免住房受到外来投资力量的冲击，和住房市场的金融化影响。因此，需要双管齐下，一方面针对性地观测房地产投融资行为，连通房产和人口之间的信息建设，弥补政策的漏洞和提高有效性，抑制投资和推进房地产去金融化；另一方面，推进提高住房可支付性和住房有效供应以及品质提升的双重策略，发挥城市规划管理的灵活机制，引导市场和居民的行为改变，提高市场的有效供给，促进公平宜居可持续的人居环境建设。苏州在区域和国际发展中具备重大潜力，也需要特别重视。在高质量、高品质、高度开放和融合的未来，苏州要在区域一体化的思维下建设成为国际宜居城市，做到让房地产回归其功能和使用属性，使城市更加适宜不同人群的居住和生活。

住房市场是宜居城市建设的重要部分，但住房的金融化会给宜居城市带来负面影响。温哥华的案例显示，宜居城市作为重要的名片，容易受到区域和国际资本的关注，需要警惕过度投资的风险，导致宜居生活变成富有阶层的专属品，并最终影响城市的竞争力。苏州需要时刻保持清醒，对其住房市场保持长期监测不放松，注意对住房供应进行适当的引导，既要提高苏州包容社会不同人群的宜居性，又要避免其受到外来资本的冲击。明确宜居城市新的内涵，加深对宜居性在长期性和公平性两个维度的理解，并形成兼顾宜居性和可持续性的思想，在个人、社区和城市不同层面实现目标。随着长三角一体化成为国家战略，自贸区等一系列新的机遇将苏州带入下一个快车道。发展潜力巨大的同时，需要用长远和整体的眼光，确定未来城市发展的目标，避免住房成本的上涨阻碍重要产业的布局和发展，并且基于对未来人口结构和需求的判断，相应积极打造公平良好的人居环境。

一方面，尽快建立完整的数据采集和监测体系，打通房产和人口的关联，不仅包括房屋从开发到持有各环节的信息，还包括人口流动、房屋购买者的背景和购房融资信息，并且在范围上逐步扩大，从市区到周边甚至全国。苏州作为中国第二大移民城市以及外商和外地投资的热土，需要一套系统的分析工具，专注区分和观察其受到外来购房力量的影响。可以结合政府以及专业和金融机构的力量共同打造数据平台，并且实现跨区域协作。为城市决策提供可靠和规律的数据，并且针对全国投资市场（NHIM）对苏州当地的影响进行定期评估。这不仅能提高住房政策在抑制投资需求方面的精准度和有效性，避免政策的漏洞以及政策变化引致的市场周期，还能为房产税的实行做好重要的条件准备。另一方面，增加政策和规划的灵活性。温哥华城市规划变革的总体方向是向更加灵活的方式转变，灵活性不仅可以对复杂问题做出更加迅速和适合的反应，而且也更可能促成有效解决方案得到执行。比如，灵活的用地规划审批系统可以加快可支付住房这类紧迫项目的实施，反映出政策对弱势群体更强的关注，另外，放松独立屋或交通节点区域的区划管制限制，从而提高土地利用效率并形成社会融合的多元社区以及方便出行和改善生活品质的宜居环境。容积率奖励这类措施可以成为提高社会住房供给和改善居住环境的手段，通过刺激吸引社会力量为改善公共服务和居住条件作出贡献。

而温哥华高密度和高层住区的发展，也提供了建设宜居性的另一种选项。虽然苏州相对于温哥华总体建筑密度更高，但是在城市局部地区尤其在新建区域仍存在大量利用效率有待提高的空间，这些都可为解决住房可支付问题和改善居住环境提供契机。即便苏州古城受到建筑限高的压力，但温哥华的发展历程提供了很多不同高度实现相似密度和容积率的经验，值得借鉴。随着城市建设进入存量阶段，这个思路也可应用在城市更新和大量的老旧小区改造中，探索在现有土地上要更多空间和效率，并同时提高宜居性的有效途径。这些方面的积极发展，有利于调整以房地产为导向的城市发展模式（Property-led Urban Development），让规划真正发挥引导开发的积极作用，实现向以发展质量为导向的规划模式（Planning for Quality

Growth）的重要转变。着眼现有资源设计政策，用较小的成本，撬动较大的效果。温哥华实行的诸多措施都是建立在更加有效地利用现有资源的基础上，比如填充开发项目是利用了使用率不高或暂时闲置的已有用地，而不是去开辟更多新的城市用地，再比如提高容积率和用地混合的政策也是更加高效利用当前土地的措施。而且中国城市的土地国有，政府对于统筹空间资源来说比土地私有占主流的温哥华具有更大的优势。苏州产业更新升级的同时，面临建设用地趋近"瓶颈"的阶段，存量时代已经飞速到来，苏州应积极探索工业用地和过剩的商业用地灵活转性，并鼓励混合用地的可行做法，促进工业园区以及其他产业园区在后工业时期，实现产业创新和城市全面功能的提升。

温哥华的经验表明，解决或避免住房金融化问题仅靠政府单方面的力量是不够的，其他机构，包括非政府非营利机构、开发商、私人慈善机构等都可以成为重要的合作伙伴。但是机构合作需要建立有效的合作机制，所以全面考虑合作者的利益是促成合作的重要一环。比如为促使逐利的开发商参与公共建设，除了向其提出提供社会住房、交通和其他公共设施等的强制性要求外，还需要保证其一定的获利空间和话语权，才能保证容积率奖励措施能比较好地平衡社会和经济效益，以获得开发商更主动的合作。在灵活合作机制的议题之下，将带来处理复杂关系的新考验和能力建设的新要求。如何在互动中找到合理点，在变动中找到可行的依据，而非标准化的结果，需要不同参与者更高的能力和更有效的沟通，从不同的角度取得广泛的共识，还需要各种人才培养机构的积极配合和及时转变。

参考文献：

[1] 新华社. 习近平一月：12 月关键词——高质量发展 [EB].（2018-01-08）[2019-12-17].
http://www.xinhuanet.com/politics/2018-01/08/c_1122223914.htm.

[2] PACIONE M. Quality-Of-Life Research in Urban Geography[J]. Urban Geography，2013，24（4）：314-339.

[3] MOHIT M. A. Present Trends and Future Directions of Quality-of-Life[J]. Procedia-Social and Behavioral Sciences，2014，153：655-665.

[4] DOLAN P. et al. Do we really know what makes us happy? A review of the economic literature on the factors associated with subjective well-being[J]. Journal of Economic Psychology，2008，29（1）：94-122.

[5] FLORIDA R. et al. The Happiness of Cities[J]. Regional Studies，2013，47（4）：613-627.

[6]   KAKLAUSKAS A. et al. Quality of city life multiple criteria analysis[J]. Cities, 2013, 72, 82-93. doi: https://doi.org/10.1016/j.cities.2017.08.002.

[7]   STREIMIKIENE D. Quality of Life and Housing[J]. International Journal of Information and Education Technology, 2013, 5 (2), 140-145. doi: 10.7763/ijiet.2015.V5.491.

[8]   WINSTON N., EASTAWAY M. P. Sustainable Housing in the Urban Context: International Sustainable Development Indicator Sets and Housing[J]. Social Indicators Research, 2008, 87 (2), 211-221.

[9]   HUANG Z., DU X. Assessment and determinants of residential satisfaction with public housing in Hangzhou, China[J]. Habitat International, 2015, 47: 218-230.

[10]   CAO J., ZHANG J. Built environment, mobility, and quality of life[J]. Travel Behaviour and Society, 2016, 5: 1-4.

[11]   WĘZIAK-BIAŁOWOLSKA D. Quality of life in cities-Empirical evidence in comparative European perspective[J]. Cities, 2016, 58: 87-96.

[12]   LLOYD K., AULD C. Leisure, public space and quality of life in the urban environment[J]. Urban Policy and Research, 2013, 21 (4): 339-356.

[13]   DOLAN P. ET AL. Do we really know what makes us happy? A review of the economic literature on the factors associated with subjective well-being[J]. Journal of Economic Psychology, 2008, 29 (1): 94-122.

[14]   ISOCARP (International Society of City and Regional Planners). Livable cities in a rapidly urbanizing world[EB]. [2019-12-17] https://isocarp.org/app/uploads/2014/05/ISOCARP_UPAT_final_20110114.pdf.

[15]   ZANELLA A. et al. The assessment of cities' livability integrating human wellbeing and environmental impact[R]. Annals of Operations Research, 2014.

[16]   CHEN L. et al. Disparities in residential environment and satisfaction among urban residents in Dalian, China[J]. Habitat International, 2013, 40: 100-108.

[17]   FLORIDA R. et al. The Happiness of Cities[J]. Regional Studies, 2013, 47 (4): 613-627.

[18]   MCCREA, R., et al. Satisfied Residents in Different Types of Local Areas: Measuring What's Most Important[J]. Social Indicators Research, 2013, 118 (1): 87-101.

[19]   REN H., FOLMER H. Determinants of residential satisfaction in urban China: A multi-group structural equation analysis[J]. Urban Studies, 2013, 54 (6): 1407-1425.

[20]   LIN S., LI Z. Residential satisfaction of migrants in Wenzhou, an 'ordinary city' of China[J]. Habitat International, 2017, 66: 76-85.

[21] AALBERS M.B. The Variegated Financialization of Housing[J]. International Journal of urban and regional research，2017，41（4）：542-554.

[22] ROLNIK R. Late Neoliberalism：The Financialization of Homeownership and Housing Rights[J]. International Journal of Urban and Regional Research，2013，37（3），pp. 1058-1066.

[23] AALBERS M.B. The financialization of housing：a political economy approach[J/EB]. Routledge，2016，[2019-12-17] http://search.ebscohost.com/login.aspx?direct=true&db =cat01010a&AN=xjtlu.0001315294&site=eds-live&scope=site

[24] HUMAN RIGHT COUNCIL. Report of the Special Rapporteur on adequate housing as a component of the right to an adequate standard of living，and on the right to non-discrimination in this context[R]. Thirty-fourth session，27 February-24 March 2017，Agenda item 3.

[25] HE S.，WU F. Socio-spatial impacts of property-led redevelopment on China's urban neighbourhoods[J]. Cities，2007，24（3）：194-208.

[26] WINTERBURN M. Home economics：reversing the financialization of housing[J]. The Journal of Architecture，2018，23（1）：184-193.

[27] 搜狐新闻. 财政部：2018 年全国卖地收入 6.5 万亿，创历史！占地方预算收入 2/3[EB].（2019-01-26）[2019-12-17]. https://www.sohu.com/a/291671150_208914

[28] 中国家庭金融调查与研究中心. 2014 年中国家庭金融调查报告 [R].（2019-07-23）[2019-12-17].
https://wenku.baidu.com/view/72afd5b6a36925c52cc58bd63186bceb19e8e-d8a.html

[29] 搜狐新闻. 统计局：2018 年中国城镇居民人均住房面积 39 平方米 [R].（2019-01-31）[2019-12-17]. http://finance.sina.com.cn/china/2019-07-31/doc-ihytcitm5951294.shtml

[30] AALBERS M.B. Financialization. In：RICHARDSON D.，CASTREE N.，GOODCHILD M.F.，Kobayashi A.L.，Marston R.（Eds.）[M]. The International Encyclopedia of Geography：People，the Earth，Environment，and Technology. Oxford：Wiley，2019.

[31] 甘犁. 2017 中国城镇住房空置分析 [R].（2018-12-31）[2019-12-17]. 中国家庭金融调查与研究中心，https://www.3mbang.com/p-1836068.html.

[32] 搜狐新闻. 2019 年全球房价收入比 [R].（2019-2-23）[2019-12-17]. http://www.sohu. com/a/297254153_99899191.

[33] 克而瑞研究 CRIC. [DB]. [2020-10-03]. http://www.cricchina.com/research.

[34] 中国房地产大数据信息平台 CREIS. [DB]. [2020-10-03]. https://creis.fang.com.

[35] THE STATE COUNCIL. President Xi：December Key Words-High Quality Development[EB].（2019-08-17）[2019-12-30] http://www.gov.cn/xinwen/2019-08/17/content_5421812.htm.

[36] WEI D.，MENG D. The Problem of Housing Market Transition and Countermeasure[J]. Journal of Shandong Institute of Commerce and Technology，2018，（4）：5-8.

[37] CHEN J. etal. Assessing housing affordability in post-reform China：A case study of Shanghai[J]. Housing Studies，2010，（25）：877-901.

[38] CAO J. A.（2015）. The Chinese real estate market：development，regulation and investment，Abingdon：Taylor and Francis.

[39] Wu F. Commodification and housing market cycles in Chinese cities. [J]. International Journal of Housing Policy，2015，15（1）：6-26.

[40] ZHOU Z. Overreaction to policy changes in the housing market：Evidence from Shanghai[J]. Regional Science and Urban Economics，2016，58：26-41.

[41] YE J. WU Z. Urban housing policy in China in the macro-regulation period 2004-2007[J]. Urban Policy and Research，2008，26（3）：283-295.

[42] CAO J. A.，KEIVANI R. The limits and potentials of the housing market enabling paradigm：An evaluation of China's housing policies from 1998 to 2011[J]. Housing Studies，2014，29（1）：44-68.

[43] 搜狐新闻. 苏州工业园区荣获国家级开发区第一名 [EB].（2017-06-18）[2019-12-17]. http://www.sohu.com/a/148908709_349639.

[44] 苏州统计局. 苏州市人口与就业状况分析 [EB].（2017-06-20）[2019-12-17]. http://www.sztjj.gov.cn/info_detail.asp?id=22829.

[45] 国家统计局. 第七次人口普查公报 [EB/R].（2021-05-11）[2021-06-18]. http://www.gov.cn/xinwen/2021-05/11/content_5605791.htm.

[46] 苏州统计局. 2011 年苏州市经济社会发展年度统计报告 [EB/R].（2012-05-07）[2019-12-17]. http://tjj.suzhou.gov.cn/sztjj/tjgb/201205/0b55dde43fde4de79d19230d5b135dc7.shtml.

[47] 苏州统计局. 2016 年苏州市经济社会发展年度统计报告 [EB/R].（2017-01-16）[2019-12-17]. http://cj.2500sz.com/news/szxw/2017-1/16_3061125.shtml.

[48] CHINA INDEX ACADMY（CIA）. Property Transaction Databank for Suzhou City[EB/R].（2021-06-01）[2021-06-29]. http://industry.fang.com/en/download.html.

[49] 苏州统计局. 2020 年苏州市经济社会发展年度统计报告 [EB/R].（2021-03-17）

[2021-06-29]. http://tjj.suzhou.gov.cn/sztjj/tjgb/202103/8876edc5eb7e402ba58f02ba2c9d1a26.shtml.

[50] 苏州市住房和城乡建设局 . 2016 年苏州房地产市场走势报告 [R]. 2017.

[51] CHINA BANKING REGULATORY COMMISION. Notice on Adjusting Housing Supply Structure and Stabilizing Housing Price[R].（2016-05-24）[2019-12-17]. http://www.cbrc.gov.cn/chinese/home/docView/2528.html.

[52] REICO. China real estate market report：2008-2009[R].，2009.

[53] 腾讯新闻 . 苏州市落户新政公布 [EB].（2016-07-28）[2019-12-30]. https://js.qq.com/a/20160728/006049.htm.

[54] 苏州市政府 . 市政府关于印发《苏州市流动人口点管理办法》的通知 [EB].（2015-12-11）[2019-12-30]. http://www.zfxxgk.suzhou.gov.cn/sxqzf/szsrmzf/201512/t20151214_654708.html

[55] 克而瑞研究 CRIC. [R].（2020-08-17）[2020-10-03]. https://mp.weixin.qq.com/s/I8pXcDGJONs0aYmwc7rPZg.

[56] PEOPLE'S NET. Simplification of administration and decentralisation of power：One visit to government agencies at most（in Chinese）. [EB].（2018-06-08）[2019-12-17]. http://legal.people.com.cn/n1/2017/0818/c42510-29479374.html.

[57] 苏州统计局 . 2014—2017 年苏州市经济社会发展年度统计报告 [EB/R]. [2019-12-17]. http://www.sztjj.gov.cn/SztjjGzw/sjtj/.

[58] WU F. Planning for growth：urban and regional planning in China[M]. Abingdon，Routledge，2015.

[59] NORTH D. C. Institutions，Institutional Change and Economic Performance：Institutions[J]. Journal of Economic Behavior & Organization，1990，18（1）：142-144.

[60] PHOENIX NEWS. Land finance reliance：Suzhou doubles and over 50% increase in Hangzhou，Hefei and Nanjing[EB].（2017-06-03）[2019-12-17]. http://finance.ifeng.com/a/20160921/14892116_0.shtml.

[61]   XU Y. et al. Housing purchase control：A temporary administrative tool or a long-term strategy? The case of Suzhou[C]. The 23th Annual Conference of Asian Real Estate Society（AsRES）. Incheon，South Korea，2018.

[62] XU Y. Property-led urban develoment in China：role，impact and future[M]. Scholars' Press，2013.

[63] XU Y，KEIVANI R，CAO A J. Urban sustainability indicators re-visited：lessons from

property-led urban development in China[J]. Impact Assessment and Project Appraisal，
2018：1-15.

[64] GURRAN N.，BRAMLEY G. Urban planning and the housing market：international perspectives for policy and practice[M]. London，Palgrave Macmillan，2017.

[65] THE ECONOMIST INTELLIGENCE UNIT. The Global Liveability Index 2019[R]. [2019-10-07].

[66] STATISTIC CANADA. Census Profile-2016 census [DB]. 2016 [2019-10-07]. https:// www12.statcan.gc.ca/census-recensement/2016/dp-pd/prof/index.cfm?Lang=E .

[67] CITY OF VANCOUVER. Geography [R]. 2019 [2019-10-07]. https://vancouver.ca/news-calendar/geo.aspx.

[68] REBGV. MLS® HPI Home Price Comparison-Greater Vancouver[R]. 2005-2020 [2020-10-03]. https://www.rebgv.org/market-watch/MLS-HPI-home-price-comparison.html.

[69] COX W，HE A. Canada's Middle-Income Housing Affordability Crisis，Frontier Centre for Public Policy[R]. 2016 [2019-10-05]. https://fcpp.org/wp-content/uploads/2016/06/ Cox-He-Middle-Income-Housing-Crisis.pdf.

[70] CITY OF VANCOUVER. Housing Vancouver Strategy[R]. 2017 [2019-10-07]. https:// council.vancouver.ca/20171128/documents/rr1appendixa.pdf.

[71] CANADIAN RENTAL HOUSING INDEX. Affordability[R]. 2020 [2020-10-03]. http:// www.rentalhousingindex.ca/en/#affordability_csd.

[72] STATISTIC CANADA. 2001 census [DB]. 2001 [2019-10-07]. https://www12.statcan. gc.ca/english/census01/home/Index.cfm.

[73] STATISTIC CANADA. Number of residential properties，by property type，assessment value range and residency status，census metropolitan area of Toronto and Vancouver and their census subdivisions[R]. 2019 [2019-10-7]. https://www150.statcan.gc.ca/t1/ tbl1/en/tv.action?pid=3310008101&pickMembers%5B0%5D=1.25.

[74] CITY OF VANCOUVER. Empty Homes Tax Annual Report 2017 tax year[R]. 2018 [2019-10-07]. https://vancouver.ca/files/cov/empty-homes-tax-annual-report.pdf.

[75] CITY OF VANCOUVER. Housing Characteristics Fact Sheet[R]. 2017 [2019-10-07]. https://vancouver.ca/files/cov/housing-characteristics-fact-sheet.pdf.

[76] GLOBALNEWS. Vancouver homeless numbers rise to highest levels since 2002，latest count shows [N]. 2019 [2019-10-8]. https://globalnews.ca/news/5383602/vancouver-homeless-count-results/.

[77] BRITISH COLUMBIA. Additional Property Transfer Tax for Foreign Entities & Taxable Trustees[R]. 2016 [2019-10-07]. https://www2.gov.bc.ca/gov/content/taxes/property-taxes/property-transfer-tax/additional-property-transfer-tax#specified-areas.

[78] CITY OF VANCOUVER. Empty Homes Tax[R]. 2017 [2019-10-07]. https://vancouver.ca/home-property-development/empty-homes-tax.aspx.

[79] BRITISH COLUMBIA. Speculation and Vacancy Tax[R]. 2018 [2019-10-07]. https://www2.gov.bc.ca/gov/content/taxes/property-taxes/speculation-and-vacancy-tax?keyword=SPECULATION&keyword=AND&keyword=VACANCY.

[80] BRITISH COLUMBIA. Additional School Tax Rate[R]. 2018 [2019-10-07]. https://www2.gov.bc.ca/gov/content/taxes/property-taxes/annual-property-tax/school-tax/additional-school-tax-rate.

[81] CITY OF VANCOUVER. Annual Financial Report[R]. 2019 [2020-10-03]. https://vancouver.ca/files/cov/2019-annual-financial-report.pdf.

[82] VANCOUVER COURIER. City of Vancouver says fewer homes declared vacant since tax imposed[N]. 2019 [2019-10-10]. https://www.vancourier.com/real-estate/city-of-vancouver-says-fewer-homes-declared-vacant-since-tax-imposed-1.23625209.

[83] CMHC. Rental market report-Vancouver[R]. 2018 [2019-10-10]. https://www.cmhc-schl.gc.ca/en/data-and-research/publications-and-reports/rental-market-reports-major-centres.

[84] REBGV. Monthly market report-Vancouver[R]. 2016 [2019-10-10]. https://www.rebgv.org/market-watch/monthly-market-report/august-2016.html.

[85] REBGV. MLS® HPI Home Price Comparison-Vancouver West-Detached[R]. 2020 [2020-10-03]. https://www.rebgv.org/market-watch/MLS-HPI-home-price-comparison.hpi.vancouver_west.all.detached.2020-8-1.html.

[86] CITY OF VANCOUVER. Housing Vancouver Strategy：Annual progress report and data book 2019[R]. 2019 [2019-10-10]. https://vancouver.ca/files/cov/2019-housing-vancouver-annual-progress-report-and-data-book.pdf.

扫码看图

主力店战略助力未来苏州发展：百度和大众点评数据下以零售业为主导的苏州城市再生

郑享哲，张钰卿，于晓涵，田雪临

观前街曾是许多老苏州人心中最繁华的商业街区，拥有数个百年老字号：松鹤楼、采芝斋、叶受和和稻香村等。随着苏州中心和其他地区商业购物中心的崛起，观前街的业态需要进一步整合提升，并形成新的吸引力。本研究着眼于观前街的城市再生政策，使用百度兴趣点（Point-Of-Interest，POI）、大众点评数据和对观前街游客进行面对面访谈等方法进行现状和趋势分析，以更好地为观前街和苏州市中心商业街区未来的发展献言献策。通过分析数据发现，观前街区的餐饮、生活购物、酒店和面包烘焙是主要业态，它们可以从周边吸引众多消费者，在主力店中起着至关重要的作用。但同时，有限的停车位和拥挤的交通限制了更多的消费者进入观前街区。因此，为实现观前街的可持续发展，培育和发展主力店是重要战略之一，并要积极鼓励主力店成为城市街区更新的主要驱动力，围绕主要商店合理建立零售集群和多元化的租户组合。

关键词：主力店战略；城市再生政策；大数据分析；观前街

市中心及其商业街区作为城市经济增长的核心，对城市实现可持续发展至关重要。在很多城市中，商业街仍然是城市社区的重心[1]，其性质和特征反映了当地的宏观人口、社会和经济等状况[2]。市中心商业街的重要性还表现在它是多元化社会中人们互动和维持社交的场所。当前，市中心人口的减少、城市人口增长率的下降、郊区商圈的形成与扩张、电子商务的普及、就业方式和家庭特征的转变都是造成城市商业街没落的原因[2]。

20 世纪末和 21 世纪初是零售业的繁荣时期，然而随着城市面积的扩张和城市中心的分化，以及购物方式的转变，城市中心商业街区零售业的作用已经明显减弱。2010 年以来，中国大多数城市都实施了种类多样的商业街区再生计划，以试图复兴旧的商业中心。在各种各样的城市再生战略中，零售业振兴是城市更新的关键元素，对苏州而言亦是如此。根据 2021 年第七次人口普查公报，至 2020 年末苏州常住人口达到 1274.8 万人，其中作为核心的姑苏区为 92.4 万人，占全市的比重仅为 7.25%，占市区的比重则为 13.76%[3]。根据《苏州统计年鉴（2020）》，苏州第三产业占地区生产总值的比重从 2010 年的 40.1% 提升至 2019 年的 51.5%；而作为核心区的姑苏区，第三产业更是贡献了 93.1% 的地区生产总值[4]。2020 年，苏州实现社会消费品零售总额 7701.98 亿元，虽然受疫情冲击影响，较 2019 年下降 1.4%，仍然达到 2010 年的 2.67 倍；其中作为核心区的姑苏区，2020 年实现社会消费品零售总额 829.21 亿元，占全市的比重为 10.77%，占市区的比重则为 19.94%[4]。

作为历史文化名城，苏州实施的城市更新案例不止一个。例如观前街更新开发、平江路历史街区保护更新、十全街街区更新、桃花坞街区更新、山塘街街区更新等。以观前街为例，1998 年，政府投资对观前街进行了更新改造，将其功能定位为"集购物、文化、休闲、宗教于一体的具有浓郁地方传统特色的城市购物、休闲和旅游中心"[5]。2019 年，苏州以观前街为核心，整合周边地区，编制《观前商圈改造提升总体规划》，并运用系统思维，对观前区域的城市生态、产业生态、文化生态进行综合提升和整体改善。零售业不仅在城市经济中具有重要作用，在国家层面经济中也起到举足轻重的作用。例如，在 2001 年，英国的零售业为本国经济贡献了 490 亿英镑，相当于全部毛附加值（gross value added，GVA）的 5.6%（或制造业毛附加值的三分之一）。而且，零售业不仅是英国第三大服务型行业，还提供了大量就业岗位[6]。

苏州城市中心的典型代表——观前街，是苏州的一张老名片，更是苏州人心中的老味道。近十年来，随着与其他商业街业态差别越来越小，传统小规模零售店不断增多，零售品质参差不齐，致使观前街原有的苏州味道有所减弱，作为城市地理中心位置还在，但作为城市商业中心的地位有所下滑。因此，本研究旨在分析主力店（关键店）在以零售业为主导的城市再生中所具有的潜在影响，从而为振兴城市中心提供参考。在苏州观前街所进行的面对面访谈结果初步显示，关键商铺对于吸引苏州城市中心的游客发挥了重要作用，这表明主力店的存在能够提高光顾率。同时，也有越来越多的研究通过分析大数据来评估城市活力，比如有研究发现，社会经济（人口、收入、GDP、就业等）和建筑环境因素（建筑密度、景观、特点等）会影响城市活力。然而，在城市再生的大背景下，该如何利用主力零售来评估和提高城市活力，我们仍知之甚少。针对苏州观前街实施的城市再生政策，本研究对其理论基础进行了全面的分析，同时也探讨了该政策会产生的影响。本研究所使用的方法包括对观前街顾客的访谈、空间分析以及利用兴趣点（Point-Of-Interest，POI）和大众点评数据所进行的描述性统计分析。文章在最后回顾总结本研究得出的结论并提出相关的建议。

一、研究综述

（一）以零售为主导的城市的重要性

城市区域是人类社会、经济、文化和政治活动的空间集中区，在土地利用、人口密度或生活方式和行政定义等物质层面都与农村地区有所区别[7]。城市区域更具活力，并且其复杂的系统也反映了社会变迁的进程。城市再生是这些社会进程相互作用的产物，同时也是城市规划部门对城市衰退所带来的机遇和挑战的回应[8, 9]。十年前，"再生"一词只存在医学或神学领域。牛津词典仍然将"再生"定义为"在全新和更高的精神层面进行投入"。Peter Robert[8]将规划领域中的城市再生定义为"全面且综合的愿景和行动，以解决城市问题，并寻求在不断变化的地区带来持久的经济、自然、社会和环境方面的改善"。

然而，Turok[10]给这个定义做了限定，Turok强调城市再生几乎无法做到面面俱到，尤其对于最棘手的问题。因此，城市再生的本质是植根于实践的干预主义行为，涉及公共、私营、志愿者组织和社区部门。再生应根据当地的具体问题和解决能力，设定多种目标并采取行动。由于各地具体情况的差异，城市再生的方法无法总结为固定不变的指导原则，而且至今也没有真正可以称之为成功的案例作为参考[9]。近年来各个城市根据自身情况所实施的再生策略，如以零售、文化或地产为主导的城市再生政策，往往都是一些"一刀切"的做法。

自20世纪80年代以来，由于传统零售区和商业街的衰落、电子商务的兴起和出城购物的流行[2, 11]，收入水平的提高，消费文化，消费者行为和生活方式等一系列改变，线上购物成为多数年轻人的首选，而全球城市零售系统也发生了结构性的改变。城市对传统和独立零售的依赖使许多国家深受其害；由于以零售为主导的城市再生能够促进经济发展、创造就业和吸引人才回流，因此这种规划方法成为振兴周边和社区的重要机制[12]。20世纪50年代，北美推行了世界上第一个在城镇和城市中心以零售为主导的再生概念，随后美国和英国复制了类似的模型[7]。20世纪60~70年代间，美国和英国的许多城镇都在当地建立了1~2个中央购物商场。到20世纪80年代，城郊零售业迎来了发展顶峰，为顾客提供多种选择和专业化产品，而在此之前，这些专业产品只有在市区传统的"商业街"才能够找到[9]。这一发展对城市中的商业街造成了巨大的冲击，不过由于以零售为主导的城市再生战略符合市场政策，其中的大部分商业街都在短时间内得到了恢复。因此，很多政府在面对城市衰退的挑战时，将以零售为主的城市再生政策当作应对举措，如英国的开发区和开发公司（enterprise zones and urban development corporations in the UK），美国的商务提升区（business improvement districts）和韩国的中小企业管理（Small and Medium Business Administration，SMBA）[9, 11]。以零售为主导的城市再生政策一旦成功，就能促进城市经济结构、当地零售业、就业、城市环境的综合改善，尤其是在城市贫困地区。零售业与当地经济复兴之间具有正相关性。例如，在英国，针对去工业化所造成的经济衰退，地方政府大力支持当地的零售业发展和零售结构的扩张，从而使零售业成为解决就业、促进经济增长的途径。正因如此，以零售为主的城市再生和城市形象的更新推广成为相辅相成的政策走向[9]。

中国的城市再生政策始于 20 世纪 80 年代[13]，同时伴随着体制性改革、土地改革和住房商品化改革。对城市土地价值的重新认识和对土地使用权的有偿转让导致具有优越地理位置的中心地区空间经济结构的调整，从而实现土地开发利润和使用效率的最大化[14]。同时，市中心的变化也成为城市转型的关键，城市在土地变迁的过程中探寻自己的定位和特点，从而形成自身特色[15]。在过去的几十年里，苏州见证了城市建设的飞速发展，居民文化素养的提高以及城市产业类型的蜕变。在各种类型的城市特色空间中，特色商业街不仅是服务大众和汇集人才的重要场所，还是展示城市建设成果和城市再生缩影的平台，对城市发展产生了不可替代的影响[15]。作为苏州最重要的商业街，观前街该如何利用零售业主导的城市再生战略进行形象改造和场所推广，将对苏州未来的城市建设起到重要作用和标杆示范。

（二）以零售主导的城市再生中的主力零售业和城市活力的激发

城市活力反映了人类活动的多元性和差异性。城市再生的途径通常与如何增强城市活力密切相关。零售业的繁荣通常能够极大地加速城市中心和城镇中心的更新改造[16]，为城市再生方案打下坚实的基础。在城市中心地区通过发展零售业引导城市再生的背后具有三大理论基础：中心地理论，集聚理论和需求外部性理论[17]（central place theory，agglomeration theory and demand externality theory）。Losch 在 1954 年提出的中央场所理论模型（central place theory models）为零售业的空间组织提供了规范化的理论框架[18]，至今仍是零售业建模的基础[17]。Hotelling 所提出的零售集聚经济学（retail agglomeration economics）解释了更多的主力店和具有竞争力的运营商倾向于聚集在中心位置，而小连锁商店则分散位于子市场内的原因[19]。Nelson 扩展了这一理论，他尝试解释零售活动的集聚是基于商品的互补性和商业网点的综合吸引力，这意味着如果某一商品在类似商品的周围被出售，则其可以吸引更多的顾客[18]，也称之为零售需求外部性理论。顾客光顾主力店的同时也可能顺便惠顾商业街区的其他店铺并且购物，以增加非主力店的收入。主力店和非主力店具有相辅相成的关系,其中主力店是吸引人流的主要因素,非主力店则受益于主力店的大量顾客群体[20]。因此,主力零售是决定商业中心活力有效性的一个相关因素,其吸引力与商业中心的吸引力成正相关。

主力零售或主力店是购物中心或商业街区内的零售单位,可以通过其品牌声誉吸引客流,增强购物中心的吸引力[18, 21]。它们具有以下特点:商店规模比普通商店大,有三家以上国家或国际连锁店,强大的品牌和公关能力,较强的消费吸引力和广泛影响力,有利的地理位置和高质量服务,以及更稳定的签约年限。如 Yeates[19]进行的调查显示,“受人欢迎的主力店可以刺激附近商户的总销售额增长约 12%。”Finn 和 Louviere[22] 的研究表明,主力零售店在塑造商业中心的形象中起着主导作用。Damian[23] 的研究也证明,主力零售店提高了购物中心对消费者的吸引力,并对经济产生积极影响。由此可见,主力店的配置是增强商业街活力的重中之重。例如,英国的利物浦一号(Liverpool One)就是一个以零售业为导向的成功复兴案例。它在庆祝利物浦被评为 2008 年的欧洲文化之都时盛大开幕,成功复苏了利物浦市中心疲软的经济[24, 25]。目前,该购物中心每年有大约 2600 万游客到访,使利物浦经济增长达到了全国平均水平的四倍。利物浦一号计划成功的关键因素在于将三大主要主力店进行了合理组合:Marks 和 Spencer,Debenhams 和 John Lewis 形成铁三角形状的布局[24, 26]。建立了结构良好的人行道和充满活力的购物环境,这种多重主力店的模式能够更有效地引导和利用人流。

零售需求具有外部性效应是因为商业街主力店之间存在竞争,国内外经济学者均将零售店间外部性视为商业街区零售集聚的收益[27]。管理层需要将主力店带来的更多客流量即正外部经济效应,通过内化手段以实现经济利润最大化。例如 Thomas 通过对 642 位受访者的调查得出结论:通过有效的购物空间分配,能够将零售需求的外部性内化[28]。主力店作为购物聚集点和零售活动的交点,在很大程度上决定了整个商业中心客流的主要模式[28]。主力店需要占据便利的位置,如靠近主停车场,接近公共交通设施或购物中心的其他部分。另一种做法是通过在商店之间建立激励机制,以实现适当的租户组合[18, 20]。大部分的研究都利用固定租金、销售额、盈利能力、年服务费以及收入和总可出租面积(GLA)等数据进行分析[28]。例如,Diana 连续三年(2005—2007 年)分析了葡萄牙和西班牙的 35 个购物中心的数据,发现主力商店会给购物中心带来相对稳定的收入,但是非主力商店却贡献了更多的营业额[23]。非主力商店贡献的变化可以通过其享受到外部性得到很好的解释。商业街区的一般收益是由租金减去运营成本,主力店因其提供稳定客流的优势往往可以享受到更多的租金折扣,所以经济贡献较少。商业街区通过合理制定租户组合和有效的空间配置让非主力商店享有更多的客流量，以此带来更多的收益。但是，如何找到关键的主力零售店及其有效的设计、运营模式，仍然颇具挑战性，这些因素与竞争力、客户忠诚度和购物的选择紧密相连。这些城市再生过程中的核心问题需要崭新的思路来解决。

在以零售为主导的城市再生中，通过社交媒体数据进行空间分析来提升中国语境下的城市活力目前鲜有讨论。例如，大众点评的社交软件数据丰富，但只是被用来分析城市中人的活动。该软件的优势是数据接近实时观测并且覆盖范围广[29]，可以更好地反映消费者的消费活力、意愿、频率和消费路径。在零售业主导的城市再生中，人们对城市活力的兴趣与日俱增，而分析城市活力需要考虑更多的因素，如空间布局、购物中心形象、顾客体验、建筑环境、交通运输和经济活力[18, 22, 28, 30]。而大众点评能够提供数据用以分析如何通过发展零售引领城市的再生。不仅如此，它还能用于分析零售店吸引顾客的成功秘诀。主力商店在吸引客流，产生顾客需求的外部性，以及加强商业街的经济表现方面起到了主导作用。因此，通过研究主力零售店的空间布局和激励政策，将空间分析和社交媒体数据相结合，可以提出有效的以零售业为主导的再生策略。

二、研究设计

（一）研究区域：苏州观前街

观前街位于苏州古城的核心地带，自古以来就是重要的商业区，距今已有千年历史。创建于西晋咸宁二年（276年）的玄妙观位于观前街的中心，而"观前"的名字正起源于此。历史上观前街的建筑一般保持中低高度，延续着黑色、灰色和白色的传统苏州建筑风格。观前街区域以老商场、老字号为主，布局对称。餐饮服务以太监弄、碧凤坊为主，文玩集中在大成坊、乔司空巷一带。这里是国内久负盛名的商业街，1982年6月，观前街成为中国最早的步行街之一。从周边环境来看，平江历史街区、拙政园、狮子林、苏州博物馆等几个具有浓厚苏州特色的著名旅游景点都在附近，共同形成了一条位于市中心的旅游线路。正如图4-1和图4-2两张历史照片所展示的，观前大街上热闹的夜市提供各种苏式小吃：生煎包、油氽臭豆腐、肉馒头、豆腐花。1993年，苏州首家肯德基店也在观前街开业[31]，那时候的观前街热闹繁华，人头攒动。

21世纪初，苏州市政府投资对观前地区分三期进行了改造，将其改造成一个集观光、休闲娱乐、商业和传统文化于一体的多功能城市中央商务区。当时，观前地

图4-1　苏州观前街夜市 [31]

图4-2　苏州第一家肯德基店 [31]

区游客量通常保持在日均15万人，在假期和旅游旺季甚至达到日均35万人。观前街拥有多个百年历史的老店，如松鹤楼、采芝斋、稻香村等等。2018年，观前街与扬州东关街—国庆路街区、南京门东历史文化街区共同成为江苏省第一批老字号集聚街区。

- 虽然观前商业街以其历史悠久著称，但是近年来，体现文化张力、增强发展活力、展示独特魅力成为更为重要关注点
- 商业街区需要体现功能的多样性，既有新兴的特许经营店，也要有本土的零售商店（老牌店）
- 商业街区环境依旧有待提升

观前街已成为苏州形象的代表，这里有各式各样具有当地特色的餐馆和零售商店，因其独特的历史、外观和商业功能成为当地的地标。然而在今天，观前街代表苏州市中心特征的独特身份却有所减弱，非节日期间其访客数量也有减少。以往研究表明，具有鲜明风格的城市中心商业网点易于获得顾客的认同感，在吸引和留住顾客方面具有竞争优势。而一些评估场所吸引力对购物决策影响的研究也表明，消费者对零售区形象的看法与其他定量指标（比如服务人数、商店规模等）同等重要。消费者对购物区的印象会影响其出行目的地的选择、购物的时间和支出以及反复光顾的次数。通过对游客以及苏州当地人的调研访谈显示，他们认为历史建筑、广场和公园是观前街购物体验的重要组成部分，比如在餐饮方面，既要有部分全球、全国连锁店，也要有当地特色餐饮。大部分游客对"缺乏当地特色""存在相同的品牌和布局"比较反感。

通过与十年前的观前街相比，近年来，观前街的房租价格有所攀升，叠加网上零售的冲击，一些本土老品牌门店经营较为困难；相较苏州涌现的其他新型商业中心而言，观前地区商业档次和商品档次不够高，一方面有利于平民化的消费，另一

方面对高消费群体缺乏吸引力；随着轨道交通的开通，观前街位于1号线和4号线的交汇处，占据了城市最有利的位置，许多门店讲究节假日人流高峰期的"跑量"，缺乏精耕细作的长远规划。随着城市人口结构的变化，居民和外地来苏游客消费水平的提升，人们的消费品质和消费种类有了更高的要求，城市商业街区需要实现功能多样化、交通便利化、建筑特色化、内涵丰富化，需要满足多年龄段居民和游客的需求。

在世界范围内，网络购物市场的快速扩大和购物中心的郊区化加剧传统商业中心的衰落并不是新现象，历史悠久的城市和地区通过提振传统零售街道来抵抗衰落并实现焕新也并不是个例，一些国家的地方政府实施了"以零售为主导的再生"的政策。本章采用的空间分析，如图4-3所示，具体研究区域确定为：旧学前以南、干将东路以北、临顿路以西、人民路以东。以下各节对观前街的状况从两个维度进行分析：（1）社交媒体数据分析；（2）兴趣点数据（Point-Of-Interest，POI）的空间分析。

图4-3　调研区域图

（图片来源：作者基于2019年www.map512.com图纸改绘）

（二）零售店空间布局特征

本节主要分析观前街零售店空间布局和2019年9月的大众点评上观前街排名前10的零售店，这些店铺可视为观前街区域的主力店。为设计和改善观前地区现状的再生策略，研究对现有设施和服务进行空间分析，进而探索老街的发展趋势并发现问题。本研究将观前地区的服务分为餐饮、购物、日常生活服务、酒店、教育和文

- 观前街上有 4 种流行的零售类型:餐饮服务、酒店、购物、面包烘焙店
- 这些主力店因其服务、价格、位置、空间设计、卫生条件等原因而受到欢迎,而在等待时间、服务区域大小和停车位方面尚待改善

化服务、公共服务、交通服务、保健服务和景点九大类,根据好评数量整理出每个类别前十的排名,之后利用地理信息系统(ArcGIS)软件对这些零售店在地图上定位。这些排名前 10 位的零售商店主要是生活服务和购物商场,其中包含理发和美容院等小型商店。本文仅标记并分析了餐饮、生活购物、酒店、面包店这 4 个类别,因为它们是观前街的主要主力店类别。在获得 POI 数据并在 ArcGIS 软件中运行后,可以得到各个设施或服务的分布和密度。为更好地理解排名前十的零售店和周边类似的零售店的关系,比如其间存在的竞争关系、促进性作用或集群的形成等,本研究采用的方法是计算 100 米缓冲范围以内类似服务的数量,并将其分布模式可视化。

- 作为主要的主力商店,餐饮服务、酒店、生活购物和烘焙店的前 10 名被标注在地图上。
- 研究发现排名前 10 的品牌主要位于观前街地区的中南部,并形成不同程度上的集群效应。

分析发现,以排名前 10 的餐饮服务网点为中心,以 100 米为半径所划定的研究范围内,共有 184 家餐饮服务商。而排名前 10 的品牌主要分布在该区的中部和南部,其他店铺尤其是在中部和南部的其他店铺,围绕主力店形成了零售业的小集群(图 4-4)。不难发现,生活购物(商场等)也呈现出同类服务集群化的趋势,其缓冲区内聚集了 105 家商铺(见图 4-5),而这些主力品牌主要分布在该区的中部,形成了西部 - 东部的横向分布格局。

酒店的布局与其他类别的商业网点存在一定的差异。排名前 10 的酒店缓冲区范围内,均匀分布约 4 ~ 5 家同类服务的酒店,与上文分析的两类商业网点相比,密度有所降低(图 4-6)。研究发现,在该区的东部只有两家主力酒店,而且在其各自缓冲区内只有 1 ~ 2 家酒店,突出说明了这两家主力店在该区所具备的强大竞争力,从而赢得了顾客的肯定。对于烘焙店来说,由于缺少数据来源,主力店周围的同行业服务无法在图上显示,因此只对排名前 10 的烘焙店在地图上进行了定位。在观前街区域的东入口出现了明显的主力店集群(图 4-7)。空间分析总体说明主力品牌在每个分类中都显示出促进集群效应和提高该区的竞争力的作用。

图 4-4 观前街排名前 10 的餐饮及其 100 米半径缓冲区

（图片来源：作者自绘）

图 4-5 观前街排名前 10 的生活服务与购物商场及其 100 米半径缓冲区

（图片来源：作者自绘）

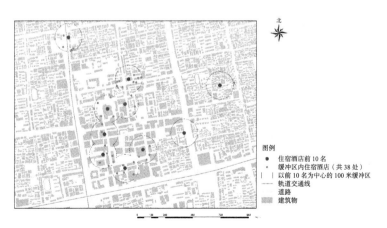

图 4-6 观前街排名前 10 的酒店及其 100 米半径缓冲区

（图片来源：作者自绘）

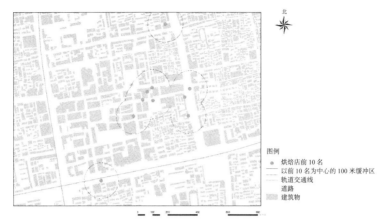

图 4-7　观前街排名前 10 的烘焙店及其 100 米半径缓冲区

（图片来源：作者自绘）

（三）零售店数据特征分析

当下，许多零售顾客更喜欢使用大众点评等软件来帮助他们找到美味的食物或服务良好的酒店，同时也乐意通过此软件发布时下的消费体验和建议。因此，大众点评上的评论和分数可以有效地反应客户对服务的评价和该零售店的受欢迎程度。本研究希望通过大众点评上的排名列表以及用户评论，得到每个类别中处于领先地位的商店及其受欢迎的主要原因和优势。并在此基础上进一步分析和发现问题。

1. 与新兴商业中心相比，观前街的业态吸引力相对偏弱

首先，以 2019 年 9 月末大众点评数据为主，根据用户对苏州所有商家的打分，确定了苏州市内商业服务的百强名单（区别于观前街区排行榜），并在此基础上锁定当下位于观前地区范围内的商户，包括 8 家餐厅、1 家 KTV、6 座大型购物中心、6 个电影院、5 个娱乐服务、2 个体育馆、8 个美容和沙龙服务、4 个酒店和 3 个日常生活服务（表 4-1），以最新美食餐厅类数据为例，位于观前街的餐厅占苏州餐厅总排名前 100 的 8%；相比而言，苏州中心作为新兴商业中心其餐厅占苏州餐厅总排名前 100 的 14%，高于观前地区。以购物类为例，观前街商区内的零售店占苏州购物总排名前 100 的 5%，相较而言，苏州中心的购物类比重占苏州总排名前 100 的 11%，是观前街的两倍以上。这表明，与新兴商业区苏州中心相比，观前街的业态吸引力相对较弱。同时，石路商圈和金鸡湖商圈的兴起也给观前地区的复兴和进一步发展带来了压力。如何更好地通过发展主力店提高观前地区的吸引力是本文在战略部分应重点关注和讨论的问题。

观前地区进入苏州商业服务业百强榜单的商业网点 表4-1

分类	评价排名	
	店名	在苏州的排名
餐厅和食物	慢面馆	14
	颜府私房火锅	22
	要德鲜派老火锅	27
	陌上小炉	30
	绣园苏式火锅	72
	复得返自然	89
	鸽味轩	92
	素满香素食自助餐厅	99
KTV	EDEN 城市乐库 PartyKTV	59
购物	刺鸟眼镜（全国连锁观前直营店）	6
	本源眼镜	12
	花无缺	43
	Magic Vape 电子烟体验馆	44
	TIFFANY&Co. 蒂芙尼（美罗百货店）	77
	卡地亚（美罗商城店）	84
影院	嘻哈壹笑堂（大儒巷店）	1
	光裕书厅	3
	几何影城观前街店	26
	苏州开明大剧院	60
	开明大戏院影城	67
	大光明影城	73
娱乐和休闲	北纬 37° SPA 养身会馆	16
	疯谜剧情真人密室逃脱	76
	风云再起动漫体验中心	86
	长藤鬼校	88
	逐梦人真人密室逃脱	98
运动和健身房	嘉亿台球俱乐部（宫巷店）	82
	ARFC 年仓健身工作室	83
美容和美发	蚂蚁造型俱乐部	16
	Nora hair salon 诺拉发型设计沙龙	17
	初见 hair salon	23
	咪咪专业脱毛连锁机构	46

分类	评价排名	
	店名	在苏州的排名
美容和美发	小p老师PSTYLE派斯造型	54
	指不理美甲	68
	十九匠·美空间	85
	Goddess Dream女神皮肤管理中心	90
酒店	苏州苏哥利酒店	36
	全季酒店	60
	桔子漫心苏州观前酒店	72
	雅戈尔富宫大酒店	76
日常生活服务	翔云电子·手机维修咨询中心	1
	原印象最美证件照（观前店）	22
	半岛摄影工作室	54

（数据来源：大众点评）

此外要注意的是，需要了解当前的零售形式，重点引进能够给观前街区域带来清晰发展方向和定位的零售店。研究团队针对4个主要类别，包括餐饮、生活购物、酒店，烘焙，收集了2019年9月末按人气排名显示的观前街前10位的商店的总体评价和用户的高频评论词，并且通过抓取评论区的关键词总结不同商铺的优势。高频评论词是大众点评平台根据用户的评论及权重计算总结出的关键词，由于用户的评论有限，可能出现关键词在部分商铺出现频率较低或较高的情况，因此体现在研究统计结果中会出现商铺评论词语量上的差异，但并不影响结果分析。排名前10位的这些商店有可能成为主力店，在零售业发展中起到支柱作用。

在餐饮业方面，排名前10位的餐厅由4个历史悠久的品牌和6个具有独特口味的现代品牌组成（图4-8）。在这10家餐厅中好评的数量很高（图4-9）。但同时要注意的是，较长的等待时间和局限的就餐空间是客户最不满意的两个方面，观前街区其他店铺或多或少也有这样的问题。此外，顾客还对是否有充足的停车位以及店内就餐环境和卫生等问题表现出了关心。值得一提的是，除了老字号和流行的现代品牌，还有一些在某些领域享有很高声誉的商店，如刺鸟眼镜店也排名靠前，这类商户在苏州其他地区没有分店，所以有相关需求的客户会优先选择该店，并专门前来观前地区购买产品。这种类型的店铺应该与传统老字号一起成为商业街区再生过程中推广和保护的重点，推动观前街区形成更为鲜明的苏州特色。

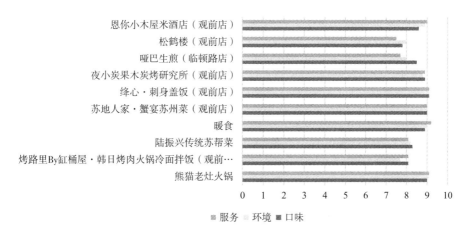

图 4-8 观前街区排名前 10 餐厅的总体评分

（数据来源：大众点评；图表来源：作者自绘）

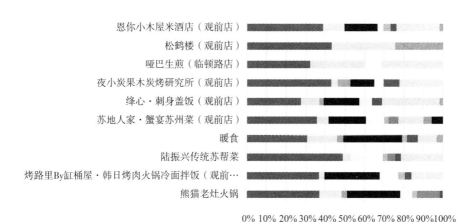

图 4-9 观前街区排名前 10 餐厅的好评统计

（数据来源：大众点评；图表来源：作者自绘）

2. 头部生活购物中心形成特色，街区整体购物体验有待提升

在生活购物领域，排名前 10 的商店和生活服务类门店在设施、环境和服务上都保持了 8.5 以上的分数。例如美罗百货等高端购物中心的评价中，出现频率最高的评价包括"主要的高端品牌系列""折扣少""高质量"等等。在苏州人民商场等购物中心的评价中，最常见的评价则为"折扣多""选择和风格多样"（表 4-2）。长期立足于观前地区发展，美罗百货、人民商场、第一百货等购物中心形成了自己的独特风格，在苏州当地居民心目中也形成了自身品牌，但近年来受网上购物的冲击仍然

较大。实地考察中发现，观前街主干道上虽然商铺林立，但街区业态相对而言特色化程度有待提高，缺乏街区整体体验效应。

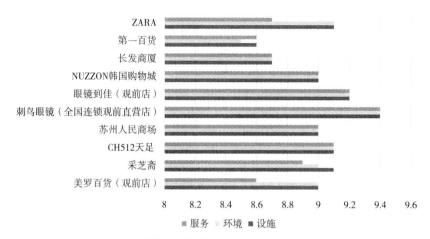

图 4-10　观前街区排名前 10 生活购物场所的综合评分

（数据来源：大众点评；图表来源：作者自绘）

观前街区排名前 10 生活购物场所的评论关键词　　　　　　表 4-2

排名前 10 的购物商场	评论关键词
美罗百货（观前店）	高端，折扣少，品牌多，大牌
采芝斋	饮料可口，价格低
CH512 天足	服务好
苏州人民商场	低端，折扣多，衣服种类多，品牌多
刺鸟眼镜（全国连锁观前直营店）	高端，优质，眼镜风格多样
眼镜到佳（观前店）	停车便利，空间大
NUZZON 韩国购物城	衣服种类和风格多，环境好，质量好
长发商厦	折扣多，品牌少，质量好
第一百货	折扣多，品牌多，质量好，交通便利
ZARA	折扣多，衣服种类和风格多，商场空间大

（数据来源：大众点评；图表来源：作者自绘）

3. 零售品牌的独一性与交通、环境等普遍性问题共存

观前街区排名前十的酒店中包括存在历史较为悠久的雅戈尔富宫等品牌酒店，也包括全季酒店、莫泰酒店等其他连锁酒店（表 4-3），还有苏州影宿 3D 电影酒店等现代时尚酒店。苏州文旅花间堂·探花府酒店等因为特色鲜明，客房数量相对雅戈尔富宫等较大型酒店而言较少，打分的住客较少，因此好评从总量上而言相对较少。以 5 分为满分，这 10 家酒店的平均分不低于 4.6 分，顾客评价为"地理位置便

利""良好的服务""价格划算"等等（图 4-11）。但另一方面也存在车位不足的负面评价，这说明当前观前街区域存在停车位紧张，街区外部高峰期拥挤等问题，一定程度上制约了观前街的繁荣发展。此外，顾客也提出了关于位于闹市区酒店存在噪音，酒店内不提供或就餐环境过小等问题。商家未来可以从这些方面进行提升和修改。

排名前 10 的酒店	是否为老字号	综合评分
苏州苏哥利酒店	●	4.8
全季酒店（苏州观前街店）	●	4.8
莫泰酒店（苏州观前街察院场地铁站店）	×	4.7
雅戈尔富宫大酒店（观前街店）	●	4.8
晨枫臻品酒店（苏州观前拙政园店）	●	4.8
桔子漫心观前街酒店	●	4.8
邂逅时光尚品酒店	●	4.6
苏州影宿 3D 电影酒店	×	4.7
苏州文旅花间堂·探花府酒店	●	4.9
缀美主题酒店（观前街步行街店）	×	4.7

观前街区排名前 10 酒店的综合评分　　　　表 4-3

注：● 高档型，× 经济型
（数据来源：大众点评；图表来源：作者自绘）

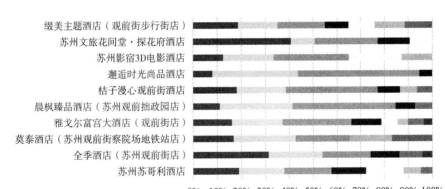

图 4-11　观前街排名前 10 酒店的好评统计
（数据来源：大众点评；图表来源：作者自绘）

4. 主力零售品牌的定位和独特人气

在现场调研中，笔者发现了几家排着长队的店铺，他们主要是不同口味的烘焙店。有顾客表示他们通过推荐和口碑，来到观前街区域是为到某面包店买面包或吃甜点。

通过查询观前街区排名前十的烘焙店的评价和评分，发现只有两家是老字号，而其他的都是网红店（图 4-12）。除了对口味和服务的好评以外（图 4-13），最多的负面评价就是"等待时间长"，这也是烘焙店所面临的不可避免的问题，但另一方面也体现了观前街零售业的独特人气。观前街应当建立 IP 鲜明的人气商铺，挖掘老字号的品牌故事和文化底蕴，促进新老品牌的共同发展。应进一步关注和鼓励这类受欢迎的零售店的业务发展，吸引游客回流。此外，这类店铺也存在卫生环境差和就餐空间小和停车不足等负面评价。商家在抓住人气引流的同时也应该关注如何提升店内的就餐环境等问题以更好地吸引客流量。

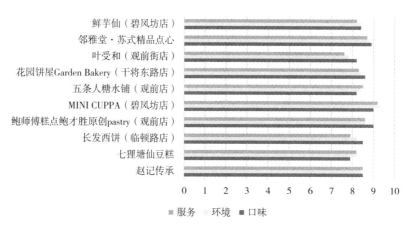

图 4-12 观前街排名前 10 烘焙店的综合评分

（数据来源：大众点评；图表来源：作者自绘）

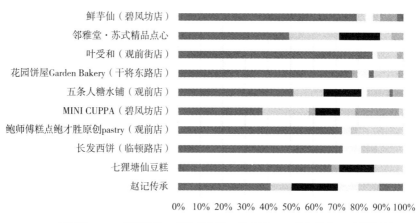

图 4-13 观前街排名前 10 烘焙店的好评统计

（数据来源：大众点评；图表来源：作者自绘）

图 4-14　观前街区内需要排队的商业店铺

（图片来源：作者自摄）

三、总结讨论与政策建议

（一）总结讨论

　　仅仅通过单一的战略或项目策划无法实现城市中心的成功再生，各方面的协同至关重要，包括改善建筑环境，夯实经济基础和提高商户的社会和经济条件。从历史上看，在苏州开发新商业之前，观前街比其他的商业街区具有更多样的传统产品和就业机会，并为苏州本地人和外地人的生活带来了巨大的福利。在苏州周边郊区以及农村，"逛观前"成为节假日重要活动之一。古老的观前街所创造的惊喜，激发的活力以及承载的各类活动，反映出苏州的古城特征。优先对观前街进行投资能进一步激活苏州古城区发展潜力，提升苏州城市品牌形象。

　　本研究建议以商业街区主力店发展策略，来实现观前街经济的可持续发展。利用大众点评和百度的数据对经营良好并可能对苏州市中心和当地经济产生积极影响的商业进行不同时间点分析，同时在总结观前街受访者评论的基础上，可以归纳出助力商业街区未来发展的策略和着力点。在实地考察和街头采访的过程中，研究团队发现观前街区既有节假日交通拥挤、停车设施缺少、商业形态有待提升、品牌影响力需要加强等问题，另一方面，四种相互关联的商业业态仍然可以使游客津津乐道，包括餐饮、生活购物、酒店和烘焙。主力店最显著的优势在于他们能够通过本身的人气来吸引大量的顾客。主力店所激发的消费能力可以看作巨大的顾客需求，同时也能对市中心观前街周边的消费产生影响。相对于充斥着快销产品且无法长久立足的商店，主力店如果给予较好引导，可以长久保持大量的客流，以相对较小的面积和相对较小的成本激发巨大的消费量。具有独树一帜特征的主力店可以更加成功地吸引顾客光顾，相比其他低质量的商铺，主力店的吸引力不仅仅是其提供的高质量服务和产品，更是因为其空间、可达性、卫生、价格和其他各种服务所体现出的不同。

餐饮及食品零售店和烘焙店一直以来是吸引客流的重要商业模式，无论平常还是节假日，顾客都愿意从其他地方赶来购买相关产品。而这正发挥了作为主力店的影响力。然而，大众点评的数据分析显示，该区域的停车空间有限，拥堵和可达性是导致想要访问该区域的客户数量减少的主要原因。许多受访者抱怨停车位有限和停车设施陈旧。有研究表明，完善的停车设施、便宜的停车费用和适宜的场所是吸引更多顾客的关键，对坐落在市中心的购物区更是如此[32]。一般来说，很少有主力店能够同时满足停车位充足和交通便利的要求。对于那些有潜力成为主力店的商店来说，如国内外知名的连锁店，在传统市场中寻找到合适的营业场所可以说是难上加难。因此，集中建造共享停车场等公共设施以解决停车紧张问题，是在观前地区建立种类丰富且高品质的商店集群，并全面改善当地经济的潜在方案。在空间分析中，我们发现两种业态排名前 10 的店铺大部分集中在区域的东部和中南部，具有形成主力店区域的潜力。先前的研究也证实，食品相关零售可以增加消费者在购物区的停留时间，从而增加消费者在商店的支出[33, 34]。这种外部性是零售和休闲结合所产生的新型零售业的直接优势。因此这种方式的融合在观前街也具有借鉴意义。

此外，零售商店的多样性也是在购物中心区域吸引顾客的最重要的因素之一，一般指租户组合方式[35-37]。显然，顾客在购物时会考虑到不同的方面，包括产品的数量、尺寸、类型设计、式样以及商场的位置等。观前街的商业中心中，主力店的存在凸显了租户组合的重要性。主力店能够将自己的人气形象赋予整个商业街区[22]。类似于上文提到的利物浦案例，铁三角的布局和不同品牌定位的商场提高了顾客在商业街区的活跃度和回头率。

除了主力店，顾客对一般的零售店缺乏兴趣。如果观前街上的主力店逐渐撤出商场，这对购物中心形象的影响是巨大的。见证了观前街变迁的受访者表示，以前的观前街是最重要且最热闹的地方，每逢周末，大量的苏州人都会来此逛街，享受购物带来的愉悦。受访者们对这个提供多种零售和文化融合的区域具有强烈的依恋感。苏州观前街对很多人，尤其是老一辈的居民来说，是一种情怀。如果我们通过培育、引进新业态，如形成数量适当的主力店，将为观前地区带来具有延续性的购物升级和文化体验。

（二）政策建议

1. 支持主力店成长为城市商业街区复兴的驱动力

使城市中心获得更多的顾客驻足并创造积极的外部效应的关键在于拥有强大的驱动力，寻找驱动力也会促进人们对街道的个性、城市再生的质量和机会有更深刻的理解。为此本研究提出通过优化主力店的数量来提升城市中心驱动力的相关建议：确定主要的主力店，以有效地引导就业和销售增长；指定重点通道沿线为主力店聚集的区域；优先改善道路网络的公共部分，以提高可达性；在苏州的规划政策中提高认识，不仅仅把街道当作零售空间，更主要是发掘其复杂而独特的经济空间所具有的多种潜力。观前街区老字号店铺作为主力店的重要组成部分，应当挖掘其品牌故事和文化底蕴，增加现场制作、文化展示、历史介绍等文创类活动，丰富游客对观前街的文化体验。

2. 保证零售的多样性和吸引优秀的主力店入驻

保证零售的多样性和吸引优秀的主力店入驻将是观前街区成功改造升级的关键。此外，现有的主力店和其他特色商铺既是重要的经济资产，也是观前街社区的组成部分，它们能够潜移默化地吸引客流，从而促进商业活动的繁荣。在这方面，本研究提出以下建议：吸引关键品牌企业（如国家特许经营、受大众欢迎的餐厅、烘焙店和独特的零售店）入驻；本地商铺结为战略合作伙伴，提升多样性和互补性；制定政策保护和支持零售的多样性；鼓励街头市场（地摊和迷你市场）；建立地方联盟——研究更好地与顾客（社区和企业）互动的方式，鼓励建立地方伙伴关系，积极塑造观前街的未来；为本地商户和经营者提供有关相互合作和改善街道形象的指导。

3. 在拓展新领域中发现新的机会

通过政府的结构性支持，如政策调整、资金投入以及其他能够支持城市再生的活动，能够实现城市中心地区经济的重振和可持续发展。振兴城市不但需要新形式和新方向的正确结合以刺激经济活动的发生，而且需要积累丰厚的资产并实现历史城市所具有的价值。在支持城市中心地区更新复兴的大战略背景下，政府还可以开展其他一些活动，如整治并扶持观前街区周围的其他商业街，以形成历史街区、文化街区、商业街区集聚区，打造真正意义上的观前商圈；鼓励利用大型场所、开放空间和为各种临时活动提供场地支持跳蚤市场、节日节庆、会展活动等等，这些可以被称作"临时主力机构"；优化"姑苏八点半"，重振夜间经济，鼓励多种类型的主力店在夜间营业。

参考文献：

[1] Carmona M. London's local high streets：The problems，potential and complexities of mixed street corridors [J]. Progress in Planning，2015，100：1-84.

[2] Wrigley N，Lambiri D. British high streets：from crisis to recovery [J]. A Comprehensive Review of the Evidence. Southampton，2015.

[3] 国家统计局 . 第七次人口普查公报 [EB/R].（2021-05-11）[2021-06-18]. http://www.gov.cn/xinwen/2021-05/11/content_5605791.htm

[4] 苏州市统计局 . 苏州统计年鉴—2020[M]. 北京：中国统计出版社，2020.

[5] 夏天，张伟郁，卞铭尧 . 苏州观前街地区的更新发展策略探讨 [J]. 住宅科技，2016（2）：55-58.

[6] Dixon J，Bridson K，Evans J，et al. An alternative perspective on relationships，loyalty and future store choice [J]. The International Review of Retail，Distribution and Consumer Research，2005，15（4）：351-374.

[7] Pacione M. Urban geography：A global perspective [M]. Routledge，2013.

[8] Roberts P. The evolution，definition and purpose of urban regeneration [J]. Urban regeneration，2000：9-36.

[9] Tallon A. Urban Regeneration in the UK [M]. Routledge，2013.

[10] Turok I. Urban regeneration：What can be done and what should be avoided[C]. Istanbul 2004 International Urban Regeneration Symposium：Workshop of Kucukcekmece District，2005：57-62.

[11] Kim H-R，Jang Y. Lessons from good and bad practices in retail-led urban regeneration projects in the Republic of Korea [J]. Cities，2017，61：36-47.

[12] Claxton R，Siora G. Retail-led regeneration：Why it matters to our communities [M]. DTZ，2008.

[13] Academy C R E D. 2018-2019：white paper on urban renewal in China[R]. 2018.

[14] Liu X，Huang J，Zhu J. Property-rights regime in transition：Understanding the urban regeneration process in China-A case study of Jinhuajie，Guangzhou [J]. Cities，2019，90：181-190.

[15] Wei G，Jiang Z. Analysis of the Spatial Characteristics of Commercial Streets in China's Southern Cities：A Case of Three Commercial Streets in Suzhou [J].

[16] Instone P，Roberts G. Progress in retail led regeneration：Implications for decision-

makers [J]. Journal of Retail & Leisure Property，2006，5（2）: 148-161.

[17]   William H，Marvin W，Jon C. An empirical analysis of community center rents [J]. Journal of Real Estate Research，2002，23（1-2）: 163-178.

[18]   Simona Damian D，Dias Curto J，Castro Pinto J. The impact of anchor stores on the performance of shopping centres: the case of Sonae Sierra [J]. International Journal of Retail & Distribution Management，2011，39（6）: 456-475.

[19]   Yeates M，Charles A，Jones K. Anchors and externalities [J]. Canadian Journal of Regional Science，2001，24（3）: 465-484.

[20]   曾锵 . 购物中心内零售集聚的需求外部性度量研究 [J]. 商业经济与管理，2015，（12）: 15-24.

[21]   Konishi H，Sandfort M T. Anchor stores [J]. Journal of Urban Economics，2003，53（3）: 413-435.

[22]   Finn A，Louviere J J. Shopping center image，consideration，and choice: anchor store contribution [J]. Journal of business research，1996，35（3）: 241-251.

[23]   Damian D S，Curto J D，Pinto J C. The impact of anchor stores on the performance of shopping centres: the case of Sonae Sierra [J]. International Journal of Retail & Distribution Management，2011.

[24]   Nurse A. City Centre regeneration to drive economic competitiveness? The case study of Liverpool one [J]. LHI Journal of Land，Housing and Urban Affairs，2017，8: 91-102.

[25]   Vision L. Liverpool City Centre Main Retail Area Review [J]. Liverpool: Liverpool Vision，2014.

[26]   Biddulph M. Urban design，regeneration and the entrepreneurial city [J]. Progress in planning，2011，76（2）: 63-103.

[27]   唐红涛、李泽华 . 国外零售集聚研究理论综述及启示 [J]. 商业经济与管理，2013，（3）: 15-22.

[28]   Thomas C J，Bromley R D. Retail revitalization and small town centres: the contribution of shopping linkages [J]. Applied geography，2003，23（1）: 47-71.

[29]   Ilieva R T，Mcphearson T. Social-media data for urban sustainability [J]. Nature Sustainability，2018，1（10）: 553-565.

[30]   Lu S，Shi C，and Yang X. Impacts of built environment on urban vitality: regression analyses of Beijing and Chengdu，China [J]. International journal of environmental research and public health，2019，16（23）: 4592.

[31] "苏州第一街",观前街兴衰史 [EB/OL].

https://c1.m.ifeng.com/huaweillq?ch=ref_hwllq_dl1&appid=hwbrowser&ch=qd_hw_fyp1&aid=ucms_7w3BW5nj2Es.

[32] Hasker K,Inci E. Free parking for all in shopping malls [J]. International Economic Review,2014,55(4):1281-1304.

[33] Boyne S,Williams F,Hall D. On the trail of regional success:Tourism,food production and the Isle of Arran Taste Trail [J]. Tourism and gastronomy,2002,91(114):305-320.

[34] Taylor W J,Verma Ph D R. Customer preferences for restaurant brands,cuisine,and food court configurations in shopping centers [J],2010.

[35] Brown S. Tenant mix,tenant placement and shopper behaviour in a planned shopping centre [J]. Service Industries Journal,1992,12(3):384-403.

[36] Teller C. Shopping streets versus shopping malls–determinants of agglomeration format attractiveness from the consumers' point of view [J]. The International Review of Retail,Distribution and Consumer Research,2008,18(4):381-403.

[37] Tandon A,Gupta A,Tripathi V. Managing shopping experience through mall attractiveness dimensions [J]. Asia Pacific Journal of Marketing and Logistics,2016.

扫码看图

5 展望未来苏州：探索紧凑型城市发展，为更多人营造可持续家园

保拉·佩莱格里尼，陈金留

本章讨论苏州的城市发展与可持续战略中减少土地消耗之间的矛盾，探讨居住环境的紧凑化对化解这一矛盾所具有的潜在价值。研究回答的问题包括：紧凑化的优势在哪里？世界上的主要城市如何看待这一做法？苏州现有的开发项目中哪些可以考虑增加密度并该如何进行？本章首先介绍苏州日益增长的人口（包括中产阶级人口）与减少土地消耗实现可持续发展的相关问题，继而分析城市紧凑发展的原因以及国内外城市的相关规划政策。之后文章探寻苏州增加城市开发密度的机会，并提出紧凑开发的解决方案和建议。

关键词：紧凑化；可持续发展；安置社区；苏州

苏州在短时间内实现了城市的飞速发展，同时吸引了大量外来人口，堪称奇迹之城。原有农业人口源源不断地流入城市，经济也伴随着人口的增长获得发展。在理论层面，人口增长并不是经济增长的必要条件。当人口总数以及劳动年龄人口比例保持稳定的时候，如果生产率有所提高，则经济就会增长。目前对于人口与国内生产总值（GDP）增长之间的关系仍然存在一定的争议[1]。

城市化是全球的趋势。根据联合国的预测，至2050年全球将有超过2/3的人口居住在城市，而中国城镇化水平在提高，中国政府支持继续提高城镇化率的政策，并将其看作中国经济、政治、社会进步的最大推动力[2, 3]。根据世界银行的数据，中国100多万人口的聚集区在过去几十年占人口总的比例几乎翻了三倍，即从1990年占人口总数的10.3%，到2019年的28.5%[4]。

苏州希望继续发展壮大以获得大都市的

苏州需要吸引包括高水平专业人员在内的各种人才及其家庭和为其服务的各种劳动力，比如保姆、教师、厨师、清洁工等。有研究表明，每一个高技能工作至少可以附带产生5个其他行业的职位，并带动所有人的工资和生活水平的提升。

规模优势，在保持长三角制造业中心地位同时，将经济结构向创意创新的方向转型[5]。为实现这一目标，城市需要吸引包括高水平专业人员在内的各种人才及其家庭成员和为其服务的其他劳动力，比如保姆、教师、厨师、清洁工等。有研究表明，每一个高技能工作至少可以附带产生 5 个其他行业的职位，并带动所有人的工资和生活水平的提升[6, 7]。因此，城市化后期，苏州仍有望吸引各类人口持续流入。

一、可持续发展在中国的重要性与日俱增

中国政府发布的《国家新型城镇化规划（2014—2020 年）》[8, 9]代表中国的城镇化进程进入了一个新的时代。该规划强调绿色低碳的发展模式，避免城市蔓延、低效率利用土地、无用城区的扩张、宽阔大马路的建设等。2016 年 2 月国家发布的《关于进一步加强城市规划建设管理工作的若干意见》禁止将城市扩展到自然资源承载力范围以外，强制执行城市增长边界[10]。另外按照 2014 年通过，2015 年开始生效的《环境保护法》的要求，为节约农业用地用于粮食生产，城市的发展不应突破城市规划的边界和"耕地红线"。根据《全国国土规划纲要（2016—2030 年）》的要求，全国耕地总量必须保持在 18.65 亿亩的水平。至 2017 年底，中国耕地总面积为20.23 亿亩（《2017 中国土地矿产海洋资源统计公报》）。

正在编制的苏州市国土空间总体规划（2035）[11]特别关注城市的可持续性和保护自然资源，方案正在考虑防止城市无序扩张或至少避免大规模土地城市化。

苏州新一轮总体规划特别关注城市的可持续性和保护自然资源，因此正在考虑防止城市无序扩张或至少避免大规模土地城市化。

苏州要实现可持续和环境友好型的发展，必须大力发展循环经济[12]。循环经济是一种消除浪费并持续利用资源的战略，对解决环境恶化和资源短缺问题大有裨益。循环经济与有限资源的消耗实现了脱钩，可以减少废物和污染，使自然系统再生，因此是对增长模式的重新定义。循环经济提倡对已经城市化的土地和 / 或现有的城市资源存量进行重新利用和再生[13, 14]。

随着经济的发展，城市会吸引更多的人口，"三胎"生育政策的放开，也会为城市人口的内生增长提供源泉，这与城市规划限制空间扩张会产生一定的矛盾，如何为新增人口提供空间是矛盾的焦点。

住房的问题不仅仅在数量上，同时反映在品质上，苏州正变得越来越富裕，城市中产阶级的数量和其所掌握的资源也必将不断增长。此外低收入阶层的收入也会有预

期的攀升，从而提高其对住房的期望和要求[15-17]。

　　鉴于城市必须面临人口增长和空间受限的双重压力，密度问题成为讨论的重点。如果苏州的经济实力和人口持续增长，加上城市对可持续发展的追求，苏州必须提供更多、更多样化的住房给居民，因此有必要考虑对一部分已开发的地段重新制定高密度化改造的标准，增加住房供给并同时提高整体的宜居性。

如果苏州的人口继续增长的同时城市空间的扩张受到限制，那么就必须讨论密度的问题。如果苏州成为一个更富裕的城市，那么住房质量也应该相应提高。

二、解决方案：紧凑型开发

（一）高密度参数

　　人口密度是人口数量与居住区域土地面积之比，同样数量的人口可以集中在一个狭小的区域，也可以分散在一个较大的区域。

　　人口密度的数值本身无好坏之分，任何城市密度都不能保证城市的活力、健康的生活和城市的宜居性。一方面，过高的密度会造成过度拥挤，最终导致城市衰败；另一方面，过低的密度则会减少居住环境中社会互动的机会并影响公共交通的效率[18]。然而，人口密度与可持续性有着密切关系，因为土地是一种有限的资源，可持续城市必须节约有价值的农业用地，并保证生态系统的完整性。在特定土地上规划的人口数量不仅是衡量土地利用效率的一个参数，而且也决定基础设施和公共设施规模的重要影响因素。基础设施应根据居民的数量和集中程度进行设计和量化，特别是由公共投资的公共交通服务。那么，什么样的密度可以提高土地利用效率呢？紧凑型城市的合理密度是多少？

　　城市的人口密度跟其所在的地域有关，根据权威机构的排名，世界上人口最密集的城市包括马尼拉、达卡以及印度的某些城市、新加坡、中国香港、巴黎、首尔、东京、非洲的一些城市。根据这些排名的标准，高密度的标准为10000～40000人/平方公里（100～400人/公顷），中等密度为4000～10000人/平方公里（40～100人/公顷）[19, 23]。

　　根据上述排名的标准，苏州并不算一个高密度城市。根据当地政府的数据，苏州的人口密度为1472人/平方公里（2020年人口/面积=12748000/8657.32）；如果减去水面（占几乎36%的苏州国土面积），那么人口密度增加到2300人/平方公里[24]；根据2020年的七普人口统计数字，苏州市区的人口密度为2376人/平方公里（城苏州的密度不到新加坡的五分之一，不到上海的一半，与巴黎接近。苏州工业园区的密度大约是新加坡的三分之一。

区人口 / 城区 =6714800/2910 ）；同样的市区人口的对比，苏州每平方公里的平均人口数量是新加坡（11279 人 / 平方公里）的 1/5，低于上海（5436 人 / 平方公里）和巴黎（3878 人 / 平方公里）[25]，2020 年苏州工业园区的人口密度为 4076 人 / 平方公里，也不到新加坡的一半。

需要注意的是，人口密度本身并不能准确地界定城市环境的特征，后者是由人口和建筑的空间分布方式共同作用的结果，描述的是城市的组织是紧凑集中还是蔓延分散。此外，城市环境也受到住房类型的影响，苏州近年新开发的地区主要以高层建筑、多层建筑和别墅类建设为主[26]。

（二）紧凑型开发

高密度化是指在一定的区域内实现比现状更多的人口以及居住单元。诸多城市学者提出的证据表明，提升城市地区的人口密度会产生各种正面效应，包括更强的环境可持续性，更稳定的地方政府财政能力，更适宜步行和健康的生活环境，更持续的经济发展，更多样和可负担的住房供给，更有文化活力的社区等。这些结论主要来自于对西方国家低密度地区的研究，而不是已有中密度或高密度条件的地区[27-29]。

城市研究领域一直对城市最佳密度的问题持有争议，目前没有统一的答案，这是因为最佳密度必须考虑许多因素，而对各种因素的评估方法也存在差异，因此确定最佳密度必须考虑当地的文化传统。事实上，适当的密度与居民对城市环境的主观感受有关，而高密度确实会给设计带来挑战，比如密度过高会造成极端的生活条件[30]。即使如此，由于土地是一种有限的资源，而且通常城市空间扩张的速度大于人口的增速，因此思考土地的使用强度对于应对城市人口增长及其决定城市空间的发展策略至关重要。

城市的最佳密度没有统一的答案，这是因为需要考虑许多因素，各地对各种因素的评估方法存在差异，因此确定最佳密度必须考虑当地的文化传统。尽管如此，思考土地的使用强度对于应对城市人口增长及其决定城市空间的发展策略至关重要。

事实上，如果缺乏政府的管控，城市密度具有降低的趋势，这一现象在中国的某些城市已经显现[31-33]。相比西方低密度的城市蔓延，包括苏州在内的中国城镇化形态可以被称为"高密度蔓延"。但另一方面，如果与世界高密度城市相比，苏州又很难被称作高密度城市。苏州目前的城市状况为加密开发提供了契机。本章探讨如何增加现有建成区的开发密度，从而使同样面积的土地可以容纳更多的人口，减少土地蔓延并保护城市周边的农田。

（三）中高密度国际城市的高密度化开发实践

在过去的 20 年里，一些国家和城市对城市高密度化开发的理念进行了探索。本章介绍一些拥有能力和资源进行创新的城市。虽然城市彼此不同，但都必须面对城市不断增长的人口压力。苏州（1275 万人，2020 年）可以向巴黎地区（1100 万人，2020 年）、大伦敦地区（890 万人，2020 年）或首尔都市群（990 万人，2020 年）学习，探索高密度开发的路径。这些国际案例城市均对不同的空间发展策略，比如是向周边农村扩张还是更加集约发展，进行过比较选择。苏州可以从国际案例中吸取教训，确定合理城市密度，虽然解决这一问题具有复杂性，但这对节约土地至关重要。

世界上有些城市，比如斯德哥尔摩、华沙、波特兰、洛杉矶，相继出台了增加郊区低密度地区开发强度的政策，以解决住房单位短缺的问题，同时提高城市基础设施和其他资源的利用效率 [34, 35]。此外还有其他一些中等密度或高密度的大城市，也在努力提高开发密度，主要原因在于：高昂的地价和房地产市场的强劲需求使得在区位优越的旧城拆旧建新有利可图；由于地理原因造成用于新建项目的土地短缺；地方法规为保护农田对建设用地扩张施加限制，但同时城市又必须满足新增人口的需求。

大 城市推广高密度开发的原因包括：
（1）高昂的地价和房地产市场的强劲需求；
（2）缺乏新建项目的土地；
（3）地方法规为保护农田对建设用地扩张施加限制，但同时城市又必须满足新增人口的需求。

本章选取的案例均选择通过空间规划进行更高密度的开发。这一策略必须获得强有力的支持才能得以执行，这是因为相对建成区的再开发，在城市边缘建设由于设计思路和建设步骤简单而使开发成本更低更容易。

上述列举的第一个增加开发密度的原因适用于美国纽约的曼哈顿，近年已经建造或计划建造的超高层建筑近 20 座。曼哈顿最高的住宅楼于 2014 年 10 月竣工，位于帕克大道（Park Avenue），高 425 米。而在曼哈顿下东区（The Lower East Side），目前已建成或被提议建造的 305 米摩天大楼达到 5 座 [36]。此外布鲁克林也已批准建造一个可以提供 500 个居住单元的 325 米的超高层摩天大楼。

第二个增加开发密度的原因适用于新加坡。作为一个岛屿国家，新加坡的土地资源非常有限。长期以来新加坡的高质量城市环境得益于遍布全国的毛细绿色系统。为兼顾发展和生活质量的需要，新加坡的唯一选择是增加城市的开发密度。在这一目标的引领下，当地城市规划者一直在不断地升级和更新适合再开发的项目，从而保持其宜居性和经济价值符合经济发展的趋势。城市通过"住房升级和房地产更新计划"（Housing Upgrading and Estate Renewal Programme）以及灵活土地使用权等工具，将老街区腾出的场地进行更高密度的再开发，系统地帮助老地产恢复活力[37]。"达士岭组屋"（The Pinnacle Duxton）就是这座城市正在测试的一个超高密度开发的例子。该项目于2009年竣工，包含7座50层建筑，由高空天桥相接，总占地2.5公顷，可以为近7000人提供1848个居住单元。项目的容积率为6，建筑覆盖率在12%左右。新加坡正在将自己打造成一个可持续的高密度城市，并希望创造一种新模式，把此模式在全世界复制1000次，几乎就可以为全世界的人口提供居所[38]。

上述两个例子表明，在房地产价格高起、缺少其他选择且开发切实可行的情况下，密集化可以达到盈利的目的。而第三个增加开发密度的原因——满足不断增长的人口的需求，实现可持续发展的愿景，则最适合苏州的情况。以下介绍一些相关的国际案例，虽然具体情况各有不同，但都具有相似的规划目标。

1. 法国巴黎——与城市交通出行相关的高密度化开发

巴黎是欧洲人口最稠密的城市之一，"紧凑型城市"是巴黎及其所在的城市区域"法兰西岛"（Ile-de-France）制定的城市战略所采纳的基本原则之一。自20世纪90年代中期以来，政府采取了多项立法措施，以促进城市密度的提高，例如：容积率奖励；设定最低开发密度门槛；取消最小地块尺寸限制；撤销建筑密度规定等。

巴黎通过对一些地区的部分或全部拆除重建，尤其是与城市出行计划（Plans de Déplacements Urbains）和交通基础设施有关的项目，提高了许多中密度社区的密度。这些项目是通过一个称为"ZAC"合作开发区（zone d'aménagement concerté）的规划工具实现的[39]。

在可持续城市新愿景的框架下，一些世界著名设计师也针对巴黎的主要道路沿线提出了高密度开发的建议。比如总部位于荷兰的建筑与城市设计事务所MVRDV建议将交通设施移到地下从而可以解放地上空间用于住房项目，并提供宜人的绿色城市环境[42]。法国著名建筑师Jean Nouvel提议增加巴黎主要的环城大道（The Peripherique）周边的开发强度，提高城市空间的可达性。此外，另一名法国建筑设计师De Portzamparc则主张在连接轨道交通站点的主要道路沿线增加开发密度。与巴黎相同，法国许多其他地方和区域政府也在积极实施城市高密度化策略[40, 41]。

2. 英国伦敦——基于区位的高密度化开发

伦敦一直以来对新居民具有很强的吸引力，因此增加住房供给成为城市的一项重要任务。在 2015 年期间，伦敦需要 6.2 万 ~ 26 万套额外住房，或到 2030 年需要 40 万 ~ 300 万套住房[42]。"二战"以来伦敦为遏制城市蔓延通过规划对开发用地的数量实行了限制，这成为城市住房短缺的一个原因。而规划设定的城郊绿带和城市绿地上也不允许建造房屋。

伦敦市的具体战略反映在《伦敦规划》(the London Plan）所包含的"密度指南"中，该战略提倡利用城市棕地和交通枢纽周围的地块进行紧凑型、集约化开发，相关规划政策以密度矩阵的形式列明不同地段每公顷土地必须建造的可居住房间和住宅的数量，以期优化再开发地块的潜力[43]。

伦敦市的具体战略反映在《伦敦规划》(the London Plan）所包含的"密度指南"中，该战略提倡利用城市棕地和交通枢纽周围的地块进行紧凑型、集约化开发。

例如，如果地块处于交通便利的"中心"的位置（即位于国际城市、大都市或主要城镇中心 800 米步行距离内的区域），假定每个住房单元包含 2.7 ~ 3.0 个房间，那么矩阵表格会要求开发达到 215 ~ 405 单元 / 公顷，或者 400 ~ 1600 人 / 公顷这样较高的开发密度。

有项研究分析了伦敦四个非低密度住宅小区，发现如果按照密度指南实施，有可能在 20 年内增加 80000 ~ 160000 套住房[44]。在这些情况下，致密化意味着既要加密开发（不是破坏性的，但增加单元的潜力有限），还要拆除重建。这项研究强调了伦敦进行拆迁重建的好处：住房的数量翻了一番；更好地利用稀缺的土地增加房屋供给；使不动产增值达到 3 ~ 4 倍[45]。

上述研究还建议，进行高密度化开发时，应将基地与周围的城市文脉结合起来，采用多样的街坊形式，尤其注重在靠近城市中心和交通枢纽的地段提高密度。

3. 荷兰鹿特丹——高密度化与绿色化

在荷兰，几乎全国所有地区都出现了住宅高密度化的趋势，以扩大住房存量和保持住房可负担性。鹿特丹市鼓励对现有建筑进行小规模改造来增加密度，这类项目很多已变为现实。2012 年，鹿特丹市政府推动了一项如何在城镇开展高密度化和绿色化战略的研究，使城市中心的居民从 30000 人增加到 60000 人，以提高城市的可持续性。"集约化 + 绿色化 = 可持续城市"理念的具体内涵包括：在现有建筑的顶部增建新的面积；见缝插针式的土地填充开发；建造水上建筑；开发新的高层建筑[46-48]。

4.韩国首尔——尽可能在紧凑型城市中进行高密度化发展

作为一个高密度城市，首尔可以说是由高效的公共交通系统相互连接的高密度社区网络。2000—2010年间，首尔得到蓬勃的发展，当前的任务是进一步强化城市已有建筑的使用，在容纳更多新居民的同时减少土地消耗，保持可持续性。特别是在内城，由于受到绿带限制，土地供应缺少弹性，造成房价飞涨。在首尔，通过对现有建筑进行小规模改造，通常可以实现更高的密度，增加住房存量，比如对蓝领居住的多户型住房以及商住混合的大型建筑的改造。具体增加密度的方法包括在现有建筑之间的空地上填充新建筑，提高矮小建筑的层数，扩大小型建筑的体量，在内庭院增建新建筑，加建新楼层以及附属建筑[49-51]。

首尔增加密度的改造方法包括在现有建筑之间的空地上填充新建筑，提高矮小建筑的层数，扩大小型建筑的体量，在内庭院增建新建筑，加建新楼层以及附属建筑。

（四）中国中高密度城市的相关实践案例

中国近年已经采取了一些高密度化开发的措施。2019年，住建部要求暂停别墅项目的审批，并对"已建、在建、在批、专项审批别墅项目"进行梳理。别墅禁令的主要原因是近年来中国的耕地数量锐减，而别墅用地则不够集约。2019年夏季，该禁令扩大到所有低密度类型，如别墅、4层以下的双户联排房屋和联排别墅。

在禁建低密度建筑的同时，一些城市也展开了提高开发密度的实践。比如深圳市的土地资源非常紧缺，全市195284公顷土地中，只有2.23%可供建设使用。为此，深圳通过改造一些位于内城但居住条件差的较高密度居住区，提高了开发强度。遍布深圳的241个城中村建于1992—2000年间，由原来的一层建筑被业主增高到7层，建筑一般缺乏地块红线退让，建筑间距近在咫尺，其间的街巷被称为"握手"街，很多这类建筑已被推倒重建[52,53]。

深圳市大冲村改造工程就是一个相关的实例。全村占地69公顷，原有居民2400人，共计931户（每公顷13.5户），建筑总数1400栋。2011年经当地政府批准对全村进行拆除重建，总投资200亿元，建筑面积由110万平方米增加到280万平方米，住房总数达到7382套（每公顷107套）。此外再开发还促进了用地从单一的居住功能向混合功能的转变[54]。确切地说，深圳的这些项目主要是以旧换新的绅士化行动，而不是单纯的密度增加，因此其意义存在一定的争议。但另一方面，再开发确实带来了建筑质量的提升和密度的提高[53,55]。

深圳对于大冲这类城市更新项目的投资额呈逐年增长的态势，所占社会固定资产投资总额的比例也在逐年增加，城市更新前只有 8%，2016 年占比已达到 16.7%。同时，深圳通过城市更新所提供的商品房总量与全市总供应规模的比例也逐年增长，2016 年达到约 50%，此外全市还有累计 92 个拆除重建的产业升级项目已获得规划审批，更新改造后将提供约 100 万平方米的产业用房[56]。

近年来，上海通过对石库门建筑的更新将容积率由 2 提高到 3 甚至更高。此外地铁沿线和一些市中心的道路交叉口周边也出现了很多更高密度的开发，例如衡山路周边（图 5-1）。此外，上海市安置房社区的容积率也呈现增长的趋势[57]。

图 5-1　上海衡山路的高密度开发

（图片来源：作者自绘）

其他城市在安置房社区的边缘做了一些有趣的探索，比如王澍设计的位于杭州的小规模"垂直庭院公寓"[58] 和李兴刚设计的唐山"第三空间"[59]。这些案例显示在安置社区可以通过填充空地来实现比传统安置社区更高的开发密度，同时如何定义已有建成区内的"空地"成为提高开发密度的一项重要任务。

三、苏州高密度化开发的机遇：以安置社区为例

苏州在城市化的过程中如果可以提高开发密度，那么在满足新增加人口需求的同时还可以节约宝贵的农业用地和城市建设，更新老旧的住区，提高公共交通的效率；再加上对绿化系统和水系空间的完善，苏州的未来将更加具有可持续性。接下来的

苏州在城市化的过程中，如果可以提高开发密度，那么在满足新增加人口需求的同时还可以节约宝贵的农业用地，更新老旧的住区，提高公共交通的效率。

问题就是苏州如何进行更高密度的开发并且在哪里进行这类开发？下文以安置社区为焦点对这些问题进行讨论。

自20世纪90年代以来，苏州在城市化进程中建设了大量集中的安置小区，安置小区的建设执行了相似的标准：空间标准：包括建筑物尺度、建筑物间距、功能和开放空间尺度；施工质量和施工技术标准：包括相关法规规定，比如《江苏省城市规划管理技术规定——苏州市实施细则之二"日照分析规则"（2018年版）》《苏州工业园区住宅区规划设计技术规定》等。

本研究选取了苏州市区内6个典型安置社区作为研究对象，包括工业园区的莲花新村、姑苏区的里河新村、姑苏区的南环新村、新区的马浜花园、相城区的登云家园、吴中区的碧波二村（图5-2、图5-3）。研究对社区的主要元素进行分层，以了解设计的合理性和特点（图5-4~图5-7，4个案例的分解图式；表5-1显示了6个案例的各项数据）。

6个案例以及南环新村的数据指标[62]　　　　　　　　　　　　　　表5-1

安置区	所属区域	人口	单元数量	最小单元	最大单元	建筑总面积	用地面积	绿地面积	建筑占地率	容积率	建筑年代	楼层	绿化率
name	district	popu-lation	units	minimum dimesion square meters	maxi-mum	TFA（m²）	land（m²）	Green（m²）	Building coverage	FAR	year	floors	Green coverage
登云家园	相城区	3250	1092	70	115	18713	64218	28898	29.10%	1	1999	5f, 6f	30%
里河新村	姑苏区	14600	4800	49	136	326341	251032	148109	20%	1.3	1994	5F	30%
马浜花园	新区	18000	4044	62	120	690509	575424	172712	30%	1.2	2002	5f, 6f	30%
南环新村-旧	姑苏区	1710	570	68	134	51020	46388	9277	19.80%	1.1	1996	6f	10%
莲花新村	园区	6000	2000	46	162	170430	180110	36022	20.30%	0.9	2007	4f, 5f	20%
碧波二村	吴中	3945	1315	75	133	107315	82550	4900	18%	1.3	2001	6f	35%
平均数据	—	7918	2304	61.67	133	227388	199954	66653	22.87%	1.1	2000	—	25.83%
南环新村-新	姑苏区	15144	5048	53	97.5	412217	106540	26635	21.70%	3.87	2013	28f, 33f	25%

图 5–2 苏州地区 6 个案例研究的分布地点
（图片来源：作者自绘）

图 5–3 安置社区的现状：相似特征和尺度的重复
（左上：碧波二村，右上：登云家园，左下：莲花新村，右下：里河新村）
（图片来源，作者自摄）

2009 年卫星图片

2019 年卫星图片

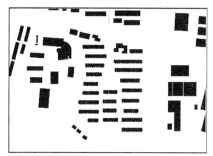

图底关系图

道路系统

绿地系统

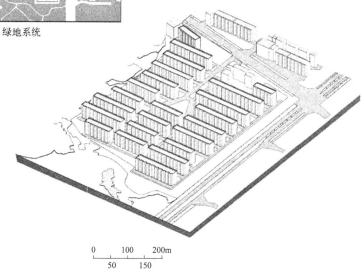

图 5–4　登云社区居住空间分析

（图片来源：作者自绘）

2009 年卫星图片

2019 年卫星图片

图底关系图

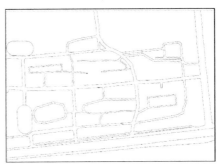
道路系统

绿地系统

0   100   200m
    50   150

图 5-5 南环新村居住空间分析

（图片来源：作者自绘）

2009 年卫星图片   2019 年卫星图片

图底关系图   道路系统

绿地系统

图 5-6 莲花新村居住空间分析

（图片来源：作者自绘）

2009 年卫星图片

2019 年卫星图片

图底关系图

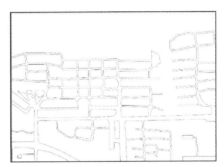

道路系统

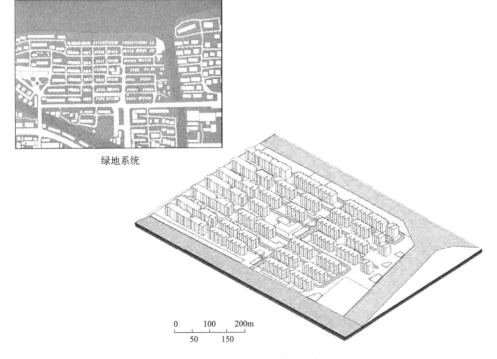

绿地系统

图 5-7　碧波二村居住空间分析

（图片来源：作者自绘）

通过对案例空间特征的分析，本研究认为随着中国小康家庭数目的增长以及新居民不断迁入苏州，有必要对城市中的安置小区进行改造，这也符合近期国务院办公厅发布的《关于全面推进城镇老旧小区改造工作的指导意见》要求。主要原因有四个方面。

第一，建筑结构日趋陈旧。安置社区建设年代一般在 2000 年左右，目前小区的设备和设施已经比较陈旧。当建筑使用年龄超过 15 年时（比如苏州安置社区的建筑），其排水、供水供电、供暖和制冷、废物管理、防水隔声等设备都需要更新。

关于结构的质量，《建筑结构可靠度设计统一标准》GB 50068—2001 首次提出了设计使用年限的概念，确定了建筑结构和结构构件 30 年的设计使用年限。最近，设计使用寿命被延长到 50 ~ 70 年 [60]。

第二，居住单元和开放空间的标准过低。现有安置社区的住房没有电梯，缺乏足够的停车位（在西方国家，如果公交不够发达，居住区需要为每套公寓配备至少 1 个车位），套内面积过小而无法容纳带洗碗机的宽敞厨房、两个洗手间以及洗衣机等设备。为适应经济社会的发展，提高既有住房的使用功能，促进老旧住房的改造，苏州市政府于 2019 年 8 月出台了《苏州市既有多层住宅增设电梯的实施意见》，以期提高宜居水平 [61]。

第三，现有密度较低。容积率（FAR）是衡量城市开发密度的参数，为总建筑面积与建筑占地的比值。容积率或单位土地上（每公顷或每平方公里）的居住单位数或人口数，在城市间可能有很大的差异。

根据调查，6 个案例社区的现有容积率在 0.9 ~ 1.3，平均为 1.1。容积率的差异与项目的条件和需要容纳的人口数量有关，与建设年份无关。

第四，安置社区是大规模工业化建设的结果，小区建造得尽可能相似。未来的现代化小区需要更高质量的建筑和城市空间设计，多样化的住房类型，为不同的家庭（比如大家庭、小家庭、单身、空巢夫妇、临时城市居民、同居者）提供多样的单元和用途。

城市化背景下的乡村演变如图 5-8 所示。

伴随着中国日新月异的发展，劳动者的工资和生活水平都将得到逐步提高，安置社区所提供的住房环境将无法满足居民的需求。因此，可以对安置社区进行改造提高标准，并在这一过程中探索提高密度的机会，增加住房的多样性，为可持续发展做出贡献。

阶段一：安置区取代乡村

阶段二：安置区取代乡村，随之高密度再开发

阶段三：高层安置区取代乡村

图5-8 苏州城市化进程中从乡村到安置社区以及新城建设的演变

（图片来源：作者自绘）

苏州在这方面进行了探索，新的南环新村于2013年建设，这是全市最早一个通过拆除重建提高了建筑密度、建造了与之前不同的高层建筑并对绿地布局进行了重新规划的安置小区案例。其开发前后的容积率分别为1.1和3.87，再开发将容积率和总单位数都增加了3倍以上（数据比较见表5-2）。

新旧南环新村的对比　　　　　　　　　　　　　　　　　　　　　表5-2

项目	南环新村	南环新村–新
层数	4 ~ 6	28 ~ 32
容积率	1.1	3.87
建筑类型	多层住宅	高层住宅
建设成本	1200元/平方米	2500元/平方米

续表

项目	南环新村	南环新村－新
停车位	没有建设地下停车位，一般停车在监护物之间的地面 没有具体停车指标	地下停车位 户均停车位一辆 规范要求停车配比 0.8 辆/户
电梯	无电梯	有电梯
舒适度		隔声
		保温
开放空间	零星分布的开放空间，大多数被汽车占据	更大、更集中的开放空间

（图表来源：作者自绘）

四、高密度化政策的选择与建议

如何将现有的老旧、低密度的安置小区通过改造或再开发提高密度？改造或重建以后可以多提供多少个居住单元并在多大程度上提高生活水平？考虑到费用、居民的临时安置、拆迁和重建对环境的影响，这些建议是否可持续并值得被采纳？参照相关国际国内案例，下文对三种可能的高密度化解决方案做一评估。

（一）方案 1：替代性拆除和重建

如果把合适的安置小区以拆除重建的方式进行加密，可以大幅度增加住宅存量。假如保证社区公共空间品质、居住单元的改善需求以及相关建设法规的前提下，容积率提高一倍，则可以保证居住人口增加一倍。本章研究的 6 个安置小区的总人口为 47255 人（平均每个居住单元 3.44 人），那么经过再开发就可以供九万多居民居住。而一旦选择了更高密度的再开发，实际容积率往往增加不止一倍，苏州南环新村和新加坡都采取了这种做法。当然，如果设计不当，紧凑型开发也可能影响居住环境质量。

在建造时属于现代化的建筑，经过多年的使用，对越来越多的小康家庭来说会显得过时，因此需要重新制定和实施新的居住环境标准。在大规模城市化的初期，小区标准是为满足安置人口而制定的，同样应该定义新的标准；巴黎也有类似的情况，比如近年来发生的几起具有争议的社会住房拆迁事件 [63]。苏州可以考虑制定系统的高密度住房替代计划，利用 10～15 年的时间，使条件较差的安置小区可以在增加居住人口同时改善居住环境。

更新住房存量所需的大量投资必须依靠公私伙伴关系，再开发在增加居住人口的同时，必须同时注意以下方面：在数量和质量上提升开放空间，扩大开放空间的尺度，减少碎片化，为此南环新城做得比较成功。此外，新的设计应力图减少小区内的路面与总用地的占比；改善车辆和行人的可达性，做到道路、停车场与行人、自行车网络明显分离，并设计更具渗透性的小区入口，便于进入社区；做到居住单元多样化，以适应不同的家庭和对新的生活方式的追求；促进用地功能混合，至少在部分地段为行人创造"场所感"和有吸引力的街道空间，同时理清空间的层次；提高效率和可持续性，比如可以将可再生能源和"海绵城市"的理念融入再开发的小区。

如果按照上述方法进行再开发，住房的价值往往会超过房地产改造前的价值与改造成本的总和。但是另一方面再开发会带来居民生活条件的显著改善，这种改善应该作为项目效益纳入到再开发所产生的贡献中 [48]。

这种改造可以从最老旧的小区开始，但需要保证临时安置政策和措施的到位。例如，居民可以被临时安置在利用"停车场"建造的房屋中作为过渡，或者住在现有的空置公寓里。一旦再开发完成，新开发小区将能够容纳这些居民和第二轮拆迁的居民。

（二）方案 2：选择性拆除和再生

如果对所有安置社区进行拆旧建新，这样造成的经济和社会总成本会过高，虽然从长远来看这一趋势不可避免，但短期内缺乏可行性，这种情况下可以效仿伦敦，对更加适合加密开发的社区做出筛选。

为此本研究在苏州市的 5 个区（姑苏区、园区、新区、相城区、吴中区）增加了 18 个案例社区，以便获得更大的现状样本，并涵盖各种安置模式。所选案例包含各个时期开发的安置小区，从 1994 年第一批开发的里河社区到 2014 年竣工的巨塔花园等近期工程。此外这些社区的相关数据可在线获取（表 5-3）。

表 5-3 总共 25 个案例的容积率从 0.8 到 3.9 不等。如果把开发的时间考虑在内，可以看到总体容积率呈现上升的趋势。比如 1994 年到 2004 年开发的小区平均容积率为 1.3，而 2004 年到 2014 年的小区平均容积率则升为 1.75。在对 25 个案例具体参数考查的基础上，可以对符合以下条件的小区进行增加密度的开发：土地利用效率不高，即容积率 ≤ 1 的小区（4 例）应优先考虑置换，而容积率在 1 ~ 1.5 的小区（10 例）应考虑加密；建筑覆盖率高于 25%（7 例）且绿化覆盖率低于 30% 的小区（7 例，但没有一个案例同时符合这两个参数），有必要对其开放空间的质量进行评估，如果由于汽车干扰或空间支离破碎而无法被利用，则应考虑再开发；紧邻地铁站和交通枢纽（小区入口位于地铁口 400 米范围内），通过再开发充分发挥其良好的区位优势。

表 5-3

25个安置社区案例的相关数据[64]

小区名称	人口	单元	最小单元面积（m²）	最大单元面积（m²）	建筑总面积（m²）	用地面积（m²）	绿地面积（m²）	建筑占地率	容积率	年代	楼层	绿化率	所属区域
和美家园	8121	2707	70	107	263000	131500	39450	9.50%	2	2014	26F、30F	30%	姑苏区
巨塔花园	8064	2688	50	120	133967.45	84472	25341.6	13%	1.59	2014	9F、26F	30%	吴中区
南环新村-新	15144	5048	53	97.5	412217	106540	26635	21.70%	3.87	2013	28F、33F	25%	姑苏区
古宫小区	4584	1528	51	120	212300	176917	53075	10.90%	1.2	2013	11F、17F	30%	相城区
锦邻缘	4624	1181	66	121	139142	69571	20871	19.90%	2	2012	5F、11F、16F	30%	姑苏区
新柳溪花园	3267	1089	84	134	193000	138000	48300	23%	1.6	2012		35%	吴江区
张步新村	864	288	66	92	20000	20000	16400	16.70%	1	2012	6F	28%	新区
喜庆苑	3360	960	73	154	112600	53619	24129	35%	2.1	2011	6F	45%	吴江区
金运花园	8526	2842	65	128	320000	266670	93340	15.60%	1.2	2010	5F、11F	35%	吴中区
康阳新村	2820	940	60	116	12451	10376	1038	24%	1.2	2010	5F、11F	10%	相城区
西湖花园	4300	1238	81	210	120000	52170	15650	38.30%	2.3	2009	6F、7F、18F	30%	吴江区
新浒花园	3400	1064	62	161	166000	94318	33766	35.20%	1.76	2007	5F	35.80%	新区
莲花新村	6000	2000	46	162	170430	180110	36022	20.30%	0.946	2007	4F、5F	20%	园区
采香一村	1620	540	70	122	80000	72727	37091	22%	1.1	2006	5F	23%	吴中区
阳山花园	12138	4046	60	120	143000	130000	45500	22%	1.1	2006	5F	35%	新区
惠丰花园	5400	1800	70	130	150000	120000	7125	15.60%	0.8	2005	5F、16F	38%	新区
华通花园	15810	5270	60	121	1593015	1209181	423213	26.30%	1.3	2005	5F、6F	35%	新区
金枫苑	700	220	108	146	35000	16204	6028	19.60%	2.16	2004	11F	37.20%	新区
漕湖花园	19128	6376	65	116	827287	654115	261646	25.30%	1.6	2004	5F	40%	相城区
马沃花园	18000	4044	62	120	690509	575424	172712	30%	1.2	2002	5F、6F	30%	新区
梅亭苑	10278	3212	58	130	96000	120000	1200	16%	0.8	2001	5F	10%	姑苏区
碧波二村	3945	1315	75	133	107315	82550	4900	18%	1.3	2001	6F	35%	吴中区
登云家园	3000	996	70	116	18713	64218	28898	29.10%	1.75	2000	5F、6F	45%	相城区
南环新村	1710	570	68	134	51020	46388	9277	19.80%	1.1	1996	6F	20%	姑苏区
里河新村	14600	4800	49	136	326341	251032	148109	20%	1.3	1994	5F	59%	姑苏区

综上所述，可以做到以下几点：一是详细分析每个社区的基本数据，主要是容积率和绿化覆盖率；二是制定一些样本场地的更新计划草案；不需要对每个场地单独进行规划可行性的测试，规划制定者可以在策划阶段通过定义"场地类型"以确定可行性；三是根据现有建成／耕地比例、建成／绿化面积比例、规划的新居民、规划的基础设施，评估适合苏州市的容积率和绿化覆盖率的最低和最高标准；四是出台新政策，明确划分"需要再生"的社区的标准；五是选择一些社区作为"试点项目"，试验创新的建筑类型和布局；六是通过公众参与，与居民沟通改造的原因，讨论改造方案，广泛采纳各方建议。

（三）方案 3：现有建筑的高密度化改造

如果现有结构处于良好状态，可通过重新设计增加其密度，这样做的优势在于：资源投入较少；不必拆除现有房屋，而那些已经经历过拆迁安置的居民也不必再次经历此过程；相对于拆除重建，改建对环境的影响更小（比如节省重建所需的能源，减少用于运输和建设的能源、建筑垃圾、空气污染、噪声）。

首尔和鹿特丹的经验表明，可以通过在建筑之间填充式开发、增加现有建筑的高度、在建筑内部扩建等方法，使已有建筑继续发挥其功能。

但这种做法的缺点在于不能大幅度地增加社区的人口数量，因为其通常是由单一单位的业主所推动的。考虑安置社区的再生，必须为整个社区制定总体规划或详细指南，以便：公平分配新增公共交通设施；确保新增加的结构不会对现有单元的居住环境产生负面影响；保护空地不被过度占用；保证改造的安全性和稳定性；界定适合社区的设计风格，以免造成风格和品质的冲突；检查现有的公共设施，包括道路、停车位、学校、商店等，使其能够支持增加的居民数量。

这种过程的管理可能很复杂；可以选择一些最佳实践项目，并将其作为社区再生的示例。

五、未来研究方向及本研究的局限性

苏州在未来可以以上述方案作为起点，出台城市高密度化发展的政策，并制定短期和长期规则，确立优先事项及具体行动的局限性。本研究建议考虑高密度化开发的多种可能性，由于拆除重建这一方式在废弃物生产、能源需求以及可持续性方面的局限，只能被当成多种方案中的一种选项。苏州应该因地制宜地选择可行性方案，鼓励密集和连续的发展，每一个发展项目都需要符合城市的总体目标，这一点也可以借鉴伦敦所采纳的开发导则。

　　未来在出台相应开发或者改造政策时，产权重组和财务平衡作为改造涉及的两大难点需要重视。产权问题具体在协商原住民征拆，财务平衡着重指静态投资和持续运营管理，选取增加容积率、用途改变、价值提升等途径的同时兼顾运营管理，形成动态的平衡，兼顾市民情感以及平衡投资收益。

　　人口密度不能等同于土地的使用强度，后者取决于人口和建筑物的分布方式，即聚落的紧凑程度。本章所研究的高密度化模式意味着建设紧凑型城市，而不是建设超密度城市[65-67]。"紧凑城市"仍然是本研究的背景，它的概念和理论在规划中被广泛讨论，与城市扩张的负面影响有关。高密度化可能意味着实现不同于苏州通常建造的住房类型，例如紧凑的超高层建筑设计，以尊重当地社区的文化传统，同时确保良好的阳光和通风性能。还可以加强针对新型住宅的设计研究或组织设计竞赛，以寻求新的住房类型和设计策略。

　　本章所提出的高密度开发的潜在解决方案旨在帮助苏州市更有效地利用土地和保护农业生产用地。研究主要是定性的，因为苏州市所有安置社区的位置、人口数据、单元数量等数据不够完备；如果可以掌握这些信息，将有可能以一种更加全面的方式探索开发改造方案，并充分评价其高密度化的潜在影响。

参考文献：

[1]　Peterson，E. W F. The Role of Population in Economic Growth [J]. Sage Open，2017，7（4）：215824401773609. https://doi.org/10.1177/2158244017736094
Chen M，Liu W，Lu D，et al. Progress of China's new-type urbanization construction since 2014：A preliminary assessment[J]. Cités，2018，78（AUG.）：180-193.

[2]　NCCPC-National Congress of the Chinese Communist Party [EB/OL]，2017，report of the President.

[3]　Woodworth M D. Fulong Wu 2015：Planning for Growth：Urban and Regional Planning in China. New York：Routledge [J]. International Journal of Urban and Regional Research，2018，42（3）：539-541.
World Bank data：https://data.worldbank.org/country/china and
https://data.worldbank.org/indicator/EN.POP.DNST

[4]　UN，Population division，2018 Revision of World Urbanization Prospects [EB/OL]
https://population.un.org/wup/Country-Profiles/

World Bank data：https://data.worldbank.org/country/china [EB/OL]

https://data.worldbank.org/indicator/EN.POP.DNST

[5] Zhan Li.Orientation of Suzhou under the background of regional integration in the Yangtze River Delta，Workshop at UPD XJTLU，9 April 2019.

[6] Enrico Moretti.The new geography of jobs [M].Mariner Books，2013

[7] Richard Florida.The rise of the creative class [M]. Basic Books，2003

[8] NNUP－National New Urbanization Plan of China（2014—2020）[EB/OL]

[9] Chen M，Liu W，Lu D. Challenges and the way forward in China's new-type urbanization [J]. Land Use Policy，2016，55.

[10] 《中共中央 国务院关于进一步加强城市规划建设管理工作的若干意见》（2016 年 2 月 6 日）[EB/OL].http://www.gov.cn/zhengce/2016-02/21/content_5044367.htm

[11] Yangbin Miu，Director of Urban Renewal Center，CAUPD，"The masterplan of Suzhou from 2020 to 2035 and its sustainable development strategy"，at the Urban Planning and Design Department of XJTLU the 14th of October 2018 during the Experts Seminar held for the International Design Workshop "Suzhou Waterfront Design Guidelines"．

[12] Su B，Heshmati A，Geng Y，et al. A review of the circular economy in China：moving from rhetoric to implementation [J]. Journal of Cleaner Production，2013，42（mar.）：215-227.

[13] McDonough，William. Cradle to cradle：remaking the way we make things [M]. North Point Press，2002.

[14] What is a circular economy? [EB/OL]

https://www.ellenmacarthurfoundation.org/circular-economy/concept

[15] David S.G. Goodman and Minglu Chen，Middle class China：identity and behaviour [M]，Cheltenham Edward Elgar，2013

[16] Logan R，John. In Search Of Paradise：Middle-Class Living in a Chinese Metropolis（by Li Zhang. Ithaca，NY：Cornell University Press，2010，248）[J]. City & Community，2012，11（4）：433-434.

[17] Chen C，Qin B. The emergence of China's middle class：Social mobility in a rapidly urbanizing economy [J]. Habitat International，2014，44：528-535.

[18] Demographia World Urban Areas 16th Annual Edition 2020[EB/OL]

http://www.demographia.com/db-worldua.pdf

[19] https://www.worldatlas.com/articles/the-world-s-most-densely-populated-cities.html

[20] https://www.weforum.org/agenda/2017/05/these-are-the-world-s-most-crowded-cities/

[21] Shlomo Angel et al., Atlas of Urban Expansion, vol.1: Areas and Densities [M], Lincoln Institute of land Policy 2016, https://www.lincolninst.edu/publications/other/atlas-urban-expansion-2016-edition

[22] Global Creativity Index（GCI）, Martin Prosperity Institute, 201

[23]《苏州市土地利用总体规划（2006—2020年）》[EB/OL] http://www.szxc.gov.cn/szxc/zwgkinfo/ShowInfo.aspx?infoid=ae2413ca-fa94-491c-91c5-3a1c5e685575&categoryNum=008010003001；

[24] These data about density change according to the parameters considered. To quote an authoritative source Mr Xu Hao, Deputy of the Environment Inspection Branch, Department of Ecology and Environment of Suzhou, in his presentation at the Seminar "Environment, Health and Safety（EHS）Regulations", China-Italy Chamber of Commerce, 1st of March 2019 Suzhou.）Said: built area is 22.8%, and should not exceed 30%.

[25] Dieter Hassenpflug, The urban code of China [J], Birkhäuser Verlag, 2011.

[26] Peter G. Rowe, Har Ye Kan, Urban Intensities: Contemporary Housing Types and Territories [M], Basel/Berlin/Boston, Birkhauser, 2014.

[27] Edward Ng, Designing High-Density Cities: For Social and Environmental Sustainability [M], Routledge; 1 edition 2009.

[28] Modern cities become less dense as they grow, the Economist, 25 Oct. 2019[EB/OL]

[29] Why are China's cities becoming less crowded? [EB/OL] https://www.weforum.org/agenda/2015/11/why-are-chinas-cities-becoming-less-crowded

[30] Xu G, Jiao L, Yuan M, et al. How does urban population density decline over time? An exponential model for Chinese cities with international comparisons [J]. Landscape and Urban Planning, 2019, 183: 59-67.

[31] Greg Clark, Emily Moir, Density: drivers, dividends and debates [J], Urban Land Institute, 2015.

[32] David Owen, Green Metropolis: Why Living Smaller, Living Closer [M], and Driving Less Are the Keys to Sustainability, Riverhead books 2010.

[33] Whittemore A H, Bendor T K. Talking about density: An empirical investigation of framing [J]. Land Use Policy, 2018, 72: 181-191.

[34] The Dense-city. After sprawl, edited by Mary-Ann Ray, Roer Sherman, Mirko Zardini, 1999 Lotus Quaderni Documents.

[35] Carbajal Velazco, Noé Alberto, New trends in densification projects within the Million

Homes Programme areas [J]，Malmö universitet/Kultur och samhälle，and http://hdl.
handle.net/2043/26468.

[36]　NYC's supertall skyscraper boom，mapped. These 20+ skyscrapers will forever alter the
New York City skyline [EB/OL]
https://ny.curbed.com/maps/new-york-skyscraper-construction-supertalls（This map was
last updated September 18，2019）.
Probably one of the target market for these new developments is the Chinese one，see
https://courbanize.com/projects/247cherry/information.

[37]　Urban Land Institute（ULI）and the Center for Liveable Cities（CLC），10 Principles
for Liveable，High-Density Cities：Lessons from Singapore [EB/OL]，2013.

[38]　Huang B，Beng K P，Glheureux E，et al. 1000 SINGAPORES A MODEL OF A
COMPACT CITY [J]. Urban Environment Design，2010.in particular the chapter K.
Peng Beng，Superdensity，pp. 132.

[39]　Anastasia Touati-Morel. Hard and Soft Densification Policies in the Paris City-Region [J].
International Journal of Urban & Regional Research，2015，39.

[40]　Région Île-de-France（2008）Schéma directeur de la Région Île-de-France. Projet
adopté par délibération du Conseil régional le [J]，25 Septembre 2008.

[41]　https://www.projetsurbains.com/le-forum-des-projets-urbains-2019.html

[42]　https://www.mvrdv.nl/projects/358/grand-paris

[43]　Sung Hong Kim，the FAR Game：Constraints Sparking Creativity [J]，ART Data 2016

[44]　Jang M，Kang C D. Urban greenway and compact land use development：A multilevel
assessment in Seoul，South Korea [J]. Landscape and Urban Planning，2015，143：160-172.

[45]　Sibylle Kramer，Design solutions for urban densification [M]，Salenstein，Braun，2018.

[46]　Martin Aarts，Nico Tillie，Caroline Rijke，Duzan Doepel，Sander Lap and Lloyd
Stenhuijs，ROTTERDAM-PEOPLE MAKE THE INNER CITY，publication issued
on the occasion of the 5th International Architecture Biennale Rotterdam（April-August
2012）[EB/OL]

[47]　Dani Broitman，EricKoomen，Residential density change：Densification and urban
expansion，in Computers，Environment and Urban Systems [J]. Volume 54，November
2015，32-46.

[48]　Jip Claassens，Eric Koomen，Housing trends in the Netherlands：Urban densification
continues [J]，Vrije Universiteit Amsterdam，2017.

https://spatialeconomics.nl/en/housing-trends-the-netherlands-urban-densification-continues/

[49] Greater London Authority, Executive Director of Secretariat, Subject: The Density of New Housing Development in London [J]. 25 February 2014.

[50] https://www.london.gov.uk/what-we-do/planning/london-plan/current-london-plan/london-plan-chapter-3/policy-34-optimising

[51] Kat Hanna, Ann Oduwaiye, Pete Redman, ANOTHER STOREY: THE REAL POTENTIAL FOR ESTATE DENSIFICATION [J]. Center for London, 2016. Https://www.centreforlondon.org/publication/estate-densification/

[52] Natalia Echeverri Shenzhen: Villages in a City [M]. 2010. https://www.thepolisblog.org/2010/02/villages-within-a-city-shenzhen.html

[53] Stefan Al, Villages in the City: A Guide to South China's Informal Settlements [M]. University of Hawaii Press, 2014

[54] Southern metropolis daily 2010; the related real estate agency on-line; [EB/OL] https://wenku.baidu.com/view/270658eb6bec0975f465e2c6.html

[55] Ting Chen, State beyond state, Shenzhen and the transformation of urban China [M], nai010 publishers

[56] 张军. 深圳奇迹 [M]. 北京: 东方出版社, 2019.

[57] Chunyun Meng, Tendency and Problems of High-rise and High-Volume-Ratio Affordable Housing Construction [J], 2011.

[58] https://www.archdaily.com/211962/wang-shus-work-2012-pritzker-prize/page23c_vertical_courtyard_apts/

[59] https://www.archdaily.com/885601/the-third-space-atelier-li-xinggang/

[60] 建筑结构可靠度设计统一标准 GB 50068—2001. 北京: 中国建筑工业出版社, 2002.

[61] http://zfcjj.suzhou.gov.cn/szszjj/zcfg1/201908/d3be7a5052384703866d692688ddcfa3.shtml

[62] https://suzhou.anjuke.com/?pi=PZ-baidu-pc-all-biaoti

[63] Constant Méheut and Norimitsu Onishi, French Housing Project, Once a Symbol of the Future, Is Now a Tale of the Past [J]. the New York Times, Sept. 11, 2019. https://www.nytimes.com/2019/09/11/world/europe/france-communists-cite-gagarine-paris.html

[64] https://suzhou.anjuke.com/?pi=PZ-baidu-pc-all-biaoti

[65] https://www.nytimes.com/2019/09/11/world/europe/france-communists-cite-gagarine-paris.html

[66]　Lehmann，Steffen. Sustainable urbanism：towards a framework for quality and optimal density? [J]. Future Cities & Environment，2016，2（1）：8.

[67]　Dempsey N. Revisiting the Compact City? [J]. built environment，2010，36（1），5-8. Jenks M. Achieving sustainable urban form [J]. Length，2000.

[68]　OECD（Organisation for Economic Coooperation and Development）（2012）Compact city policies a comparative assessment. OECD，Paris. [EB/OL] http://www.oecd.org/greengrowth/compact-city-policies-97892641678 65-en.htm

扫码看图

苏州未来乡村振兴策略：迈向创新驱动的新内生发展

忻晟熙，郭青源，钟声

　　国家乡村振兴战略提出了农业农村现代化的根本目标，而这一目标的内涵融合了传统的内生与外生型的发展理念，表明我国乡村发展正从要素驱动的外生发展变为创新驱动的新内生发展。苏州历经内生性的乡村工业化大潮和外生力量主导的快速城市化过程这两大历史阶段，因此乡村经济、社会和生态环境更为复杂。如何引导和激发乡村各主体以共同探索创新发展的路径是苏州乡村振兴的重要议题。因此，本章引入了社会创新理论，旨在构建多主体、跨尺度的行动者网络，通过创新内外资源组合方式实现差异化的发展。本章首先梳理新内生发展模式的内涵，而后介绍了社会创新理念对新内生发展的价值及其形成要素，并通过欧洲 LEADER 项目进行说明。最后本章根据苏州乡村发展情况提出了三条建议，包括：（1）构建景观特征分类下的乡村多层次创新推动体系；（2）打造村村互盟和城乡联动的多尺度水乡综合体网络；（3）通过优化村内外的沟通制度和村集体身份转型以培养村内的社会创新机制。

　　关键词：乡村振兴；社会创新；现代化；内生发展；新内生发展

　　从国际理论上看，传统乡村发展模式主要可以归为外生和内生两大模式。外生模式（exogenous）主要以欧美农业现代化为代表，强调自上而下通过政府主导的外部资源导入以发展规模经济和农业工业化。内生模式（endogenous）主要以 20 世纪 70 年代后的欧洲为代表，强调自下而上由农村社区主导的内部自然与人文资源活化和社区组织与治理能力建设[1]。近年来，理论界正逐步致力于破除内外生主导的二元隔阂，并据此提出了新内生发展（neo-endogenous）的理念[1]。新内生模式强调"上下结合"，以保证本地利益为前提对内外资源进行有效组合。

　　2017 年十九大报告正式提出乡村振兴战略这一顶层设计。以农业农村现代化为目标，乡村振兴提出了产业兴旺、生态宜居、乡风文明、治理有效和生活富裕五大目标。值得注意的是，在战略的实施层面，中央特别提出了要处理"四大关系"，即长期目标与短期目标、顶层设计与基层探索、市场决定性与政府作用，以及群众获得感与适应发展阶段之间的关系。十九大报告对这些关系的探讨为乡村振兴的实施勾勒出了这样一幅图景：在政府发挥规划、支持、监督和保障等作用的大框架下，乡村需要充分认识自身的发展机遇和挑战，以群众为主体不断从实践中摸索创新，解决本村或本地域的"三农"发展问题，让"广大小农户参与到现代化的进程之中，让更多农民在发展中得实惠"。

在这一农业农村现代化的进程中，中国又提出了"双循环"和"生态文明 + 两山理论"这两大新理念。前者是外生性的，要求重新调整城乡关系以将城市资源导入乡村，扩大农民占有份额和内需市场。后者是内生性的，要求重新协调社会-自然关系，并在保护本地自然与文化资源的同时对其进行充分的价值化，以实现可持续发展。在这两大理念组成的框架下，中国乡村振兴虽然仍以现代化为目标，但是其内涵已经明显向融合内外元素的新内生模式转化，而这一融合的基本愿景也已在中央文件对四个关系的讨论中得到了体现。

从 2005 年新农村建设开始，中国以政府为主体强调了"城市反哺农村"的战略，通过国家资本投入满足了水、电、气等农民基本生活设施的需求，并大量建设了公路、网络等物质性城乡要素交流的渠道。这些物质性建设为现阶段的振兴政策奠定了基础。进入新时代，随着主要社会矛盾的变化和发展目标从高增长到高质量的转化，乡村发展正从要素驱动的外生发展变为创新驱动的新内生发展[2]。

然而，我国乡村在社会经济和地理上的特征差距较大，而苏州由于充分经历了乡村工业化和快速城市化这两大历史阶段，是全国城乡差距最小的地区，但其乡村经济、社会和生态环境更为复杂，依然具有较大的差异性。因此，如何高效地引导和激发乡村主体及其他行动体来构建差异化的，配套本地与外部资源的发展路径成了新内生发展的重要议题。因此，本章引入"社会创新理论"（social innovation theory）以期提高苏州乡村在其行动网络上的基层创新效率，以更好地实现乡村振兴。

本章首先梳理了新内生模式的内涵及优点，并在此基础上介绍了社会创新理论，明确了这一理论对新内生实践的指导作用及其组成要素。而后，本章以欧洲 LEADER 项目的一个实践案例说明社会创新型新内生发展的工作机制。最后，本章从社会创新视角对苏州的乡村振兴发展提出了若干建议。

进入新时代，随着发展目标从高增长到高质量的转化，乡村发展正从要素驱动的外生发展变为创新驱动的新内生发展。

一、新内生发展模式内涵简述

新内生乡村发展模式是一个融合"自上而下"式和"自下而上"式乡村发展的新范式（paradigm）。其思想的雏形来源于 Lowe 等人对"关系网络"（network relationship）在乡村发展中的作用研究，其认为新内生模式中的乡村一方面要根植于地方情况，利用地方资源并培养地方特色，但不能止步于此、闭门造车；在另一方面则要积极关注地区与大环境动态的关系[3]。

本章认为新内生模式实际是一个高度经验主义（empiricism）的理论，是在对欧美传统乡村发展模式及其形成的"外生—内生"二元教条主义的批判基础上产生的。外生模式主要指"二战"后的欧美农业现代化，其理论认为乡村是落后的生产空间，而其功能只是为给城市及工业发展提供食物和初级产品。外生模式认为乡村的落后是源于生产率的低下以及社会经济结构上的边缘性，因而只有通过土地整理、农业规模化和工业化、基建建设、发展和迁入制造业和科技企业等手段引导资本流动并提升生产力才能使得乡村摆脱落后[1]。在这一理论框架下，乡村的发展只能由城市增长极（growth pole）带动和改造。然而，欧洲许多国家的农业增加值和就业岗位供给在 20 世纪 70 年代时就达到了瓶颈，增长曲线趋于平缓[4]，使得这一模式开始受到质疑。

新内生乡村发展模式是一个融合"自上而下"式和"自下而上"式乡村发展的新范式，强调本地资源和行动在跨尺度的行动网络中进行高效组合。

随后，20 世纪 70 年代的经济滞胀导致凯恩斯主义在欧洲破产，新自由主义兴起。这一背景下，学界提出了乡村内生发展模式。不同于外生模型，内生发展不是源于经济学理论的逻辑推演，而是具有明显后验式（a posteriori）的经验主义色彩。因此，外生模式到内生模式的转型是由"实践而非理论引导的"[5]，内生模式的应用更多是为调和社会矛盾并适应欧洲社会思潮的变化，为政策增加合理性与合法性。内生模式目前的主要理论支撑来自于以 Jürgen Habermas 为代表的"沟通理论"学派以及部分经济学理论（主要为交易成本、社会资本和竞争力理论）。内生模式认为乡村是未得到充分开发的消费空间，而其功能是将本地的自然和人文资源市场化以发展多样化的服务经济（如旅游等）。内生模式认为乡村发展滞后的原因在于本地社会参与动力的匮乏，导致本地自然资源的不可持续开发或闲置。因此，内生模式认为乡村应进行全面且面向本地的（territorial）能力建设，包括技能培训、内生制度构建和基建建设。由此可以发现，内生模式相对于外生模式而言并没有体现出明显的绝对进步性，只是一种在方法论与本体论上的转换，因此并不能弱化外生模式的价值和必要性[6]。事实上，后期新内生模式的实践也大量证明，单纯依靠乡村的内生力量难以激活本地资源，必须有技术或人力资本等外生投入才能实现振兴。

在实践经验的基础上，新内生理论批判性地融合了内外生模式，强调本地资源和行为在一个跨尺度的行动网络中进行高效组合。从表 6-1 可知，新内生将乡村理解为社会关系的空间，这一建立在"社会关系"基础上的思维方式（relational thinking）挑战了原有乡村发展理论中"城-乡"和"内-外"的二元对立观，否定了一般"宏大叙事"（meta narratives）导致的乡村同质化发展的路径，主张本地化和特异性的发展。因为中国与西方工业化积累的路径不同，因此两者乡村发展的路径和问题也不尽相同。例如，西方一般不具有中国如此尖锐的小农与市场和城市的矛盾，且其乡村往往全球化程度高、土地私有且治理高度下沉，因此欧洲理论界一般将周期性经济危机、全球环境变化和新自由主义泛滥等外部因素对乡村的冲击作为主要矛盾。而中国乡村则是相对封闭的系统，且主要面临资源单向流出、内部资源无法价值化、难以对接外部需求的问题。

乡村发展模式对比   表 6-1

	外生	内生	新内生
对乡村空间的想象	生产的空间	消费的空间	关系的空间
落后原因	生产率低下； 社会经济地位边缘	地方组织运营能力弱； 发展参与性弱	乡土社会发展的排他性； 外部社会和环境危机（气候变化和经济危机等）； 新自由主义泛滥
解决方法	农业现代化和专业化； 发展技术和资本密集导向的乡镇企业； 发展交通和生产性基建	能力塑造； 消除社会排斥和歧视； 发展小规模的细分产业； 自然与人文资源价值化	动员、组织资本和劳动力； 营造韧性乡村，关注乡村福祉； 构建和利用关系网络进行发展
行动主体	国家力量和城市资本	地方社区力量	关系网络中的所有行动者

（图表来源：作者自绘）

尽管如此，西方新内生理论中对内外资源结合的重视及其网络化、关系化的思维模式对中国当今内涵丰富的乡村现代化建设仍有借鉴意义。目前对新内生理论方法论的前沿讨论集中于兼具内外生发展模式特点的"社会创新"（social innovation）理论的引入。社会创新和作为内生模式基础的"沟通理论"（communicative action）具有形式上的相似性，因为在实践中两者都包含了沟通行为以及利益团体之间的博弈和妥协，但是在最终目的层面，社会创新与沟通理论之间存在一定的差异。沟通理论的根基建立在 Habermas 提出的"沟通理性"（communicative rationality）这一概念上，认为人群能在基于纯粹沟通的理想情况下达成共识，并进而产生群体的理性行为。基于这个概念，沟通理论在实践中的应用在于尽力营造这种"理想情况"。相比之下，社会创新的最终目的并不止步于"沟通理性"的形式塑造，而在于达到实质性的"创新"。因此，社会创新理论又同时具有现代化叙事的社会改良态度，这就使得"社会创新"主导下的新内生模式可以更贴合中国乡村发展对政策实用性和创新性的关注以及国家发展的总体战略。

二、社会创新与乡村振兴

（一）社会创新理论简述

Joseph Schumpeter 可能是第一个提出社会创新概念的学者，他认为社会创新主要是一种用来催生新的组织形式以及技术和市场创新的合作性的企业行为，因此社会创新类似于组织创新的概念[7]。Frank Pot 和 Fietje Vaas 在研究经济创新的时候提出，社会创新不仅是组织创新，也是过程和产品创新[8]。虽然这一研究最终没能明确地说明社会创新对组织创新的超越性，但是他们首次在社会创新的核心概念中植入了创新主体的技能和能力的发展以及人在社会网络中的活动这些要素。然而，经济学家对社会创新的定义过分局限于商业组织和外部营商网络的探索，使得社会创新的概念变得短视和狭隘。

William F. Ogburn 是第一个区分技术创新与社会创新的社会学家，并指出社会创新是一种集体性的知识[9]。随后，社会学对社会创新的认知大致分为两派。一派以 Wolfgang Zapf 为代表，基于现代化理论中对社会变革的思考，认为社会创新是有关新的社会组织形式和新的生活管制方式的全社会性创新（societal innovation），是推动社会变革的动力[10]。Zapf 认为社会创新应具有三个特点：（1）新奇性：相关个体的主观感知发生了改变；（2）个体或群体态度的集中性变化；（3）实践方式和效果较之前具有优越性，值得推广和效仿。David Adams 和 Michael Hess 认为凡是为满足社会需求而采用的突破性手段都可以叫社会创新，不一定是组织或者制度性的，并强调应关注和培养创新的能力和条件[11]。Eduardo Pol 和 Simon Ville 也指出了能力和创新机会培育的重要性，并进一步将社会创新泛化为任何可以提升人民生活的创新。然而，这一泛化趋势模糊了这一学派对社会创新的定义[12]。

另一派以 Michael D. Mumford 为起点，认为社会创新的产物不一定是组织形式或者制度，其产物可以是多种多样的。区别于 Zapf 等人的大社会叙事，Mumford 特别强调了社会创新是个体或群体对事物的看法和态度的改变[13]。该学派后主要扎根于规划领域，认为社会创新的本质就是一种过程创新，是社会和权力关系的调整，而创新的过程使得更多的主体可以参与并生产社会变革。在这一过程中，最为重要的创新不是全社会性的，而是聚焦于参与网络的行动主体中的创新。在新的发展想法的生产和落地过程中，各参与主体的实践经验、组织能力、看法态度和知识都得较以前得到提升，而这就是社会创新的内核[14]。

中国乡村振兴中所需的社会创新可以定义为：为全面实现现代化而对乡村基层的关系网络所进行的构建与再构建过程，这一网络及其中的参与者（包括农民及其他参与主体）的态度、行为和感知会随创新过程的发展而不断变化，并最终形成较原先更有效的城乡内外生资源组合方式，带来可见的物质和精神提升。

本章认为规划学派对社会创新的定义对苏州的乡村振兴实践更有指导意义。中国的乡村历史有着深刻的小农村社制烙印，因此无论是新中国成立前的自然村社、1962 年后的生产队还是现在的村民小组，乡村都是以 30 户左右的小社区为协作发展的邻里单位[15]。这一历史路径要求乡村社会创新的落脚点是小社区而非大社会，是村社社会而非经济理性企业，而农村现代化的核心障碍便在于小社区与小农和大社会与大市场的对接之中。

因此，本章将中国乡村振兴中所需的社会创新定位为：为全面实现现代化而对乡村基层的关系网络所进行的构建与再构建过程，这一网络及其中的参与者（包括农民及其他参与主体）的态度、行为和感知会随创新过程的发展而不断变化，并最终形成较原先更有效的城乡内外生资源组合方式，带来可见的物质和精神提升。

（二）社会创新的要素

社会创新的过程一般为三步[16]，反映为一个行动者网络（actor-network）的构建与发展过程：一是问题化（Problematisation）：一般由某外生事件（如建设项目或资金引入）或某内生事件（如村内需要解决某个问题或者需求）作为初动力使得一小群事件参与者的行为和态度发生变化，开始变为行动者；二是利益表达（Expression of interest）：初始行动者的行为和态度变化吸引了其他参与者。若这些变化对潜在行动者有益，则他们会加入网络成为新的行动者并效仿和扩大创新；三是勾勒与协调（Delineation & cooperation）：在网络中，行动者对新行为和态度进行协商和博弈，并逐渐形成共同学习（collective learning）的过程，期间个体行动者的角色和去留状态不断变化。当网络中绝大多数行动者形成并认同新的行动模式时，社会创新成功，并输出组织、经济或技术方面的进步成果。

村振兴中的社会创新实现要点：
(1) 创造刺激初动力产生的机制与环境；
(2) 构建覆盖城乡资源的行动网络；
(3) 支持多尺度的行动网络扩张；
(4) 允许行动者身份职能的灵活变化。

结合新内生发展的要求，本章认为在中国乡村振兴的语境中，这三个步骤可以进一步具象化为以下四个社会创新要点：一是要有刺激初动力产生的机制。由于中国乡村的经济与制度发展相对滞后，所以政府往往需要充当初动力的触发者；二是行动网络的宽度要能覆盖村外与村内两个维度的资源，以扩大乡村主体内"利益表达"的参与范围。许多农民虽然在工作上实现了城镇化，但其文化以及社会根基仍在农村。而村内来自于家庭和集体的弱联系是吸引外出农民，尤其是乡贤回归的重要方式，也是行动者网络构建的抓手；三是要有支持跨村界的网络扩张的政策环境和抓手，以构建多尺度、多领域的"利益表达"的制度和平台。政策方向上需要鼓励村村合作和城乡合作，并对合作进行引导和支持；四是要允许网络中行动者的身份职能不断变化，以满足"勾勒与协调"过程中的灵活性要求。村集体具有社会治理和合作经济两个职能，社会创新往往意味着村集体在物业管理和资产经营投资等领域的功能延伸，因此需要鼓励并允许其身份的变化。

（三）案例介绍：LEADER——欧洲农村经济发展行动关联政策

本章选取欧洲的 LEADER 政策以进一步阐释社会创新导向的新内生发展机制。LEADER 全称为 Liaison Entre Actions de Développement de l'Économie Rurale（农村经济发展行动关联政策），于 1991 年由欧洲委员会（European Commission）牵头设立，旨在促进乡村社区发展政策的制定和实施。政策的根本目的是把当地农民、社会经济组织以及本地资源变为发展的行动主体而非被动的受益者。

欧盟负责 LEADER 项目的主要资金，而这些资金的下拨决策由 LEADER 下辖的 2800 个地方行动小组（Local Action Group/LAG）决定。LAG 是 LEADER 项目的规则执行主体，一般由地方政府、社区代表、相关专家等组成（图 6-1）。以英国为例，英国的 LEADER 资金属于其英格兰乡村发展项目（RDPE）的一部分，其拨款审核和战略制定由设立在英国各地的 LAG 完成[17]。LAG 由当地的政府和社会主体组成，人选一般由环保与自然资源部门以及地方政府共同决定。各 LAG 一年进行 2~4 次全体会议以决定拨款事宜，同时其还需制定地方发展战略以作为拨款的战略指导，引导乡村的发展方向。

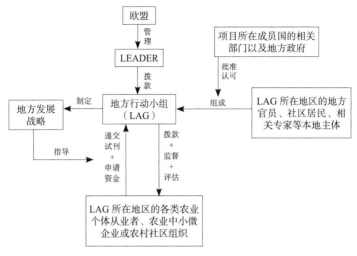

图 6-1 LEADER 执行流程

（图片来源：作者自绘）

LEADER 所资助的项目一般有七大特征[18]：

1. 自下而上：将本地村民作为当地发展最重要的"专家"，积极鼓励其通过村民代表大会等形式进行重要决策。将公众参与嵌入 LAG 的战略制定、执行、评估和审核等多个环节中；

2. 地域导向：LEADER 会将其所在地域作为一个整体来进行发展而不是零散地资助各种项目。LAG 的地域边界不是按照行政边界划分的，其组成主要为具有一定物理同质性、社会和功能的连续性、文化传统的共同性以及归属感的社区，利于内生性地合作激发本地资源。一个 LAG 一般覆盖 1 万 ~ 15 万人口，而目前全部 LAG 已经覆盖了欧盟 61% 的人口[19]。

3. 本地合作伙伴组织：伙伴组织一般包括政府、企业和社区三大主体，是为将村民从被动的资源接受者变为生产创新的行动者而采用的组织决策形式。伙伴组织具有天然的网络性，其结构会不断自我优化和调整以适应地方发展需求。LAG 负责对每个伙伴组织组成方式的审核与调整，以确保没有单一主体可以拥有超过半数的代表权。

4. 多产业融合一体化发展战略：地域导向型发展要求地域内的产业和开发项目需要通过联系和协调以加深其一体化。但一体化的战略不意味着"毕其功于一役"，也不是"摊大饼式"的无重点发展。在满足 LEADER 所提出的七项资助原则的前提下，LAG 需根据每个地域的具体情况进行项目布局。

5. 网络性：LEADER 的核心之一是社会创新的网络性。依托于欧盟多尺度的乡村发展网络体系，如国家乡村网络（National Rural Networks）和欧洲 LEADER 乡村发展协会等，欧盟鼓励各国和各地区之间的 LAG 相互合作，构建超越行政边界的多尺度的 LEADER 网络，实现多尺度的资源组合，丰富创新成果。

6. 创新性：创新主要产生并运用于本地发展问题的解决过程中。每个 LAG 都需关注如何引入新要素和新方法来解决地域发展困境，并且要形成允许灵活尝试和试错的政策环境，以鼓励各个村庄根据自身资源特性和发展需求制定跨产业或多尺度的发展战略。

7. 合作性：合作不仅意味着将各方行动者纳入网络中，而且需要群众、LAG 以及其他主体共同进行项目实践。LEADER 的合作性不但鼓励以本土特色的方法进行生产，也支持外部经验借鉴。

下文以维尔斯卡（Huéscar）为例阐述 LEADER 在实际运行中的社会创新推动效果。维尔斯卡镇（简称维镇）是一个位于西班牙边境的偏远乡村小镇。该镇由于远离区域内的政治和经济中心，所以缺乏就业机会和公共服务。该地主要产业为农业，但是因为气候干旱和土地贫瘠导致农业生产产出困难。全镇收入水平一度仅为全省平均值的 65%。经济落后使得维镇面临严重的空心化，"二战"以后大量青年劳动力流失，留守人口老龄化严重，人口密度仅为 10 人/平方公里，为全省最低[20]。

1985 年在西班牙国家农业部的批准下，维尔斯卡所在地区的畜牧业农民自发组织成立了国家级的牧羊行业协会（NSLA）来保护当地特有的名为 Segureño 的羊种，并帮助牧羊人创收。协会刚成立的 10 年内，协会的主要成员都是维镇附近的一个地区的成员，其工作主要关注技术层面的提升和品牌的推广。1994 年后，协会领导层发生重大变动，出现了一批新的能人领导，主要领导是曾在区域管理机构工作的兽医，因此带来了许多社会资本。协会管理层也从此开始由维镇本地的散户牧民和中小农场主接手。NSLA 首先不断增加牧民数量，扩张内部成员网络。而后于 2003 年成立了负责羊肉商业化和市场营销的合作社 SEMACO，以去除中间商在网络中的价值攫取。合作社的产品为羊肉加工品而非生羊，以提高附加值和产品可追溯性。合作社目前已经发展为具有 110 个伙伴关系和 60000 头羊的大型经济组织。协会通过提供试点农场的方式与农业科研机构合作以减少基因研发和亲子检测等农产品高价值化技术的成本。2013 年，在 LAG 的帮助下，维镇获颁地理标志产品，这一荣誉使得其在 2008 年经济危机下依然可以保障羊肉价格的竞争力。20 年间，NSLA 从只有 40 个牧民和 20000 只羊的小协会扩展至 2018 年拥有 280 名成员和超过 12 万只羊的地理标志行业协会，而 LEADER 项目的推动功不可没。除了各阶段的资金支持和战略指导外，LAG 还不断提供技术与专业支撑，建立了"牧民学校"等帮助牧民的技术知识现代化，实现可持续放牧。

在一系列的行动者网络扩张过程中，NSLA 以及 SEMACO 的成员也从只包含本地牧民的单一群体变为囊括来自当地大学的科学家、经济学家和兽医的多主体伙伴组织，而原有牧民的年轻子女因为父辈商业的成就也逐渐加入网络，成为新的创新主体，更好地发挥了专家团队的力量。

维镇的成功案例充分阐释了社会创新的三个步骤。首先，维镇所在地区成立了行业协会 NSLA，并将本地羊种的保护和利用作为需要解决的问题（即"问题化"）。而后，协会领导层更新使得具有社会资本的能人领袖出现，并成立产业合作社 SEMACO 以去除中间环节成本。同时，LAG 不断应维镇需要进行技术和资本导入，并使得行业协会和合作社的早期成员获利。而盈利行为则不断吸引新的成员加入，使得行动者网络进一步扩张（即"利益表达"）。最终，面对经济危机的挑战，维镇牧民们能依赖地理标志产品的称号和稳固的城乡产品供销网络渡过难关，说明其内部已经通过协商和博弈形成一个较为稳定的创收和分配模式，形成了社会创新成果（即"勾勒与协调"）。

LEADER 政策以及维镇的经验对中国乡村发展具有一定的启示作用，但另一方面鉴于国情，又不能被简单地复制。在创新三步骤中，中国的地方政府需要对具体做法进行适当的调整，以适应本国的现实。中国乡村振兴国家战略的实施赋予了乡村发展以宏观层面上的初动力。由于中国乡村社会经济文化发展上的滞后，地方政府有必要扮演积极的中介主体角色，通过对村庄的赋能行为将初动力由国家传导至乡村，而不是被动地期望和等待村庄自己启动"问题化"的过程。这一传导由于发生于村级的微观尺度，覆盖面广，所以地方政府必须寻找有效的分类模式以选择动力的主要传导对象，即政策在微观层面的切入点。在"利益表达"上，中国乡村的发展需要扭转生产要素单向流入城市的困境，并构建以乡村为中心且覆盖城乡的多尺度行动网络，让乡村振兴中的利益主体及其所组合的资源不再局限于行政村内部。此外，乡村振兴需要摆脱单一外部力量主导的情况，让村民以"协商"的方式参与决策和分配环节，建立利益共享机制，以共同"勾勒"出有效的发展模式，实现社会创新。

三、对苏州的启示

（一）区域视野下的苏州乡村

社会创新要求乡村对外部资源网络和行动者进行更广泛的联系和协调，因此苏州乡村振兴政策也需要在更大的尺度进行思考。上海大都市圈的上海、苏锡常、南通、嘉兴、宁波、舟山和湖州等9个长三角的重要城市在文化上同宗，在产业上相近，在社会发展上趋同，在景观特征上类似，是思考苏州发展的有力尺度抓手。在社会经济层面，根据2020年各市统计年鉴，上海大都市圈内城镇化水平约为73.07%，已接近发达国家水平。同时，农村居民可支配收入达到全国水平的2倍，消费水平是全国的1.9倍[23]。在生态环境上，大都市圈内的乡村地区河网密布，湖、荡、漾等多元水体分割出了多样的水网形态，形成了整体协调且各有特色的水乡景观特征。

苏州乡村在上海大都市圈这一区域尺度上拥有明显发展优势。在经济层面，苏州乡镇地区的规上企业个数占到整个都市圈的近30%，这也使得苏州农民的收入和村集体收入在区域内均属高位[21]。在社会发展方面，目前苏州98%的自然村都具备较为完善的公共服务设施，为都市圈内第一；在道路、污水和垃圾处理等基础设施方面相较于其他城市都具有比较优势[21]。在生态资源上，苏州是江南水乡文化的龙头城市，目前13个联名申遗的水乡古镇中，苏州独占了9席[22]。

然而，苏州乡村在具有整体优势的同时，许多个体村庄仍面临发展问题。苏州农民可支配收入的方差较大，高收入户的可支配收入是低收入户的4.6倍，经营性收入和财产性收入高低差则分别达到了14.5倍和8.1倍[23]。同时，村庄经济因集体经济发展程度或轨迹的不同，存在着"乡乡差距"。由于村庄间自然资源等要素的异质性较高，政府无法对这些高度散落的空间进行整齐划一的规划，而目前的村镇体系规划等在实践层面又颗粒度较大，不能精准刺激和回应村庄的发展需求。因此，本章认为通过政策与财政杠杆，激发村庄的社会创新能力，撬动广泛的地方资源，使村民发挥主观能动性实现可持续的社会经济振兴是较为合适的选择。

（二）赋予创新发展的初始动力：景观特征分类下的乡村多层次创新推动体系

除一些有发达乡镇企业的乡村外，苏州有大量散落的自然村仍面临"三农"要素（土地、资本、人口）的净流出。根据作者在多个镇村的调研，目前苏州乡村振兴的主要抓手仍在识别和打造一些中心村，以重点建设的方式进行大规模的财政投入，也取得了相当的成绩。但重点村建设往往过分注重物质环境的提升，但对深层次的社会创新却难以触及。在调研过程中还发现，由于建设过程主要是自上而下的，农民缺乏主动维护建设成果的动力。此外，十九大报告要求集中连片地建设生态宜居美丽乡村，以综合提升乡村风貌，但目前的重点村建设模式未能充分利用水乡景观天然形成的"村-湖-链"的风貌体系与自然肌理，可能会造成"孤岛式"的村落保护与发展。

　　由于社会资本进入乡建的意愿小、成本高，地方政府往往需要担任乡村振兴初级阶段的投资主体。而财政压力下，政府必然要对乡村进行分类，实现分层次的投资和创新引导。目前，政府指导意见将乡村分为集聚提升、城郊融合、特色保护、拆迁撤并和其他村庄这五类，但这一分类在规划实践中仍需细化。

　　因此，本章建议借鉴英国乡村规划中的景观特征分类手段，作为具体规划分区的主要依据，并据此建立多样化的创新推动体系（图6-2）。景观特征分类是一种综合地质地貌、建成环境、植被等景观要素以识别景观特征并圈画景观特征区域的方法。相关专家会将各类用地和景观要素图层叠加，并进行田野调查以综合识别景观特征及特征区域的价值，评估生态敏感性、景观风貌价值等开发要素，制定乡村空间开发的导则[24]。在此基础上，规划和设计师可以根据这些特征和分区划定如景观保护、生产生活和景观更新等区域，并综合制定景观塑造战略，连片打造错落有序的乡村图景，而不是陷入同质化或"孤岛式"的发展模式。

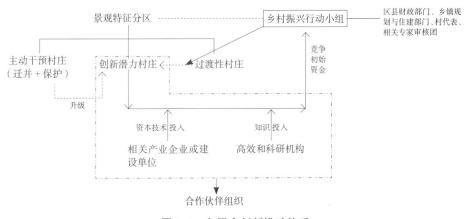

图6-2　多层次创新推动体系

（图片来源：作者自绘）

　　目前，已有学者对苏州市级的乡村景观特征进行了研究，将其按照自然基底、历史文化景观、城市工业景观以及用地模式等元素进行特征分类，将苏州分为13个景观特征区域，包括老城区、泾浜圩田渔业区、湖荡圩田区、湖滨溇港圩田区、湖滨溇港圩田渔业区、泾浜圩田种植园区、湖滨泾浜圩田区、湖滨泾浜圩田种植园区、湖滨丘陵区、沿江沿海泾浜圩田区、沿江沿海泾溇圩田区、沿江标准化圩田区和高地泾浜圩田区[25]。这些景观特征对后期田园景观元素设计、绿色基础设施改造、民居保护和整治等都可以起到引导作用。对于未来总体规划中决定重点打造的片区，苏州可以进一步细分该区域的景观特征以增强实践指导性。

- 基金使用建议采用竞标模式，让每个保留村庄都可以递交项目计划书向行动小组竞标基金。
- 基金应鼓励村村联合，以及与高校、相关企业等外生力量的结合。
- 项目筛选应基于专家组主导的多方参与式评审，着重关注社会创新的要素对建议项目的推动作用。
- 项目结束后政府应组织对项目的评估和公示，并大力推广优秀的创新经验。

在每个景观特征区域内，建议政府保持底线思维，主要筛选出必须拆迁撤并的村庄和急需特色保护的村庄。而在发展维度上，苏州可以考虑采纳欧盟 LEADER 项目的经验，在上级政府层面对每种景观特征区域设立乡村振兴行动小组，发挥类似 LAG 的作用。各行动小组负责协调该区域的规划制定，并成立振兴基金，负责其拨款和审核。

此外，为提高财政资源在乡村振兴中的使用效率以及覆盖广度，研究建议采用英国社区更新政策中常用的资金竞标模式，让每个保留村庄都可以递交项目计划书向行动小组竞标基金。不同于政府指定投资项目的做法，竞标的方式更利于调动村庄及村民在规划和实施阶段的能动性和主人翁意识。村庄作为基层主体比上级政府更清楚微观层面的发展问题，也可以提出更切合实际的解决方法。同时，为加强村民发现问题和解决问题的能力并最大限度地利用现有资源，振兴基金应鼓励村庄与其他村庄、高校以及企业等组成合作伙伴组织，共谋发展计划和项目申请。伙伴组织的广泛成立也可以促使村庄积累社会资本。在此过程中，乡村振兴行动小组可以通过设定项目的性质和条件起到战略调控的效果，从而确保自下而上的开发项目能顺应国家、长三角区域以及都市圈的发展大方向。同时行动小组也要协调各类项目，避免不必要的重复。

"景观分区＋资金竞标"的模式回应了社会创新导向型乡村新内生发展的需求。第一，政府资金的投入解决了社会资本在乡村振兴初期的惯性失灵，提供了形成社会创新生态的外生初动力。第二，景观特征分区和资金竞标的结合使得地方政府可以在新的空间尺度上实施乡村振兴与治理策略。第三，国际实践表明，村庄能人群体的社会资本丰度与能力对振兴往往可以起到关键作用。引入竞标模式在本质上是对村庄领导力、组织性和社会资本的筛选，也是对乡贤返乡与能人治村的鼓励。在赋予所有村落均等发展机会的基础上，这一政策可以在短期内提高财政支持的精准性和效率性，而长远上可以促进都市区空间发展的均衡性。第四，景观分区给个村发展以及村村联合提供了一定空间指导并打破了行政村边界限制，使得乡村风貌既具有独到性又具有连贯性，在保护生态以及文化肌理的同时，也呼应了苏州对田园乡村和小镇开发中的特色打造要求。

　　这一模式最终旨在形成一个由景观特征分区－主动干预村庄－创新潜力村庄－过渡性村庄组成的多层次的网络体系。景观特征分区是空间发展的指导与抓手；经过行动小组的竞标审核，有自然或人文资源的潜力性村庄是投资的主要目标；主动干预村庄主要是特色保护和拆迁撤并类村庄，而前者也可以为创新潜力村庄，但需要更严格的规划审查和指导；剩余村庄为过渡性村庄，一般为空心化严重、无明显资源优势且村集体领导力较弱的村庄，未来随着新型城镇化的自动推进而逐渐退出。对村庄的分类可以与村镇体系规划同步定期更新，而过渡性村庄也可以通过竞标升级为潜力型村庄，以建立灵活且平等的多层次创新推动体系。

　　在每个项目结束以后，政府需组织针对实施项目的客观评估并公示各创新潜力村的资金使用情况，这样可以对资金的使用质量起到监督作用，对村庄和村干部产生激励效应，以及为创新村庄提供一个推广自身品牌的平台。从政策制定者的角度来看，评估可以协助相关机构（比如乡村振兴行动小组）积累经验，在未来的资金分配和使用上做到扬长避短，提高政策的总体效益。此外，政府可以将成功的创新案例总结成册，一方面利于将来对外推广苏州经验，另一方面也能够促进村庄之间以及景观特征区之间互相学习。一些在初期未获得资助的村庄可以从其他创新村庄的经验中获得启示，从而增加其未来获得资助的机会，最终达到共同提升、共同富裕的目标。有必要指出，景观特征分类下的乡村多层次创新策略在国内仍处于探索阶段，可参考案例有限，因此建议先试点、后推广，并在未来实践与反思总结的互动中逐步走向成熟。

（三）构建村村互盟，城乡联动的多尺度水乡综合体网络

　　上述"景观分区＋资金竞标"的模式主要是在保证政府资源有效利用的前提下，发挥和激活行动者网络中自下而上的发展力量。除此之外，社会创新导向的乡村振兴还需要增强网络的扩张性，以纳入和组合更多的资源，而这就需要进一步引入自上而下的政府力量。而传统自上而下的乡村发展模式，也可以通过改良和创新，使其获得更强的生命力。

　　目前，乡村振兴实践中较为成熟的资源组合抓手是田园综合体，主要靠地方引入龙头企业等市场主体进行农业基地、农旅基地和农销基地等多种基地的融合，通过土地整理的方式自上而下地划定综合规划区以带动地方经济，呈现相对独立于当地乡村社区的发展。根据相关研究[21, 26-27]和调查走访，本章认为传统综合体的发展常面临三个问题：①农民对综合体发展及收益分配的参与度不够；②城市主体对综合体发展的参与碎片化，未形成体系化的产业链；③综合体不具有网络性，其资源利用

范围因此局限于村域或乡镇内。

本章因此提出水乡综合体网络的概念。水乡综合体鼓励打破行政边界，实现村村、城乡和城际的多尺度与多维度网络发展（图6-3）。综合体先由政府组织规划进行资金牵头，而后鼓励相关村庄（尤其创新潜力型村庄）构建囊括专家、村民代表、相关企业等的合作伙伴组织，以伙伴组织为主体进行打造。伙伴组织可以加强农民对乡村建设与分配的参与度，并加强城乡资源联系。不同水乡综合体可以坐落于不同的景观特征区域以分布打造不同的特色和主题，构建差异化的在地发展网络。水乡综合体的功能延续传统田园综合体的"六次产业"融合战略，将农作物生产、加工、展销和旅游相结合，但在农作物及旅游的选取上更注重地域特色，通过村村联盟进行细分。

水 乡综合体鼓励打破行政边界，实现村村、城乡和城际的多尺度与多维度网络发展。此外，综合体还可以培育一批可以代表"苏州标准"的产业，并随着模式的成熟，在更广阔的都市圈尺度进行网络化扩张。

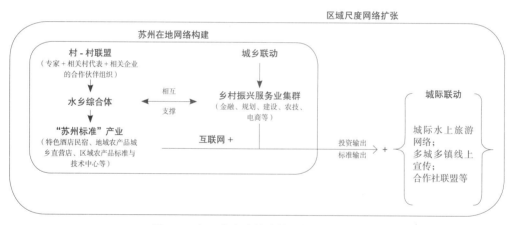

图6-3 多尺度水乡综合体网络工作机制

(来源：作者自绘)

此外，水乡综合体的功能还在于培育一批可在水乡文化带中构建"苏州标准"的产业。随着申遗活动的展开，江南水乡文化带已经逐步成型，但其仍缺乏代表性的区域品牌和网络[28]。以农产品为例，水乡带的农产品种类趋同但是又缺乏标准，高端绿色产品市场内的产品质量参差不齐。同时许多高附加值的特色农产品均为果蔬类产品，这一类农作物的质量非常依赖本地农民的经验知识，但是这些知识又过于碎片化，没有体系性地继承因而也无法进行创新和扩散。2020年在一体化发展的大背景下，长三角成立了"长三角绿色农产品生产加工供应联盟"，但这一联盟主要以安徽主导且着重于"以量取胜"的生猪和蔬菜等，缺乏对高附加值的江南地域特色农产品的关注。因此，在水乡综合体发展中可以打造区域绿色农产品标准与技术中心，发起江南地区特色农产品种植技术的学习与传承项目，组织专家与农民总结和完善和摸索技术体系，以加速特色农业现代化。类似的"苏州标准"还可以包括特色酒店民宿品牌、地域农产品城乡直营店、农业旅游开发与管理品牌等。

为弥补传统综合体建设中面临的城市资本、知识等资源的空缺，本章建议苏州在建设一批水乡综合体进行试点的同时，可以同步鼓励与乡村振兴相关的服务行业的产业化，在市内或城乡接合部培养针对乡村振兴的服务业集群，作为城乡互动的中介。集群需集合金融、商务、规划、建设、农技等乡村振兴相关的业务，并同时与城市的商业与服务网络保持密切的联系，形成与水乡综合体共同发展联动支撑模式，探索资源组合机制上的社会创新。

除了覆盖苏州城乡网络的在地化产业融合与集群打造，随着模式的成熟化，水乡综合体需要在大都市圈等区域尺度进行网络化扩张。通过将各类标准中心设立在苏州，苏州本地的机构或组织（包括村庄）可以输出"苏州标准"以增加对区域性网络的掌控力，从而在更大的空间尺度上获得创新收益的支配权。苏州标准的输出主要依托相关品牌在区域内其他城市的投资和所设立的分支机构，以及通过成立各类行业和产品协会来进行标准输出。例如，江南水网密集，但又不尽相同。可以依据水网体系合作开发城际水上旅游，在游线上布局由苏州本地综合体内培育出的品牌企业。目前苏州已经制定了环古城的水陆慢行系统，因此城际水上旅游应是未来较为可行的网络构建的推动抓手。类似的网络拓展项目还可以包括线上多城多镇联合宣传、构建农业合作社联盟等。除了物理上的网络扩张，互联网的发展也使得乡村可以直接与城市消费者建立网络。苏州阳澄湖镇的消泾村的村民从2008年左右开始从事线上大闸蟹交易，目前已经形成了成熟的养殖基地-个体农户-电商企业的分工体系[29]。不同主体，各自发挥创新能动性和规模经济，形成创新链：基地负责螃蟹品质技术创新和规模养殖，散户也从事养殖，企业负责开拓市场，组织散户，统一销售。该村目前已是江苏省电子商务示范村。

在水乡综合体网络的打造中，村民及其他社会主体在本地尺度进行社会创新，整合资源创造新型农业经营模式和"苏州标准"，而后由本地及其他资本再将这些创新成果进行进一步网络化，以实现扩张。社会创新因此被嵌入了乡村-城市-区域的多重维度和尺度网络中，构成了广泛的共同演化学习环境。

（四）村集体社会创新机制塑造

村集体既是社会自治单位又是经济组织，而这一双重性内涵就要求村内社会创新机制的构建需要同时激活村民组织能力以及集体经济活力，以满足社会创新在资源交互和重组上的需求。根据作者在 6 个行政村的走访，本章认为目前村民组织能力构建上主要面临两个挑战：第一，村干部与村庄生活生产的直接联系减少。村干部目前主要负责国家资源下乡的保障和执行，因此更多地履行政府在基层的代理人的角色，而其作为自治组织带头人的职责不够明确。第二，随着外出农民及子女在社会文化上的城市化加深，除了回乡过年外基本和村庄的联系非常微弱，使得这一群体所携带的城市资源和关系网络无法被显化在村内。

> **村**集体既是社会自治单位又是经济组织，需要同时激活村民组织能力以及集体经济活力，以满足社会创新在资源交互和重组上的需求。建议加强村民小组长制度，通过社交媒体构建"利益共同体"，鼓励村集体更灵活地转换身份。

对此，本章认为可首先通过加强村民小组长制度来增强村委会和村民的联系。村民小组长原为 1962 年公社改革后的生产队长，一般管理 10～30 户人口，而这一规模正是自然村社的规模，也是中国乡土社会以血缘、地缘和业缘为纽带的天然社会经济单位。根据走访，目前苏州的小组长多为老人，部分为中年人，极少为年轻人，但近年回村就业并担任小组长的年轻人有增多的趋势。本章建议苏州可以将村民组长也适当纳入补贴对象以提升村民组长的吸引力，并建立组内村民评价＋村委干部评价的双层评价体系，依据工作成绩进行分层次的补贴激励。此外，乡镇一级可以考虑对村民组长的能力和知识进行培训，村民组长是村民和村集体及合作伙伴组织的沟通渠道，也是产业融合的乡村发展项目的经营管理的配合者，是社会创新的"润滑剂"。目前，从调研情况看，苏州大部分村民组长在能力上难以匹配这些任务。

此外，村委还可以通过社交媒体来有效构建与村内外农民沟通创新桥梁。西安建筑科技大学段德罡团队在陕西延川县的"共同缔造"项目中，通过建立微信群构建起了包括常住村民、村干部以及离乡打工和进城定居的村民在内的"利益共同体"。通过不懈的沟通让村民和干部畅所欲言，将历史遗留问题和矛盾在公开的社交媒体平台进行实质性讨论，并以渐进式的、可见的环境改善来重新凝聚民心，从根本上激活村庄的社会活力，实现乡村振兴的共同缔造和全民参与[30]。虽然社交媒体在扩大社会网络的广度方面具有明显优势，但也必须认识到其局限性，比如部分村民尤其年长者对社交媒体的接受程度不高以及使用不熟练，从而造成参与机会的不均等。

此外在线的交流无法像面对面的方式一样有效，难以传达更多隐性的信息，因此通过社交网络所形成的新型社会关系往往难以达到传统社会人际关系的深度与持久性。在这种情况下，一方面村委会或村民小组长有必要对使用社交媒体有困难的村民提供必要的指导和帮助，另一方面，也需要考虑将社交媒体与传统的面对面交流方式的有效结合，比如村庄可以组织一些具有当地特色的活动，通过社交媒体网络发布信息、邀请外地居住的村民回乡参与活动，增加面对面交流的机会，在加深各方了解与互信的基础上，还可以以乡村活动的话题为出发点更深入地探讨乡村振兴策略。

在增强经济活力层面，目前苏州在乡村生产和服务领域的经营主体主要以集体经济组织下的专业合作社为主。虽然2017年《民法总则》规定村集体经济组织为特别法人，但从走访来看苏州村集体在融资和投资上仍面临产权不明晰、制度不健全等障碍，而且村集体资产经营能力普遍有待提升[31]。尽管同年修订的《农民专业合作社法》明确规定合作社可依法向公司等企业主体投资，但合作社对外投资面临内部合作制和外部股份制不协调的矛盾，主要表现为成员权基础导致的社内财产处置的不稳定性和基于出资及资本原则的公司财产的稳定性诉求之间的矛盾，以及社内不均等出资的现实和要求均等权力的决策制度之间的矛盾[32]。

因此，本章建议鼓励村集体灵活变换身份职能以促进社会创新形成。以上海金山区朱泾镇待泾村为例，面对村内土地抛荒等问题，朱泾镇抓住乡村旅游的风口和自身已有的花卉资源推动了"花海小镇"的建设。金山区委和相关部门首先为位于待泾村的多宗点状（非连片）集体经营建设性用地办理了上海首批点状用地的不动产权证书以满足后续公共设施的均匀布局需求。而后朱泾镇和待泾村的经济合作社对土地价值进行了评估，将这些用地的使用权以"作价入股"的方式，与第三方公司共同注资成立新的建设公司，使得镇村两级合作社分别持股约12%和36%。待泾村民将获得来自新公司的分红费、流转费，并可以参与乡村旅游的运营以获取额外收益，朱泾还通过设立保底分红机制等以保障农民收益。在这一案例中，金山区和朱泾镇为待泾村集体向资产管理与投资公司的职能转型提供了有力的制度支持，使得村民的主要收入来源从生产性收入迅速转移到了财产性收入，完成了村庄的产业融合与转型。

国家乡村振兴战略的提出使得苏州未来的农业农村现代化需要从要素驱动的外生发展逐步转为创新驱动的新内生发展。苏州碎片化的乡村社会-空间使得乡村振兴的实施主体不能局限于政府，而是要激发村民和其他社会主体的创新能力，共同探索具有本地性的现代化道路。本章因此引入了社会创新理论，并总结了其三个主要步骤以及在中国乡村语境下的四个实现要点。

在此基础上，文章提出了构建"景观特征+资金竞标"基础上的多层次创新推动体系、打造水乡综合体网络以及优化村集体社会创新机制这三个社会创新导向的乡村振兴策略。"景观特征 + 资金竞标"机制主要针对自下而上的发展需求，鼓励村庄与其他主体构建合作伙伴组织以培养社会创新能力。近期通过筛选内生资源和能力强的村庄予以相应政策支持以培育创新机制，远期则通过评估、总结、交流等方式扩大创新的影响范围，达到苏州乡村共同发展的目标。水乡综合体网络则更依赖自上而下的布局安排，通过"六次产业"融合、打造"苏州标准"、催生乡村振兴服务业集群和多尺度的网络扩张来吸纳和整合更多外生要素。两个策略相互结合可以加强上下资源和需求的衔接，并整合多个尺度与领域的资源。两个策略实施中所建设的基础设施、积累的社会资本、项目经验和专业知识也可以交互利用以产生社会创新。此外，苏州可以鼓励村集体利用小组长和社交媒体等加强村民组织能力构建，并允许村集体灵活变换其社会经济身份以释放集体经济活力。这些村集体内社会创新机制的加强可以作为其他两大策略的润滑剂，优化其在村级尺度的实施效果。

参考文献：

[1] Woods，M. Rural [M]. Routledge，2011.

[2] 张丙宣，任哲. 创新驱动内生发展的乡村振兴路径 [J]. 南通大学学报（社会科学版），2020，361（1）：89-96.

[3] Gkartzios，M. and Lowe，P. Revisiting Neo-Endogenous Rural Development，in：Scott，M.，Gallent，N. and Gkartzios，M.（Eds）The Routledge Companion to Rural Planning [M]. Routledge：New York. 2019.

[4] Cejudo，E.，& Navarro，F. Neoendogenous Development in European Rural Areas. Springer International Publishing，2020.

[5] Lowe，P.，J. Murdoch and N. Ward. 'Networks in rural development：beyond exogenous and endogenous models'，pp. 87-106 in J.D. Van der Ploeg and G. Van Dijk eds，Beyond modernization：the impact of endogenous rural development，Van Gorcum，1995.

[6] Ward et al. Universities，the knowledge economy and 'neoendogenous' rural development [R]. Newcastle：Centre for Rural Economy，Newcastle University，2005.

[7] Schumpeter J.，Backhaus U. The Theory of Economic Development. In：Backhaus J.（Eds）Joseph Alois Schumpeter. The European Heritage in Economics and the Social Sciences，vol 1. Springer，Boston，MA，2003（original 1934）.

[8] Pot，F. and F. Vaas. Social innovation，the new challenge for Europe [J]. International

Journal of Productivity and Performance Management，2020，（6）：468-473.

[9] Ogburn，W. On culture and social change [M]. Chicago，IL：University of Chicago Press，1964.

[10] Zapf，W. Über soziale innovationen [J]. Soziale Welt 1989，（1-2）：170-183.

[11] Adams，D. & Hess，M. Social Innovation and why it has policy significance [OL]. Economic and Labour Relations Review. http://impactstrategist.com/wp-content/uploads/2015/12/Social-innovation-and-why-it-has-policy-significance.pdf（Accessed Oct.25 2020）

[12] Pol，E. and S. Ville. Social innovation：buzz word or enduring term? The Journal of Socio-Economics 2009，38（6）：878-885.

[13] Mumford，M.D. Social innovation. Ten cases from Benjamin Franklin [J]. Creative Research Journal，2002，14（2）：253-266.

[14] Neumeier，S. Why do social innovations in rural development matter and should they be considered more seriously in rural development research?-Proposal for a stronger focus on social innovations in rural development research [J]. Sociologia ruralis，2012（1）：48-69.

[15] 温铁军 ."三农"问题与制度变迁 [M]. 北京：中国经济出版社，2009.

[16] Neumeier，S. Social innovation in rural development：identifying the key factors of success [J]. The geographical journal，2017，183（1）：34-46.

[17] Anderson，K. What you need to know about the LEADER programme. [OL.] https://www.cla.org.uk/sites/default/files/PDF%20Documents/Eastern/What%20you%20need%20to%20know%20about%20the%20LEADER%20programme.pdf（Accessed：Nov. 16 2020）

[18] LEADER Toolkit-Implementating LAGs and Local Strategies [OL]. https://enrd.ec.europa.eu/sites/enrd/files/leader-clld-implementing-lags-strategies_en.pdf （Accessed：Oct.25 2020）

[19] European Network for Rural Development [OL]. https://enrd.ec.europa.eu/leader-clld_en （Accessed：Nov. 16 2020）

[20] Labianca，M. et al. Social Innovation，Territorial Capital and LEADER Experiences in Andalusia（Spain）and in Molise（Italy）. In Neoendogenous Development in European Rural Areas [M]. Springer，Cham，2020.

[21] 张立，等 . 上海大都市圈空间协同规划 - 乡村振兴专题研究 [R]. 2019

[22] 江苏省人民政府 ."江南水乡古镇"申遗项目苏州占 9 席 [OL].

http://www.jiangsu.gov.cn/art/2015/2/2/art_33718_2450268.html（Accessed 22 Nov. 2020）

[23] 苏州市统计局 . 苏州统计年鉴—2020[M]. 北京：中国统计出版社，2020.

[24] Swanwick, C. Landscape Character Assessment：Guidance for England and Scotland [R]. The Countryside Agency.

[25] 谢雨婷，Christian Nolf. 长三角大都市地区文化景观特征评估与空间策略研究 . 中国园林（已收录）

[26] 路文超 . 乡村振兴战略下田园综合体三产融合发展现状及问题分析 [J]. 全国流通经济，2019，（36）：99-100.

[27] 罗振军，于丽红，陈军民 . 我国田园综合体 PPP 融资模式的运行机制、存在问题及改善策略 [J]. 西南金融，2020，（7）：38-46.

[28] 杨大蓉 . 乡村振兴战略视野下苏州区域公共品牌重构策略研究——以苏州为例 [J]. 中国农业资源与区划，2019，40（3）：203-209.

[29] 周静 . 电子商务对苏州消泾村发展的影响及规划思考 [J]. 城市规划，2018，42（9）：106-113+130.

[30] 段德罡 . 让乡村成为社会稳定的大后方——应对 2020 新型冠状病毒肺炎突发事件笔谈会 [J]. 城市规划，2020.

[31] 王珏，马贤磊，石晓平 . 农村集体资产股份合作社发展过程中政府的角色分析——基于苏州与佛山的案例比较 [J]. 农业经济问题，2020，（3）：62-70.

[32] 任大鹏，肖荣荣 . 农民专业合作社对外投资的法律问题 [J]. 中国农村观察，2020，（5）：11-23.

扫码看图

7 健康的未来苏州：营造支持健康生活方式的城市环境

林琳，邹元屹，罗鹏阳，林思屹

由于中国机动车出行的增加和快速的城市扩张，缺乏运动以及具有相关健康风险的人口比例也在相应增加。本章回顾了国外三个城市健康城市建设的经验，从宏观发展策略、细致全面的公共空间设计导则、具体规划建设非机动和公共交通一体化系统等方面为苏州健康城市的发展提供思路及方法。

关键词：健康城市；步行；自行车出行；交通网络一体化；体力活动

改革开放以来，中国城市及中国城市居民经历了各方面翻天覆地的变化。中国的城镇化率已经由改革开放初期的 20% 左右上升到 2020 年的 63.89%（七普）[1]。同时全国城市建成区面积也急剧扩张，从 1990 年的 12253 平方公里迅速扩大到 2010 年的 40534 平方公里，增长了 131%[2]。随着经济的发展、城市居民收入的增加，中国已成为世界最大的私家汽车市场，私家车保有量的增速也位居全球首位[3]。截至 2017 年底，全国汽车保有量已经突破 2 亿辆，其中私家车千人拥有率从 20 世纪 80 年代的不到 0.7 辆增加到 2017 年约 140 辆，增长了 200 倍[1]。中国城市居民的出行方式从以前的骑自行车（40% 到 60% 的城市居民靠骑自行车出行）发展到现在的主要靠机动车出行（公共交通或私家车），道路交通事故数量以及交通事故致死人数也随之攀升[3-4]。伴随而来的是中国居民体力活动水平的逐年下降[1, 5]。一项针对 11 个城市 9 ~ 17 岁儿童和青少年的研究表明，只有 22.6% 的男孩和 11.3% 的女孩达到了每天至少进行 60 分钟中高强度体育活动的建议运动量[1]。中国城市的成年人也出现了类似的趋势，1991—2011 年，成年人的工作和家庭体育活动水平下降了近一半，且与所处城市的城市化程度呈负相关的关系[1]。同时，脂肪和动物性食物等高热量产品的摄入量则持续增加[6]。

随着城市化的加剧，居民生活方式的转变，中国城市居民的健康开始面临新的问题。慢性病逐渐代替了传染性疾病成为公民健康的最大杀手[7]。2018 年，中国已经有 2.7 亿成年人患有高血压，糖尿病患者也达到了 9240 万人；成年人慢性病患病率已达 23%，死亡数已占总死亡人数的 86%[2]。2013 年，中国有 34% 的 20～69 岁的成年人体重超标；预计到 2019 年，肥胖和超重患者总数将达到 9000 万，位居世界第一，其中还包括 1200 万重度肥胖者 [8, 9]。作为全球第五大死亡风险的疾病，肥胖和超重对人身体健康的影响是巨大的 [10]。2015 年，全球因肥胖导致的直接死亡人数超过 400 万 [11]。此外，研究表明，肥胖和超重可能会导致许多其他更危险的慢性疾病，如以冠心病为代表的心血管疾病、高血压和第二型糖尿病等 [11]。因此，拥有最多肥胖人口的中国在这方面尤其需要更具成效、更有针对性的宏观调控措施，比如推行健康城市规划。

2019 年，苏州城镇化率达到了 77%，私家车保有量 419.3 万辆，位居全国城市第 4[12]。慢性病是苏州近几年正在面临的一大难题，在一项全市前十位疾病死因及比重的统计调查中发现，以心脑血管疾病为典型的慢性病占据了超过半壁江山 [12]。就肥胖问题而言，尽管没有确切的全市范围的数据，但是 2014 年姑苏区开展的一项慢性病研究表明，该地区受访者的肥胖率超过了 35%[13]。此章节通过回顾国际和国内城市规划和营造健康城市的实践，结合苏州现有的健康城市的政策和相关项目，提出针对健康苏州营造支持健康生活方式的城市环境的一些具体建议。

一、健康生活和营造健康城市已成为国际趋势和热点

世界卫生组织（World Health Organization，WHO）为成年人设定的体育锻炼的最低推荐标准为一周 150min 的中等强度有氧运动，或 75min 的中等强度的有氧运动，或等效的中等强度和剧烈运动的组合 [15]。但是，世界范围内有高达 31% 的人口没有达到 WHO 推荐的最低标准，全球因为缺乏运动造成的患病率为 17%，而中国的比例为 14.1%[10]。中国疾病控制预防中心的一项调查发现，83.8% 的居民日常没有进行任何体力活动 [16]。有学者提出，目前世界各地城市的土地使用和交通政策存在诸多缺陷，对城市居民的健康产生了许多负面影响，主要表现在道路交通伤害、空气污染和缺乏体育锻炼等。比如道路交通碰撞每年导致数百万人死亡或致残；城市空气污染，主要与机动车有关，每年导致数十万人死亡，并导致全球气候变化；缺乏体力活动造成的流行病通过对多种非传染性疾病的影响，导致数百万人死亡 [14]。

越来越多的国家和国际组织已经意识到城市规划和城市管理会在很大程度上影响一个城市的宜居性，并最终影响居民的健康和幸福生活。国际上权威的公共健康学者一致认为不良的城市规划尤其是交通规划和城市设计是造成许多严重的全球性健康问题如超重、肥胖的最根本的原因 [4, 14]，并一直积极倡导通过更有效的城市土

地利用和更加科学的交通政策来指导城市的设计，从而提高公共健康水平和城市环境的可持续性。

纵观历史，城市规划和公共健康之间一直有着很深的渊源。英国作为现代城市规划的兴起地和工业革命的发源地，最初于 1848 年颁布的《公共卫生法案》就是出于对工业革命背景下早期城市内过于拥挤、基础设施和相关配套匮乏的居民身心健康的考虑 [17]。但是在之后的城市大规模扩张中，发展生产力成了城市建设的第一要务，公共健康在很长一段时间内没有受到规划部门的足够重视 [17, 18]。加上现代医学的兴起和发展导致越来越多从前致死率极高的疾病可以被治愈，人们理所当然地将公共健康和现代医学紧密联系在了一起。不过到了近现代，高度城市化背景下人类健康的形势仍然日益严峻，其中尤以慢性病最为突出。研究发现，造成这些慢性病的很大影响因素是人们所处的建成环境和生活方式，而这两点也恰恰是城市规划所关注和影响的 [17]。这也让越来越多的国家、国际组织和学者们开始重新认识到城市规划、城市设计对于新形势下公共健康的重要性。以探讨建成环境与公共健康为主要内容的相关研究也应运而生。WHO 就把"健康城市规划"作为欧洲健康城市项目第四阶段（2003—2007 年）和第五阶段（2009—2013 年）的核心主题之一 [18]；名为"健康生活研究"（Active Living Research，ALR）的非政府组织也在民间资本的支持下成立并致力于通过与政府、私营部门的合作，将自己的研究经验应用于城市建设之中 [14]；健康影响评估（Health Impact Assessment，HIA）的理念和实践也在许多城市的规划和设计中得到了落实，比较著名的例子是美国亚特兰大公园链项目 [19]。

尽管各个城市的现状不尽相同，但是目前可以达成的一个共识是：城市交通规划和城市设计尤其是建成环境的设计是影响公共健康的关键所在。在规划的编制层面，许多学者认为城市应积极追求紧凑和混合使用的土地使用，鼓励交通模式从私人机动车转向步行、骑自行车和公共交通。《柳叶刀》的"城市设计、交通和健康"专题的一篇文章就从区域规划和城市设计两个角度出发，概括出了 8 个方面的城市和交通规划设计的干预指标，包括：目的地可达性、就业岗位分布、个人需求管理、设计（审美和使用层面兼顾）、密度、与公共交通工具的距离、多样性、吸引力 [4]。在规划的实施层面，有人提出国际间跨政府、跨组织的行动和伙伴关系非常重要 [20]。政府的所有部门都需要进行交叉卫生和交叉健康责任管理，以整合不同政策领域的行动，如交通与卫生、城乡发展与居民健康、环境与卫生、金融与卫生等 [21]。对于决策者，所有政策都应从更广泛的卫生、健康和环境的视角来考虑 [22]。就苏州而言，从基础设施层面来讲，苏州已经完成了市域范围内密集的公路网体系覆盖、相对完善的非机动车道建设以及数量可观的健身步道铺设，轨道交通也在稳步推进。完善的各级基础设施为市民非机动化出行和公共交通出行创造了先决条件。但是，在进一步提倡和完善非机动化出行和公共交通系统建设的同时，做到非机动交通和公共交通的整合和衔接，实现交通一体化仍是苏州未来五到十年需要努力的方向。换句话说，健康城市层面的交通规划不仅要注重"量"的积累，也要强调"质"的提升。细节决定成败，整合和完善现有的各类健康交通资源和扩大增量建设同样重要。对广大市民来说，"质""量"并举的健康交通规划也是从"有得选"到"愿意选"的飞跃。

二、国际健康城市规划和建设的案例

越来越多的城市管理者认识到，城市规划和城市管理会在很大程度上影响城市的宜居性，并最终影响到居民的健康和幸福生活，因此世界上越来越多的城市开始将健康纳入城市规划和交通建设目标，并在交通规划中优先考虑步行和自行车交通。下文对加拿大温哥华、美国纽约以及荷兰乌特勒支三个城市的健康城市建设经验进行回顾总结，从宏观的发展策略、细致全面的公共空间设计导则、具体的规划建设非机动和公共交通一体化等方面为苏州健康城市规划提供思路及方法。

（一）加拿大温哥华的健康城市规划

坐落于北美洲北部的加拿大与健康城市有着不解之缘。"健康城市"的理念就是在加拿大多伦多召开的国际会议上被首次提出的；而世界卫生组织举办的第一届健康促进国际会议则是在渥太华举办的，该会议通过了以健康促进为主题的《渥太华宪章》，以期建立完善定义和规划健康城市的理论指导体系。图 7-1 列出世界卫生组织的健康城市概念中的 11 个主要目标 [23]。

温哥华（Vancouver）是其中典型的代表城市。温哥华坐落于太平洋沿岸，是加拿大第三大城市，不列颠哥伦比亚省的最大城市，加拿大的主要港口城市和经济中，以及加拿大西部的政治、文化、旅游和交通中心。温哥华都市区总人口约 240 万，人口稠密度位于北美的第四位。作为本次健康城市研究的重点案例，温哥华连续多年被联合国人居署评价为全球最宜居的城市之一 [24]。温哥华健康城市的发展策略及相关经验，以及未来健康城市发展框架可为苏州制定健康城市战略提供可实施性的参考。

加拿大的健康城市战略开始于 2014 年，此战略为 3 个加拿大主要城市（温哥华、多伦多和蒙特利尔）范围的可持续发展战略规划之一，目标是"通过强有力的、全面的框架，打造健康的居住环境和社区" [25]。温哥华市政府和温哥华海岸卫生局通过

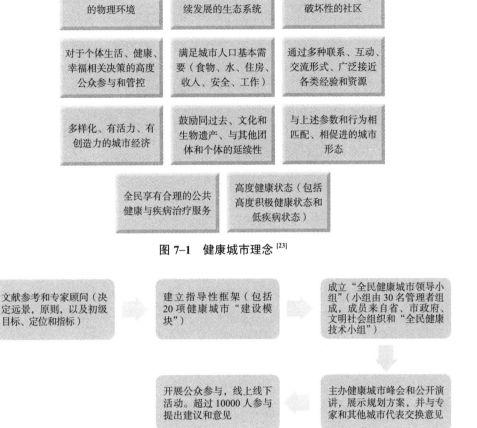

图 7-1 健康城市理念 [23]

图 7-2 温哥华健康城市战略的制定方法 [25]

两年时间的合作，完成了整个规划流程，温哥华城市委员会通过了"全民健康城市：健康城市战略 2014—2025——第一阶段"的项目，主要规划手段参见图 7-2。

发展策略由专家及政府负责人共同研究制定，在听取利益相关人意见并综合社会各界诉求的基础上，最终由市议会确认通过。发展策略在世界卫生组织制定的健康城市目标下，又增加了适用于本城市的发展目标、项目和评价指标（表 7-1）。

根据以上介绍，温哥华的健康城市发展策略可以为苏州提供实用的参照和可借鉴的模型。在发展策略中，作为合乎逻辑的核心组件的三个"基础模块"，包括健康环境、健康社区、健康居民，可以直接被运用到苏州和其他城市。然而对于具体问题的评价和确定，还需要建立在对城市的具体分析和对利益相关者咨询的基础上。在参与式规划的实践中，温哥华的方法可以为苏州提供很好的参考，弥补当前中国参与式规划的不足。

温哥华发展目标、项目和评价指标[25]　　　表 7-1

	目标（2025）	评价指标
优秀的起点	儿童拥有最好的享受童年生活的机会	
	85% 的儿童在幼儿园入学时的发育状况达到入学要求	（1）入学前准备 （2）贫困儿童 （3）符合资质的有质量、可负担、易获取的儿童保护发育
每个人的家	可供居民选择的经济适用房	
	（1）到 2025 年消除无家可归人口 （2）到 2021 年新建 2900 套辅助性住房，5000 套社会住房以及 5000 套保障性出租房	（1）每户每月在住房上的花费少于月收入的 30% （2）有庇护和无庇护的无家可归人员 （3）新辅助性、社会性、安全租赁和第二套租赁住房单元
保障安全饮食	健康的、合理的、可持续的食品体系	
	到 2020 年，将城市范围及社区的食品资产至少比 2010 年提高 50%	（1）食品资产 （2）社区食品网络 （3）加拿大国家营养食品篮子工程的健康成本
人口健康服务	温哥华居民享有平等的获得高质量社会、社区和健康服务的条件	
	（1）所有温哥华居民与家庭医生联网 （2）居民在需要时可以获取的健康服务的百分比在 2014 年的基础上提高 25%	（1）与家庭医生和主要医保供应商的联网 （2）"社区枢纽"（图书馆、社区中心、邻居住房）的近便性 （3）需要时可获取的服务
减少分化和幸福工作	居民有足够的收入满足日常基本需求，同时有很多健康的工作机会	
	（1）减少 75% 的城市贫困率 （2）每年中位数收入增长至少达到 3%	（1）低收入个体 （2）中位数收入 （3）收入分布 （4）贫困工作人口 （5）生活工资 （6）工作质量
安全感和融入感	温哥华是一座安全的城市，居民感到获得保障	
	（1）提高居民归属感 （2）提高居民安全感 （3）通过每年减少暴力和贫困犯罪以及性侵犯和家庭暴力使温哥华成为加拿大最安全的主要城市	（1）归属感 （2）安全感 （3）犯罪报告率

　　另外，温哥华对于健康城市"广义"概念的理解很有新意。健康城市策略作为温哥华三项重要专项规划之一，是指导城市层面的其他策略和实施措施的主要方针，其中的大多数目标和指标是建立在现行的规划方案和技术上的，这对于规划项目的顺利开展及成本效率的把控至关重要。除此之外，每个具体的目标和实施方案都具有清晰的角色定位和权责分配，并给立法流程和实施步骤设定清晰的时间节点，同

时力求避免在立法和规划上急功近利的做法，比如温哥华为发展策略预定了两年的缓冲期，并将计划分解为不同的执行阶段。

温哥华在城市规划方面为苏州提供了有益的经验借鉴。其经验表明，健康城市发展策略是跨越多领域的，包含了建筑、建成环境、教育、卫生医疗以及污染等。对于评价城市健康指数的指标，不能盲目崇尚在排名表上的位置，最重要的是看哪些指标与城市发展的目标相吻合，由此获得最大的健康效益。世界卫生组织框架给出了 53 个建议目标，这些指标分为三大类：健康、健康服务、环境问题（与空间规划和社会经济相关）。这些指标有详细的指导建议和衡量标准，同时需要灵活地与城市上位规划和目标相契合。另外，健康城市发展策略可以为城市的发展提供远景目标，协调并融合其他城市规划方案。温哥华健康城市的成功离不开几个关键点，包括对主要挑战的判断和认识、充足的投资、基于现有政策的调整和融合、相关政府部门和合作伙伴的合理调配以及城市领导者的支持度和领导力。

除了在区域战略上的探索，温哥华在城市细节设计方面，结合了自然观、公共性和社区感，同样有较多可以借鉴的方法[26]。在温哥华市中心，密集的矩形道路格网所造就的小街区模式可以加强城市的渗透性，促进步行和骑行的便利度[27]。另外，小街区也带来更多的公共临街面，促进街道上的行人活动和交流，吸引行人出行以及停留，活化了公共空间。城市中心的街道里还保留了原有建筑的外貌，增加吸引力。温哥华政府制定了市中心"临街零售策略"，结合人行、自行车道空间与临街商业，创造出了有活力的街道公共空间，极大地增加了街道的吸引力，加强了市民非机动出行的意愿。此外，温哥华同样重视交通系统其他方面的建设，比如为方便行人出行，避免在全市范围内建设封闭的过境高速公路，同时着力完善行人和自行车道系统。通过市内多条景观步行道，居民可以便捷地到达海边和森林[28]。

> **健**康城市发展策略需跨越多领域，可以包含建筑、建成环境、教育、卫生医疗以及污染等；并根据城市发展的目标制定评价城市健康指数的指标。

（二）纽约市健康城市的案例

纽约市（New York City，简称 NYC）是美国第一大城市，经济发达，被称为世界金融中心。纽约处于美国东北部的哈德森河口，整体面积 1214 平方公里，其中 789 平方公里为陆地，城区土地面积狭小，人口密度高（10630 人 / 平方公里），也导致纽约出现了一系列的城市问题，例如交通拥堵、市民生活方式向高热量饮食和低体力活动方向转变，进而导致高肥胖率和高慢性病发病率。为应对城市发展带来的对居民健康的负面影响，纽约市提出了《公共健康空间设计导则》，从城市规划的角度制定健康城市空间政策，促进市民日常体力活动[29]。另外，纽约市的"ONE NYC 2050"是一项新提出的战略，以应对气候危机，并建设强大而且公平民主的城市，其中健康生活是一个关键主题[30]。本节将从这两个城市战略出发，研究纽约市健康城市建设对苏州的借鉴和启发意义。

首先，纽约市的城市和建筑设计策略值得学习，《公共健康空间设计导则》提出了针对不同空间要素的150余条设计策略，在城市设计方面，内容包含促进和推广混合土地使用、推广公共交通及与公共交通发展相适应的停车场设计、促进室外活动的公园等开放空间设计、鼓励儿童开展运动的公共游乐场设计、促进市民日常步行和户外活动的公共广场设计、促进步行的高连通性的街道设计、鼓励步行和骑行的非机动出行系统设计、鼓励步行的人行道设计、鼓励以街道为公共活动中心的设计、鼓励骑行通勤和游憩的城市交通系统规划设计、促进骑行的城市自行车道设计、辅助骑行的停车设施和道路标示设计。对于室内设计，《导则》也提出了相关的设计理念，包括鼓励以楼梯替代电梯作为日常室内交通的主要方式、增强楼梯方位的可见性设计、通过标准化的楼梯设计降低阶梯使用的困难、设计具有高吸引力的楼梯使用环境、通过宣传活动鼓励楼梯的使用、以辅助残障人士为目的的扶梯和客梯设计、通过合理的室内空间设计鼓励使用者在工作间歇进行更加频繁的室内步行活动、通过设计使建筑内部步行环境更具吸引力、建筑内部的健身活动空间及相应配套设施设计、促进健身的室内外健身活动空间连接设计。简言之，《导则》采用了4类方式干预健康空间的规划和设计：促进主动出行（active travel）和使用公共交通的设计；促进体力活动的建筑设计；促进体力活动的健身娱乐设计；促进健康

公共空间设计导则明确城市规划和公共健康的结合，从城市规划的角度制定健康城市空间政策，促进市民日常体力活动，具体政策包括促进步行的高连通性的街道设计、鼓励步行和骑行的非机动出行系统设计、鼓励以街道为公共活动中心的城市设计等。

饮食的可达性设计[29]。《导则》鼓励城市规划和设计师利用已有的基础设施，将"健康促进"与更新改造、保障性住房提供、学校与医疗设施建设、公共空间市民化及城市自然环境要素等需求灵活地结合在一起。

其次，《导则》鼓励城市规划和公共健康领域间跨学科的合作[29]。比如鼓励公共健康研究以建成空间环境干预策略方向为重点，而建成环境设计方案中所采用的策略需要尽可能有据可依；提出"设计下的积极生活"及"积极生活研究"双策略，促进两门学科的融合与交流，以研究成果

支持可操作的空间设计理论；通过跨部门、跨行业的协作，促进导则的制定、实施和推广，以卫生局和建筑师协会为主要研究部门，市长办公室为协调方，成立工作小组，组织学术研究机构、非政府组织和相关人员进行交流讨论，总结设计策略的证据和实践反馈。

"ONE NYC 2050"这项战略也推出了不同措施促进健康城市建设，包括健康平等的生活和高效出行。"健康平等生活"章节中着重介绍了有关健康生活方面的举措，其目标是确保所有纽约人享有高质量、可支付和易获得的医疗保健。此外，"战略"还设计了一个为健康和幸福创造条件的物理环境方案并提倡从根本上解决居民日常生活中的不平等问题，保障卫生保健，促进健康的生活方式和健康的身体环境，从而减少与健康相关的不平等问题。"战略"还提出，目前并不是所有纽约居民都拥有健康的生活环境，根据《纽约市社区健康概况》，地理位置相近的社区之间的健康结果可能会有显著差异。此外，并非所有社区都能平等获得负担得起的营养食品或安全且维护良好的住房和公共场所。苏州同样存在类似的问题，比如部分社区基础设施陈旧，不利于邻里交流的建筑环境可能会影响居民的运动量，甚至影响邻居关系的质量。"战略"最后提出，需要加大对于保障性住房的投资，保证最基本的居住条件。在低收入社区中，提供足够的服务设施，例如公园、运动器械等，鼓励居民户外运动。

在高效出行方面，尽管纽约已经具备了发达的公共交通网络，但由于人口数量多、通勤时间相近、交通拥堵等问题，导致公共交通准点率下降；同时，网约车的出现（FHV）致使大量的乘客放弃地铁和公共汽车，从而进一步加剧了交通拥堵。为此，纽约市加大了公共交通的投资，并降低公交收费，提高公共交通容量，增加运行速度，在高峰期提升公共交通的优先级。

（三）荷兰乌特勒支健康城市规划研究

乌特勒支（Utrecht）将自行车出行作为"健康的城市生活"政策的重要部分。乌特勒支是荷兰第四大城市，有近 2000 年的历史，城市保留了旧城区原有的城市结构。另外，乌特勒支也是荷兰知名的水都，拥有古老的运河系统。乌特勒支现有居民 67 万余人，拥有荷兰最大的大学 [31]。在过去的 100 年间，乌特勒支经历了飞速的城市建设与发展，城市面积迅速扩张，导致原有自然环境面积的缩减。乌特勒支在历史悠久性、水乡格局以及城镇化进程方面都跟苏州有很大的相似性。

乌特勒支在 1955 年便出现了交通拥堵的情况，之后政府及民众便开始注重交通规划以提高出行效率，同时健康城市的规划也日益得到关注。当地的政府部门及民众一致认同自行车的重要性，因为它具有清洁、安静、环保的特点，同时能把公共空间还给使用者。骑行者年龄 8 ~ 80 岁不等，在交通功能之外，骑行还可以提供社会交往的机会。根据统计，2019 年每天在乌特勒支市内骑行的人数已经达到 125000，为服务日益增多的自行车使用者，乌特勒支在过去的四年间里花费了约 1.9 亿欧元用于骑行基础设施建设[31]。乌特勒支被 CNN 报道为世界上最适合骑行的城市[33]。

1985 年　　　　　　　　　　　　　　2019 年

图 7-3　乌特勒支历史城市结构 [32]

乌特勒支市政府提出的《自行车行动计划（2015—2020）》设定了以下目标：更好地服务骑行者；使骑行在乌特勒支更有趣味性；在特定人群中增加自行车使用率；鼓励骑行经济。在上述目标的基础上，《计划》涵盖了以下 6 个专题：自行车停车及加强措施；自行车基础设施及路线；交通信号灯及交通流线；便道建设；自行车经济；

重 视全市范围的自行车交通规划，并与公共交通系统整合一体化。

自行车安全性及相关行为。其中，比较有特色的例子是乌特勒支中央车站周围的自行车设施建设（图 7-4）。车站周边一共有 22000 个公共自行车停放点；此外，周围的企业还为其员工提供了 11000 个额外的停放点，这正是骑车到火车站变得越来越流行的原因。

在规划建设大型自行车停放点的实践中，乌特勒支提出了创建公共空间并在自行车和其他公共交通间建立良好衔接的目标：自行车停放点 24 小时开放，前 24 小时免费；通过电动入口系统快速便捷地进入停放点；通过内部引导系统指引进出口方向；轻松到达火车或公交枢纽；与国家铁路公司共同承担费用。通过上述措施，乌特勒支市内自行车出行的便利性大大增加，从而使更多市民加入骑行的行列。在这里，骑行成为一种生活方式，无论是去餐厅吃饭、在咖啡厅休息还是到公共厕所，骑行

图7-4　乌特勒支中央车站 [34]

的人都能找到相关的自行车停放或租借的设施。在城市中心的主要道路上，新型电子信息系统可以即时公布可用停车位的信息，包括位置和数量。另外，自行车的使用在引领健康生活的同时，也推动了当地经济的发展。例如，在老城区推广使用电动货运自行车，立法规定开发商必须在大楼内建造足够的自行车停车设施，推动并部分资助创新型初创企业，自行车推广活动等。乌特勒支还将自行车与文化活动结合，举办单车咨询日，向人们传授自行车相关的知识，加强市民的骑行技巧等。对于绿色出行意识的培养从孩子抓起，设立儿童交通考试，鼓励孩子骑行而不是乘坐私家车。

三、中国对健康生活和健康城市的呼吁和倡导

中国于2016年10月发布了《"健康中国2030"规划纲要》，明确提出了"健康优先"的发展理念。2019年，中国又提出关于实施健康中国行动的意见，进一步细化落实《"健康中国2030"规划纲要》，同时对普及健康生活、优化健康服务、建设健康环境等做了重要部署。

全国范围内，从中央到地方各城市已开始采取行动应对城市健康的挑战，比如控制环境污染、改善城市环境宜居性、评选全国模范卫生城市、加强疾病预防和控制、推进全民健康覆盖以及推广测试城市健康管理的新方法等等。具体落地措施包括将$PM_{2.5}$纳入国家环境空气质量标准，转移污染严重的能源密集型产业，北京等城市率

先实行公共场所控烟条例，上海率先实施慢性疾病的自我管理项目，四川泸州的全民免费体检项目等[1]。

有效应对中国城市面临的健康挑战不能仅靠卫生部门传统的教育宣传方式[4, 14, 18]。研究人员已经开始意识到，要解决经济增长和城市化带来的日益严重的健康问题，需要一种基于伦理和政治层面考虑的提高人口健康水平的方法，充分认识健康挑战的内在复杂性，采用创新的方法将科学证据转化为政策[1]。系统的健康城市方法是战胜挑战的最优策略。得益于良好的政治和经济环境以及配套技术的进步，以及当今中国城市规划正在经历从注重"量"的增量规划到更关心"人"的存量规划转型，很多学者认为现在正是中国发展健康城市的最佳时机[19]。将公共健康的理念融入城市规划和城市设计是今后中国规划的大势所趋，无论是国家层面的区域规划，还是各个城市的总体规划，传统的规划体系可能将面临一次巨大的变革[1, 18–20]。

（一）苏州的发展概况

苏州为推动卫生与健康的信息化，引入了"互联网＋"的技术，以促进多元化的传播方式，同时还形成了由权威媒体、权威专家组成的多元化健康传播矩阵。"苏州健康"官方微信公众号影响力位列全市政务类前三。截至2019年，苏州已经建立了2个网上健康教育园、健康教育讲座网络预约系统；建成覆盖城乡的"10分钟体育健身圈"、70余个健康教育园、65个健康主题公园以及2500公里的健身步道。苏州健康城市建设工作的一大亮点是坚持"以人为本"的工作重心，比如针对妇女儿童健康，开展了"六免三关怀"母婴阳光工程，在公共场所设置母乳哺育室；针对流动人口健康，实施了流动人口健康促进行动；针对老年人健康，开展了65岁以上老年人免费接种肺炎疫苗、老年人免费健康体检及健康养老服务等[35]。

苏州在2001年成为中国首个向世界卫生组织申报健康城市建设项目的城市，并参与制定了第一批健康城市的标准[36]。同年苏州市将"开展健康城市建设"列入苏州市第九次党代会报告中，使其成为一项重要的市级决策。自2003年起，苏州市委成立了"苏州市建设健康城市领导小组"，由市政府主要领导任组长，市政府副秘书长任办公室主任，成立健康服务、健康环境、健康社会、健康人群、宣传教育、督查等专业委员会，统筹协调推进健康城市建设全局工作。相应地，《关于加快健康城市建设的决定》《"健康苏州2030"规划纲要》《关于落实健康优先发展战略加快推动卫生计生事业发展的若干意见》等政策文件也相继发布。其中，《"健康苏州2030"规划纲要》是引领未来中长期健康苏州建设的行动纲领，该规划纲要以"共建共享、全民健康"为主题，突出"大健康"的发展理念，即把以治病为中心转变为以人民健康为中心，建立健全健康教育体系，提升全民健康素养，推动全民健身和全民健康深度融合。总体框架可以用"65107"来概括，全文分为六章、五大重点领域、十项主要行动任务、七大保障措施。重点集中在全民健康素养提升行动、全民健身行动、健康产业创新升级行动等方面[37]。

以全民健身行动为例，该纲要提出打造"10分钟体育休闲生活圈"，到2020年，全市经常参加体育锻炼人口比例达到40%以上，2030年达到45%以上。全市将进一步提升城乡一体化"10分钟体育健身圈"的内涵，重点打造体育健康特色小镇、城市体育服务综合体。推进健身步道、骑行道、全民健身中心、体育公园、社区运动场地建设，完善公园绿地体育健身设施配套。推行公共体育设施免费或低收费开放，确保公共体育场地设施和符合开放条件的企事业单位体育场地设施向社会开放。同时，政府将实施青少年体育活动促进计划，基本实现青少年熟练掌握2项以上体育运动技能。实行工间健身制度，鼓励和支持工作场所建设适当的健身活动场地。最后，苏州市将建设体质测定与运动健身指导综合服务平台，开发应用国民体质健康监测大数据，广泛开展国民体质测试，建立和完善运动处方库，开展运动风险评估，目标是使全市城乡居民体质合格率达到95%以上。但是苏州的健康城市发展中还没有明确城市规划、交通网络和公共健康领域的联系与合作，多部门间合作机制仍有进一步完善的空间。

对于卫生健康、社会保障、生态环保、人居环境、公共安全等健康城市内涵工作，苏州市均做了安排，更加注重预防性措施，并将健康内容融入所有政策，把健身步道、公共场所母乳哺育室、65岁以上老年人肺炎疫苗接种、慢病社区防治点建设等都列入政府工作计划[34]。健康苏州"531"行动计划是指："531"行动倍增计划的核心内容是以统筹解决健康问题为策略，夯实一个基层平台（市民综合健康管理服务平台），推广三大适宜技术（专病健康教育、专项健身运动、专方中医药服务）和形成五大干预策略（建立区域慢病防治指导中心、完善早期识别及健康管理机制、制定健康问题防治指南、推进专科专病医联体建设和加强社区进修学院建设）。实际上，"531"的重点是方法论，围绕主要的健康问题，从治病、防病、监管、参与等多维度采取干预措施。重点内容包括健康市民"531"行动计划、健康市民倍增"531"行动计划、健康城市"531"行动计划、健康卫士"531"行动计划、健康场所"531"行动计划[37]。该健康行动取得了一定的健康促进作用，但是该计划对非机动出行所具有的体育锻炼的作用、其环境友好性以及对健康生活的正面促进作用的还待加强，在建设健身步道和骑行道时没有进一步考虑其和现有的居民区街道的有效衔接，所以整体性层面仍有完善空间。

四、对于未来苏州健康城市规划的几点建议

（一）从宏观上明确营造健康城市需要多部门联手合作

首先在宏观层面，营造健康城市除了公共健康卫生、疾病控制中心部门的参与外，还需要土地城市规划、交通、市政园林绿化等相关部门的联手合作。从上述苏州建设健康城市的实践来看，在政策制定以及政策宣传方面，苏州市政府出台了诸如《"健康苏州2030"规划纲要》在内的一系列措施，并且在市域范围内进行了广泛的宣传，这一点无疑是值得肯定的。但是也不难看出，从具体落实的层面来讲，苏州市的很多政策是针对既有市民健康问题所做出的补救性措施，真正落到实处的预防性举措很多仍然停留在纸面阶段。而这些"防患于未然"的对策和措施恰恰是前文所提到的"健康城市规划"所强调的。换句话说，如果能从城市规划阶段就对以交通基础设施为代表的城市建成环境进行干预和规范化设计，减少私家车为代表的机动车出行的频率，对于城市居民有效预防各类疾病尤其是慢性病的发生将大有裨益。

健康城市规划不到位、不切重点这些问题在全国范围内存在。随着国家发布的《"健康中国2030"规划纲要》明确提出"健康优先"的发展理念，国内城市开始将健康作为规划目标之一。然而，国内普遍缺乏健康城市规划的经验，城市规划与公共健康研究也处于分离状态，从而导致现有规划与设计难以达到促进健康的要求。目前主要存在的问题是城市设计策略缺乏对于公共卫生研究的参照，公共健康的研究人员难以获得城市规划和设计者对建成环境影响研究的反馈；同时政府部门和相关研究单位的协同合作仍处于起步阶段，合作经验较为欠缺，合作模式和成果转化仍待完善，没有形成全社会支持健康城市发展的体系，普通市民的生活方式未有实质性转变。针对这些问题，可以从前文提到的纽约市的《公共健康空间设计导则》找到一些解决思路和借鉴：比如更加高效、便捷、多样化的公共交通资源应该在城市规划或者城市更新阶段就得到强调和重视；加强公共交通投资、减少乘客费用、提高公共交通容量是最简单却有效的健康城市规划途径。

（二）完善非机动化出行和公共交通一体化

从微观层面看待健康城市规划，城市健身步道、自行车骑行道的设计不仅需要追求"量"的突破，还要追求"质"的提升。之前提到苏州市的健身步道总长已经达到了2500公里，从数量上来说是值得肯定的。但是，很多现有的健身步道以及骑行道在设计时没有充分考虑与周围的建筑和建成环境相适应，尤其是未能与居住区

相融合。部分健身步道和骑行道的利用率低于预期，利用这类步道来达到增加体力活动、减少机动化出行的作用有待增强。此外，一些健身步道被简单地当作"量"的指标，缺乏"质"的趣味性、多样性。

在这一点上，大力鼓励骑行的乌特勒支的案例可以提供一些启发。健康城市建设需要整体改变以汽车为主的道路交通环境，从细节入手，让骑行成为最方便的出行方式，将健康的出行模式融入人们的生活中。之所以乌特勒支可以成为最适合骑行的城市，是因为该市制定了非常详细的计划和执行方法，全面考虑路线和停车位规划，完善骑行所需的基础设施，提升骑行的舒适感及方便度，让骑行成为最方便快捷的出行方式，市民也就自然没理由拒绝了。另外，乌特勒支把健康城市的规划与城市经济和文化等结合在一起，有效提升了城市的活力，塑造了"单车王国""最适宜骑行城市"等城市品牌。这些举措让健康成为一种新的时尚，引导市民从内心深处认识健康出行的重要性，激发市民的主观能动性，因此在大大提升市民体力活动的时间。对苏州而言，伴随着轨道交通不断建成通车，苏州的公共交通资源将得到巨大的提升，之前广为诟病的轨道交通1、2号线运力不足等问题将得到有效的缓解。完善非机动化出行和公共交通一体化，并构建四通八达的公共交通网络对促进苏州健康城市规划的开展无疑是一大利好。上述目标以及方法可用于自行车的推广以及鼓励其他绿色出行方式的使用，包括步行和乘坐公共交通工具。具体的非机动化出行和公共交通一体化的措施可以包括完善公交站点周围的骑行和步行的环境，例如修建单独的自行车道并提供安全方便的自行车停放点，安装对行人友好的红绿灯，修建连贯、安全、舒适的人行道等等。总之，建设健康城市的关键就在于制定有效的策略，让健康出行可以轻而易举地融入市民的日常生活，培养市民健康出行的主观能动性，而不是浮于表面甚至停留在口号层面。

针对居民区的层面，苏州可以融合成都天府新区的"公园城市"理念[38]以及参照同年住建部公布的《城市居住区规划设计标准》[39]中制定的15分钟生活圈的标准建设非机动出行交通网。《城市居住区规划设计标准》中制定的15分钟生活圈为营造日常步行出行的支持性环境提供了公共基础设施的空间分布指导，包括公园绿地以及商业服务设施等。因此，可以结合"公园城市"理念和15分钟生活圈中公园绿地的指标进行居民区建设和改造，并在非机动化出行交通网建设中充分考虑公园绿地到居民区的可达性。

参考文献：

[1] 中华人民共和国统计局 . 中国统计年鉴—2018[M]. 北京：中国统计出版社，2018.

[2] Yang J，Siri J G，Remais J V，et al. The Tsinghua-Lancet Commission on Healthy Cities in China：unlocking the power of cities for a healthy China [J]. The Lancet，2018，391（10135）：2140-2184.

[3] 杨昆，时燕，罗毅，等 . 经济快速发展背景下中国民用汽车拥有量变化的时空特征 [J]. 地理科学，2019，39（4）：654-662.

[4] Giles-Corti B，Vernez-Moudon A，Reis R，et al. City planning and population health：a global challenge [J]. The lancet，2016，388（10062）：2912-2924.

[5] Gong P，Liang S，Carlton E J，et al. Urbanisation and health in China [J]. The Lancet，2012，379（9818）：843-852.

[6] Popkin B M. Will China's nutrition transition overwhelm its health care system and slow economic growth? [J]. Health Affairs，2008，27（4）：1064-1076.

[7] Yang G，Kong L，Zhao W，et al. Emergence of chronic non-communicable diseases in China [J]. The Lancet，2008，372（9650）：1697-1705.

[8] Alfonzo M，Guo Z，Lin L，et al. Walking，obesity and urban design in Chinese neighborhoods[J]. Preventive medicine，2014，69：S79-S85.

[9] 顾景范 .《中国居民营养与慢性病状况报告（2015）》解读 [J]. 营养学报，2016，38（6）：525-529.

[10] Kohl 3rd H W，Craig C L，Lambert E V，et al. The pandemic of physical inactivity：global action for public health [J]. The lancet，2012，380（9838）：294-305.

[11] Guthold R，Stevens G A，Riley L M，et al. Worldwide trends in insufficient physical activity from 2001 to 2016：a pooled analysis of 358 population-based surveys with 1·9 million participants[J]. The Lancet Global Health，2018，6（10）：e1077-e1086.

[12] 苏州市统计局 . 苏州统计年鉴—2020[M]. 北京：中国统计出版社，2020.

[13] 高瑜璋，孔芳芳，周正嘉，等 . 苏州市姑苏区居民慢性病相关行为现况调查 [J]. 江苏预防医学，2014，25（4）：23-25.

[14] Sallis J F，Bull F，Burdett R，et al. Use of science to guide city planning policy and practice：how to achieve healthy and sustainable future cities[J]. The lancet，2016，388（10062）：2936-2947.

[15] WHO.Physical Activity and Adults[R/OL]. [2020-01-03]. https://www.who.int/

dietphysicalactivity/factsheet_adults/en/

[16] China CDC. 2010. The Report of 2007 Behavioral Risk Factors Surveillance of PRC. [R/OL]. [2020-01-03]. http://www.chinacdc.cn/zxdt/201109/t20110906_52141.htm

[17] Thomas H. Town and Country Planning in the UK 15th edition and Planning in the UK. An Introduction [J]. 2015.

[18] 李志明，张艺．城市规划与公共健康：历史，理论与实践 [J].规划师，2015，31（6）：5-11.

[19] 李煜，王岳颐．城市设计中健康影响评估（HIA）方法的应用——以亚特兰大公园链为例 [J].城市设计，2016（6）：80-87.

[20] Goenka S，Andersen L B. Urban design and transport to promote healthy lives [J]. The Lancet，2016，388（10062）：2851-2853.

[21] Summerskill W，Wang H H，Horton R. Healthy cities：key to a healthy future in China [J]. Lancet（London，England），2018，391（10135）：2086-2087.

[22] Sarkar C，Webster C，Gallacher J. Healthy cities：public health through urban planning [M]. Edward Elgar Publishing，2014.

[23] WHO.Healthy Cities[R/OL]. [2019-08-20]. https://www.who.int/healthpromotion/healthy-cities/en/.

[24] 刘涛．城市宜居性指标体系对比分析研究 [D].北京林业大学，2011.

[25] 王洪春．健康城市蓝皮书：中国健康城市建设研究报告 [M].北京：社会科学文献出版社，2016：22-103.

[26] 傅一程．温哥华宜居城市大小观（一）[J].城市规划通讯，2018，（20）：20.

[27] 傅一程．温哥华宜居城市大小观（三）[J].城市规划通讯，2018，（22）：30.

[28] 王淑芬，韩怀清．宜居城市温哥华的城市特色探寻 [J].四川建筑，2011（1）：47-49.

[29] 李煜，朱文一．纽约城市公共健康空间设计导则及其对北京的启示 [J].世界建筑，2013，（9）：130-133.

[30] The City of New York. OneNYC 2050 BUILDING A STRONG AND FAIR CITY[R]. [2019-08-20]. http://1w3f31pzvdm485dou3dppkcq.wpengine.netdna-cdn.com/wp-content/uploads/2019/11/OneNYC-2050-Full-Report-11.7.pdf.

[31] Rietbergen，M. Utrecht，Bike Capital of the World [J]. 2018.

[32] Google Map. Map of Utrecht [Z/OL]. [2019-08-20].

https://www.google.com/maps/place/%E8%8D%B7%E5%85%B0%E4%B9%8C%E5%BE%B7%E5%8B%92%E6%94%AF/@52.0972796，5.0399182，24648m/data=!3m1!1e3!4m5

!3m4!1s0x47c66f4339d32d37：0xd6c8fc4c19af4ae9!8m2!3d52.0907374!4d5.1214201.

[33] Walker，Peter. 2018. "8 Great Cycling Cities around the World | CNN Travel." CNN，
April 3，2018. https://edition.cnn.com/travel/article/best-cycling-cities/index.html.

[34] Benthem Crouwel Architects. Utrecht Central Station[R/OL]. [2019-8-20].
https://www.archdaily.com/801731/utrecht-central-station-benthem-crouwel-architects/.

[35] 谭伟良，卜秋，刘俊宾 . "主动健康"促进健康苏州建设新实践 [J]. 健康教育与健康
促进，14（1）: 10-13.

[36] 陈霄，何志辉，刘文华 . 健康城市的概念、现状与挑战 [J]. 华南预防医学，2019，
45（1）: 85-90.

[37] 苏州市发展和改革委员会 . "健康苏州 2030"规划纲要 [R/OL]. [2019-8-20].
https://wenku.baidu.com/view/c6d55d031fb91a37f111f18583d049649a660e57.html.

[38] 新华网 . "人城境业"和谐统一，成都破题"公园城市"[2018-12-09].
http://www.xinhuanet.com/2018/12/09/c_1123827389.htm.

[39] 中华人民共和国住房和城乡建设部 . 城市居住区规划设计标准 . [2018-12-01].
http://www.mohurd.gov.cn/wjfb/201811/t20181130_238590.html.

扫码看图

8 旅游业助力未来苏州的城市更新：基于联合国推荐的三种战略

克里斯蒂安·诺尔夫，王怡雯，刘梦川，宋柏毅，毕然

本章关注苏州古城区旅游业发展的空间维度。在回顾中国和苏州城市文化旅游的演变、影响和最新趋势的基础上，结合联合国世界旅游组织的最新指南，总结促进旅游业与城市更新协调发展的三种互补策略：①打造复合且多样化的景点；②激励可替代性／非大众型旅游路线的开发；③根据时间段，发展多样化旅游产品。本章重点关注城市规划和设计策略，特别探讨如何在苏州古城的特定形态和文化背景下部署时空交错的旅游形式，并使当地社区受益。本研究发现，与具有排他性的简单化城市品牌营销做法相反，多样化的旅游产品可以增加苏州古城的独特韵味，同时也有助于提高城市的宜居性。这项研究还说明在中国以遗产为导向的更新项目中，城市设计有潜力作为可替代型发展模式的实施工具。

关键词：旅游规划；可替代性旅游／非大众型旅游；城市更新；城市保护；城市规划与设计

以城市遗产为导向的文化旅游业在中国的兴起对历史文化名城的发展产生了重大影响。无可否认，历史文化名城旅游业在提供有利于城市更新的经济机会的同时，其规模的扩张也对当地居民的生活质量构成了直接威胁。苏州是这种悖论的代表性城市。尽管旅游业已成为苏州古城区发展的主要动力，但由于部分景区出现商业化倾向，旅游产品同质化的问题也有出现，将可能减弱城市竞争力和生活宜居性。

苏州当前面临的挑战并非前所未有，国际研究中有诸多国外城市的相似案例可以为苏州提供借鉴。为此，本章以联合国世界旅游组织（UNWTO）最近发布的可持续旅游业管理指南为框架，探讨如何在苏州古城区将旅游业的发展和城市更新的目

致谢：该研究得到了苏州科技发展规划项目（软科学研究项目，SR201821），西交利物浦大学夏季本科研究基金计划（XJTLU，SURF 2018—07）和江苏省科学与技术计划（BK20151244，研究项目主持人 Christian Nolf 博士）的支持。

标整合为一体。本章特别关注如何在苏州古城区部署可替代性的、时空交错的旅游形式，同时如何促进城市更新并造福当地社区。

本章共分为三个部分。第一部分介绍旅游业的发展背景以及在全球和中国的范围内旅游对历史文化名城的影响。这一部分着重描述新兴的旅游模式对拓展未来旅游业的潜力，并介绍如何在联合国世界旅游组织"可持续旅游管理国际准则"的框架下将这些旅游行为规范化和正式化。

第二部分分析苏州古城旅游业的最新发展，并阐明其与城市规划、城市保护议程的联系。在进行政策分析总结和对旅游业案例和近期趋势定量分析的基础上，补充性地分析居民和游客对旅游业影响古城区吸引力和宜居性的主观认知。

> 当游客数量的增长超过一定幅度时，会导致'过度旅游'现象的发生，从而对该地区的宜居性产生长期的负面的影响。

第三部分将 UNWTO 的指南作为框架，依托苏州古城区的特定形态和文化背景，部署三种互补的、可替代性的、非大众型的旅游发展战略。

文章最后总结如何设计多样化的旅游产品以突出苏州历史文化名城的独特身份，促进苏州的城市更新。本章还提倡在以遗产为主导的更新项目中，把城市设计作为探索和调解工具。

一、旅游业对历史文化名城的影响

（一）中国国内旅游市场的兴起

全球旅游业的增长很大程度上归功于中国国内旅游业的兴起。在新兴中产阶级购买力日益增强、新的高铁交通网络逐步完善以及国家促进国内旅游业发展政策的推动下，2000—2019 年期间，中国国内旅游人数的规模增加了 8.1 倍，达到 60.06 亿人次。在经济影响方面，相关支出增加约 15 倍，2019 产生的总收入达到 6.63 万亿元[1]。

（二）旅游和以"文化"为主导的更新

中国国内旅游业的发展与历史名城城市中心的重新定位有关。城市由于具有高密度和高集中度的景点和旅游活动，在传统旅游项目上占据了旅游目的地的很大份额[2]。

然而，中国历史文化名城的"旅游化"是一种新现象，与城市保护和更新计划紧密相关。其第一阶段以 20 世纪 80 年代至 90 年代盛行的拆迁重建（又称为"旧城更新"）为特征；第二阶段是商业场所营销的模式，比如上海新天地和中国许多其

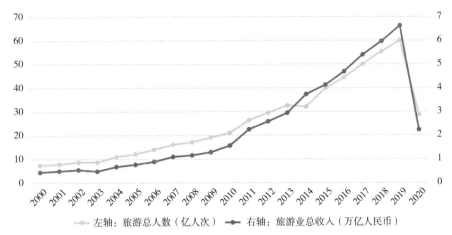

图8-1 从游客人次和旅游业总收入看中国旅游业的演变
（资料来源于中国国家统计局[1]）

他案例；在 2000—2010 年后期出现第三阶段的特征，重点是以遗产主导更新，在中国通常也被称为"以文化为主导"的城市更新[3]。

谢和、Heath[4] 认为，联合国教科文组织倡导的"原真性"概念的影响力在日益增强，这说明近年来中国的遗产保护方式在不断变化。经过多年的拆除和重建，保护原则的新范式已经转变为"修旧

在 历史悠久的城市中心，有形和无形的遗产资源的存在，使古城中心成为文化旅游和文化主导更新项目的沃土。

如旧"。"原真性"不仅要求维护城市形态、物质性或功能用途的基本质量，而且需要重视非物质特质，例如，城市的艺术、文化、历史、生活方式和无形资源。正如许多欧洲的案例表明[5]，有形和无形的遗产资源在历史城区的存在使其成为文化旅游的沃土，而以文化为主导的更新是实现经济增长的有力策略。

（三）旅游业的负面影响

不可否认，历史文化名城旅游业发展在为城市保护和城市更新提供大量机会的同时[6, 7]，也会对城市造成威胁。当旅游规模超过一定容量并被判定为"大众旅游"时，游客人数的增长会导致"过度旅游"现象发生[8]，并对当地的宜居性产生持久的负面影响。过度旅游是一种全球性现象，其负面影响包括：对自然资源的滥用以及对城市基础设施和服务产生压力，例如，交通拥堵，以及专门针对游客的旅馆、设施或零售店的过度扩散。此外，旅游业的营销策略可能会影响当地生活和文化的多样性及原真性[9]。

中国近期的文献系统地总结描述了旅游业在城市经济发展中的作用，但也指出旅游业对交通拥堵、浪费和噪声的直接作用，以及对住房价格和城市服务的间接影响[10]。此外，一些针对古城区的案例研究揭示了旅游业发展如何影响宜居性、遗产和传统文化的原真性，并导致本地人口的流失[11, 12]。

（四）新趋势：从大众旅游到个人体验为主的旅游

探索原汁原味、基于场所体验的非大众型的旅游方式日渐流行，并可以与当地文化和居民实现积极互动。

为使旅游业的增长与城市更新、古城区的宜居性保持平衡，政府可以采取多种策略。第一种策略是通过一定措施限制访客数量，比如设置入园最高人数限制，引入景区参观预订系统（例如拙政园已经开始使用预订系统），或提高景点门票价格。尽管这类方法可以在短期内解决交通拥堵的问题，但也会导致热门旅游业无法发挥对城市更新的催化作用。

另一种策略是激励和引导其他形式的旅游。为应对大众旅游的负面影响[13]，从20世纪90年代开始，随着社交媒体和在线网络平台的发展，可替代性旅游的概念日渐深入人心，通过这种方式，潜在游客可以单独计划自己的旅行，并根据自己的需求量身定制路线，而无需旅行社的介入[14]。

在已有的几种可替代性旅游项目中，有些形式专注于与当地文化和居民实现积极的互动。"基于经验的旅游"[15]"深度旅游"[16]或"慢速旅游"模式通常会以当地的风俗习惯、产品、传统和旅行经验作为目的地吸引力的一部分[17-19]。其他可替代性旅游形式，例如"可持续旅游"[20]或"基于社区的旅游业"[21]更明确地将东道主社区作为旅游业参与方并使其从中受益。

上述演变表明，大众旅游已经明显地向可替代性和多样化的方式转变，前者是基于目的地的、具有预先组织并且包罗万象的"一揽子"计划，侧重于消费，而后者则是自由的独立旅行者以寻找原汁原味且基于当地体验为特征。这一转变主要发生在西方发达国家；而在中国，尽管大众化和标准化的旅游模式仍然占据主导地位[22-24]，但可替代性旅游的趋势已有显现[25]。鉴于社交媒体的影响力日益增强，以及智能旅游所提供的可能性，该市场有可能在未来得到进一步发展[26]。

（五）理论框架：旅游增长管理的国际准则

目前国际上已形成限制大众旅游业负面影响的共识，并且催生了旅游业增长的可替代模式。2018年，联合国世界旅游组织发布了《旅游业增长准则》[27]。该报告基于欧洲几个城市的居民对待"过度旅游"看法的调查结果，提出 11 条建议来管理协调城市地区旅游人流的集散，促进旅游业更包容、安全、弹性和可持续地发展。

　　这十一条建议相互之间具有互补性，可以被分为三种主要类型。第一种类型（1、2、3、5）侧重于在时空上发展可替代性旅游体验。另一个系列（6、7、8）的重点是突出东道主社区对旅游业发展的参与，及其旅游业为城市更新带来的收益。第三个类型（4、9、10、11）涉及监督、管理和调控方面。总而言之，这些建议与旅游业的总体发展方向相吻合，即两者都追求自我组织、负责任、道德化的旅行方式，并看重原真性和基于当地的旅游体验。

世旅组织（2018）的 11 项建议（已重新排列）		表 8-1
可代替性的旅游体验	（1）鼓励游客在城市内外的分散	
	（2）鼓励按时间和季节分散游客	
	（3）鼓励产生新的旅游路线和景点	
	（5）加强游客分类	
参与接待游客的社区	（6）确保当地社区从旅游业中受益	
	（7）为居民和游客创造好的城市体验	
	（8）改善城市基础设施	
监控与管理	（4）审查并修改法规	
	（9）与当地利益相关者进行沟通和协调	
	（10）与游客交流和互动	
	（11）制定监控和响应措施	

二、对苏州城市旅游的分析

（一）苏州古城区：游客密度较大

　　苏州是长江三角洲中心的重要城市，2020 年末常住人口为 1275 万人，在中国最受旅游者欢迎的目的地中排名第 10～20 名。2019 年，苏州接待国内游客 13374 万人次，旅游总收入达到 2751 亿元[28]。游客绝大多数是国内游客，主要来自江苏、浙江和上海等周边地区。外国游客主要来自日本、韩国和美国[29]。

　　2000—2019 年，苏州的国内游客量增长 8.94 倍，旅游收入增长 19.39 倍。近年来，游客规模和旅游创收年均增长率保持在 6%。据估计，苏州古城区每年大约吸引全市总游客量的 1/4[29]。建于 2500 年前的古城区，集中了苏州的大多数重要历史景点，包括历史文化街区被列为世界遗产的几座著名的苏州园林。显然，古城区是文化旅游的主要驱动力。

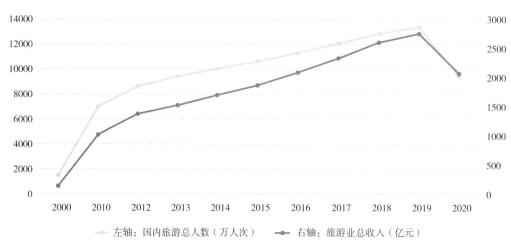

图 8-2 从国内游客人次和旅游业总收入看苏州旅游业的演变

（资料来源于苏州市统计局[28]）

由于中青年居民多在外围新城购房，目前古城区 14.2 平方公里的面积内集中了二十多万居民，其中很大一部分是老年人，同时农民工和外来务工人员的数量相对较多[30]。为更好地了解当前状况，下文从历史的角度简述苏州城市保护政策的演变。

目前，苏州古城区的部分旅游景区出现商业化倾向，而居民社区却存在设施需要改善和人口过度稠密的问题。

图 8-3 拥挤的景点与清净的社区之间的对比

（资料来源：作者拍摄）

（二）苏州城市保护和旅游规划的相关性

苏州古城区在过去几十年的演变反映了中国城市保护的三个阶段。苏州的古城从春秋建成以后，未有位移，一直坐落在原地上，直到20世纪初仍保持较完整[31]，在1970—1980年间苏州古城区实施了卫生和现代化改造计划，导致部分传统庭院民居被楼梯房所取代，庆幸的是重要历史建筑大多被保留了下来。

虽然市区的一些景点吸引了大量游客，但这对当地生活没有产生积极的影响，并且游客基本上未涉足古城区的其他部分。

随后，地方政府在1986年发布了全国第一个古城保护规划。从保护性建筑物、园林到整个街道和区域，保护计划的规模和范围逐渐扩大，并最终通过限制建筑物的高度和样式来控制城市开发。2013年推出的古城保护计划定义了保护区域，覆盖市中心近三分之一的范围，并包括一些以遗产为主题的路线，将保护区域连为一体。这些保护性规划帮助苏州成为中国古城风貌保存最好的大城市。

通过对比苏州城市保护规划与旅游发展计划，发现两者之间存在明显的相关性，尽管两者是由彼此独立的不同政府部门制定实施的。苏州官方旅游渠道目前已确认了以古城区为中心的文化主导战略，该战略主要基于发扬明清两代的历史元素和特色。

在城市保护与旅游业的联系上，苏州平江路区域的更新经常被视为中国城市综合更新的典范[4, 32]。该计划始于20世纪90年代后期，保留和修缮了传统结构、房屋和公共空间的重要部分。得益于基础设施的改善和有利的住房补贴计划，大多数当地居民得以安居。经过翻新的历史街区成功地使游客和居民并存并保持相对平衡。

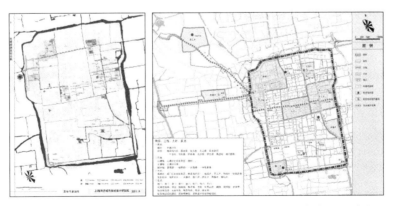

图 8-4 苏州的旅游规划（2011年）与保护规划（2013年）之间对比

[图片来源：左图为《苏州古城旅游规划（2011—2020）》（苏州市旅游局，2011）；
右图为《苏州历史文化名城保护规划（2013—2030）》（苏州市规划局，2013）]

近年来，随着平江路的进一步开发和广为人知，部分店铺有过度商业倾向，节假日游客拥堵时常出现[33]。相比之下，市内的其余地区仍有待游客去探索发掘。这些区域被列为遗产地，有严格的保护规则，限制了发生重大变化的可能性，尽管可能需要进行改造和改建以改善当地生活条件。

（三）对苏州古城区两极分化的旅游业的认识

为评估旅游业对苏州古城的影响，研究团队于2019年10月黄金周期间在苏州古城的街道和网络分别进行了调查，了解受访者对旅游业及旅游对古城区影响的看法。调查样本总数为500，包括游客（65%）、当地居民（25%）和农民工（10%）。

图8-5　当地居民（左）和游客（右）用来描述苏州古城的关键词

（图片来源：作者自绘）

多数游客对苏州古城有良好的印象。最常用来定义这座历史文化名城的词语是：河道、桥梁、小巷、园林、白墙、灰瓦、文化、优雅、绿色、水乡、慢生活等。在吸引力方面，人们发现最重要的关键词和影响因素包括该地点的文化原真性（74%）和入选国家和世界遗产名录（66%）。但是，除了平江路和拙政园等著名旅游景点外，由于缺乏宣传，诸如苏州刺绣博物馆、苏州城墙博物馆等历史悠久的景点似乎仍被游客所忽略。在旅游业的负面影响方面，游客主要提及人流拥挤、交通拥堵、房屋破旧和过度商业化的问题。

在旅行计划和实践方面，大多数受访者以独自或小团体的形式游览苏州古城，并以步行（56%）和地铁（49%）作为首选交通方式。相比之下，因为在交通拥挤的情况下使用不便，穿梭巴士（"苏州好行"，占10%）和骑自行车（占15%）的出行方式不太受欢迎。有趣的是，中国游客和外国游客的想法不尽一致。在选择旅游景点时，外国游客（87%）重视朋友的推荐，而中国这类游客只占30%。此外，大多数外国游客（70%）更喜欢直观地游览城市，而大多数中国游客（70%）则更愿意使用手机应用程序计划旅游路线。从当地居民和务工人员的观点来看，与旅游业的发展有关的因素包括城市公共设施和基础设施的改善（70%）、更多结识新朋友和了解新文化的机会（75%）。

除了一些热门旅游景点之外，由于缺乏宣传，其他几个具有历史意义的地点仍然被游客所忽视。

三、对苏州未来发展的建议：实施旅游业可持续增长的三项综合战略

假设苏州在未来继续吸引更多的游客，那么城市该如何以可持续的方式管控旅游业的发展？苏州古城区的明显特征是旅游集中度高和基础设施有待完善，针对这一情况，下文探讨在国际准则和先例研究基础上产生的可替代性旅游发展战略的内容，以及如何通过实施该战略促进苏州古城区的更新。

根据世界旅游组织提出的促进可替代性旅游体验的前三项建议，针对苏州古城的特定形态和文化背景，本研究提出三项综合策略：增添景点并使之多样化；鼓励发展其他旅游路线；随着时间的推移开发多样化的旅游产品。

本研究通过文档记录、实地调研、采访利益相关者和基于空间的制图，对每一个策略的当前状况进行详细分析。根据分析结果，并参考文献和已有案例，对基于特定地点的城市规划和设计策略进行可视化和描述。鉴于本研究的目的是促进旅游业与城市更新的协调发展，因此特别强调上述策略所具有的使当地居民受益的潜能，从而符合世界旅游组织（简称世旅组织）提出的针对东道主社区的相关建议（参见表1的6、7、8项）。

（一）策略一：景点多样化和多元化发展

第一项策略是开发更广泛的"景点／兴趣点"来促进旅游景点的多样化和多元化。针对苏州古城区几个主要热门景点人满为患的情况，通过对景点进行多样化的组织来分散时空上的高峰流量（世旅组织建议1和2），也能有助于游客的细分（世旅组织建议5），并丰富居民和游客的城市体验（世旅组织建议6）。

从经验观察和实时监控（图8-8a）的结果可以看出，在古城区，游客倾向于聚集在部分旅游景点，比如一些获得世界遗产称号的苏州园林，两条历史街区（平江路和山塘街），以及一座城门（阊门）。这些景点在国际、国内和地方排名中被标记为"顶级景点"，此外，其在社交媒体上的流行度也最高[34]。过度的商业化和拥

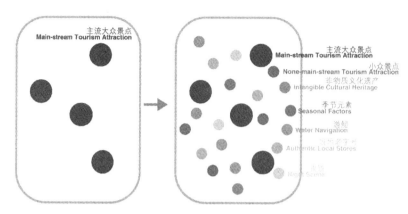

图 8-6　旅游景点多样化和多元化发展的概念图

图 8-7　苏州古城区轴测图（顶部）

挤的人潮使这些景点周围的环境深受困扰，而且许多团体旅行不一定对当地经济有所贡献。另一方面，该城市的其他地点却被当前的旅游地图所忽视，容易造成这些地点毫无特色、平淡无奇的印象，尽管实际上它们具有吸引游客的潜力。

本研究认为可以根据多种选择标准来定义可替代性景点。一种可能的标准是景点的本土性和原真性。在慢速、基于社区和负责任的旅游模式的支持下，关注原真性和本地性可以更好地支持当地经济，加强文化认同并鼓励游客和居民之间的直接互动。为确定苏州古城区的潜在"兴趣点／景点"，本研究借鉴了各种非主流资源，例如，参考苏州网上平台评论或当地品牌标签的评选，确定备选经营场所的口碑或悠久历史。在此基础上绘制地图，包括老字号品牌店铺、小型演出剧院（图 8-8b）、手工艺工匠作坊或受当地居民喜爱的餐馆。

　　另一组可替代性的兴趣点是当前空置或未充分利用的场所（图 8-8c）。作为一个具有 2500 年历史并且在不断转型的古老城市，苏州有一些暂时被忽视的空间，例如废弃的工厂或被顾客抛弃的购物中心。这些景点经过临时的改造和翻新，可以起到吸收过剩高峰期游客的作用；同时，通过改善城市的基础设施，在空闲时期可以用于满足当地社区的需求，这符合世旅组织提出的第 8 项建议。

　　基于其他选择标准（例如，自然资源或观景点），可以构想出另一系列可替代性兴趣点（图 8-8a）。在各种情况下，可替代性旅游景点的定义应始终保持开放的和动态性。绘制可替代性景点地图可以揭示新的空间逻辑，例如主题集群或线性发展模式。作为城市更新的工具，定义和开发新景点的做法有助于制定公共空间有序化发展的干预措施，并满足游客和当地居民的需求。

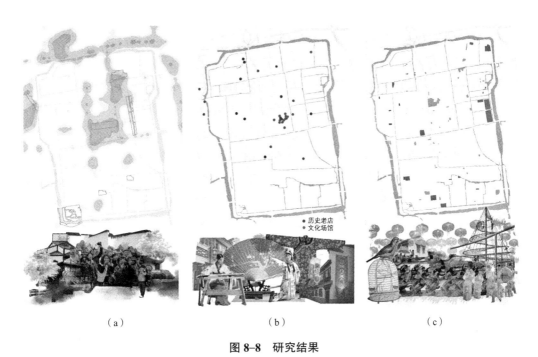

（a）　　　　　　　　　　　（b）　　　　　　　　　　　（c）

图 8-8　研究结果

　　（a）当前主流景点和人口集中度热力图；（b）苏州老字号和传统手工艺文化场所（昆曲、木雕、刺绣等）；
（c）当前空置或未充分使用的场所和建筑物（未来可用于举办活动）（图片来源：作者根据卫星图和田野调查绘制，
其中（a）为百度地图实时热力图，数据所对应的时间点是 2019 年 6 月 8 日星期五，下午 2：30）

（二）策略二：鼓励发展可替代性旅游路线

解决苏州旅游业增长负面效应的第二个主要策略是拓展新的旅游路线。与联合
国世界旅游组织的第3项建议相关联的建议1和
7表明，多样化的旅行路线有助于分散游客，为
居民和游客创造好的城市体验。慢速旅游和基于
经验的旅游模式强烈鼓励人们选择替代旅游路线，
这种模式强调旅行本身是一种体验地方文化特征、
欣赏日常景观并与居民互动的方式。

交互式工具总结了苏州街
道的独特空间、风景
和历史特征，可帮助游客设
计自己喜欢的路线。

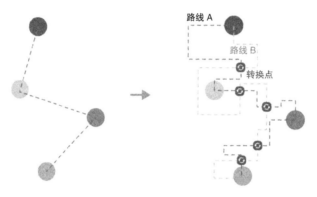

图8-9 可替代旅游路线概念图

目前，苏州的游客主要集中在一些历史悠久的街道和主要热门旅游景点的周围。
为节省在景点之间穿梭的时间，游客主要选择地铁作为交通工具，或者跟团游的旅
游巴士。这导致游客丧失了探索苏州古城城市肌理的机会。作为另类选择的参考，
本研究根据街道作为旅行体验的潜力编制了一份"兴趣街"清单（图8-10c）。在各
种评估标准中，街道的物理特征对于游览的舒适性和感知价值至关重要，而苏州的
特点体现在林荫路和一系列的沿河街道上。从图中可以看到当前街巷的现状有一些
不连续的部分，未来通过城市设计干预可将其贯通整合为一体。

选择路线的另一个重要标准是线路所提供的风景体验。根据戈登·库伦（Gordon
Cullen）《城市景观》（Townscape）（1961）[35]或彼得·鲍斯文（Peter Bosselmann）
《动态影像》（Images in Motion）（1998）[36]的理论，高质量的城市步行体验首先是
建立在连续、多样化且完善的路径基础之上的。在这方面，遍布苏州古城的狭窄街
巷网络具有非常有趣的特征：行人行走在小巷中，视线穿透水巷上的一座座小桥和溢

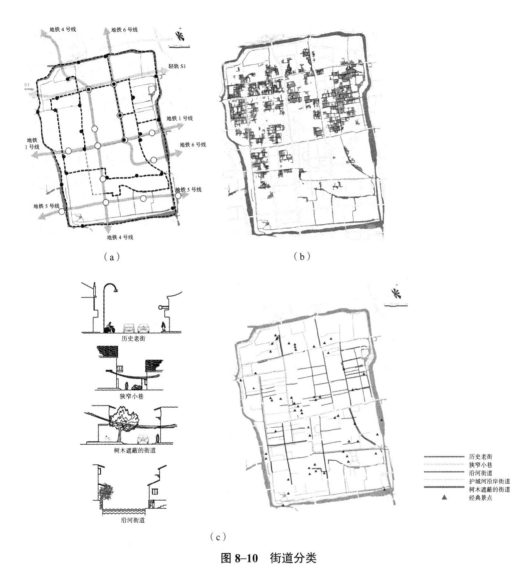

（a）　　　　　　　　　　　（b）

（c）

图 8-10　街道分类

（a）现有公共交通网络和水网分布图；（b）贯穿城市肌理的狭窄小巷；
（c）具有空间质量和历史意义的街道和小巷分布

出到传统庭院之外的树荫，还有不时隐约可见的古民居内人间烟火的气息以及古城区蜿蜒曲折的小径，都可以为漫游路线提供诸多令人惊喜的元素，这些独特的体验与规律化、可预测的主干道行走感受形成鲜明的对比（图 8-10）。

　　第三种可能的街道主题分类与苏州当地的历史和地名研究有关。Jing Xie（2017）[4] 在研究城市形态时回顾说，苏州的许多街道和桥梁都是以当地著名的家庭或人物命名的。因此，苏州的街道格局不仅传达了历史和社会意义，而且还可以成为好奇游客探索城市的"故事景观"[37]。

选择备选路线的标准是无限的，可以根据个人喜好进行调整。从城市更新的角度来看，本研究还考虑如何协调可替代性主题旅游路线的设计与社区投资的关系。比如旅游开发与交通出行的互动关系可以通过景点之间街道的人行道化改造来达成，在连接景点的同时也提高了当地学校的安全可达性。

地图绘制完成之后的任务是引导游客穿越城市，体验更加丰富的城市内涵。如果个性化和基于经验的旅行类型保持现有的发展趋势，那么 GPS 和社交媒体的新一代导航工具可以发挥很大的作用。"漂流"（Drift）的概念是一种凭直觉、游牧漫游式的城市探索方式，借鉴这一理念开发的"苏州漂流"这款交互式导航应用程序（App），可以使游客通过调节街道特征的参数自己定制符合个人兴趣和季节特征的游览路线。

"苏州漂流"模拟 App 可以满足不同类型的用户 / 旅行者的需求，并提供几种探索城市的备选路线。同时配合程序的应用，需要对公共空间进行一些微型设计干预（例如标牌、街道家具或临时公共艺术装置），使城市更具可识别性，适宜步行和游憩，同时也可以作为旅游路线和景点的公共指引。

基于对三种典型用户（年轻背包客，有孩子的家庭，年长的夫妇）使用一天"漂流"程序的模拟（图 8-11），说明苏州可以为各种探索型游客提供旅游资源和机会。

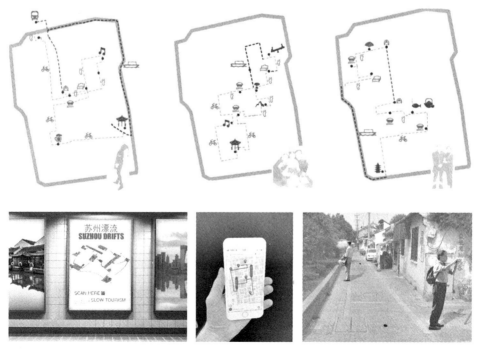

图 8-11 三种典型用户使用一天"漂流"程序模拟

（三）策略三：根据时间推出多样化的旅游产品

第三个策略是针对世旅组织提出的第二项建议，按时间段分散游客，比如提供日间和夜间、工作日和周末，以及具有季节性特色的多样化旅游产品，并以每年的节日活动为重点。时间的安排包括多个维度。从"周"和"日"的维度来看，旅游活动更容易集中在周末和白天，晚间的活动相对较少。近期推出的"姑苏八点半"就是非常好的实践。该活动始于2020年"五一"期间，围绕"夜show、夜游、夜食、夜购、夜娱、夜宿"，打造一批夜间主题演出、夜游线路和消费活动，旨在振兴后疫情时期的苏州经济，丰富市民的夜间文娱需求[38]。

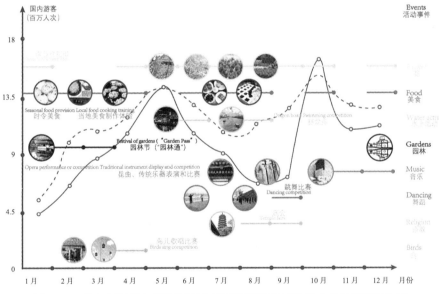

图8-12　此年历显示如何通过引入淡季新增活动来分散全年的游客涌入量

（实线：2018年游客人数；虚线：模拟调节涌入游客量）（资料来源于苏州市统计局[28]）

从"年"的维度来看，苏州的游客人数相对不平衡，在五月和十月有两个高峰期，与季节性因素和法定假日而不是苏州的节庆事件有关。相比之下，淡季主要是在寒冷的冬季和炎热的夏季，因为气候条件不利于游人享受苏州主要的户外景点。

为在每年的时间范围内重新分配游客的涌入量，苏州可以考虑以下几种可能性。在每年花开、

引入新的节庆活动，季节性市场或双年展来推广苏州民俗和非物质文化遗产，可以在淡季吸引游客。

收获、播种、宗教节日仪式的日子，可以策划一系列植根于苏州文化、传统民居和 /
或有意义场所的可替代性节庆活动。在旺季，则可以利用城市各处的闲置地点分散
游览活动，引导游客放弃常规旅游路线。被联合国教科文组织列为"非物质文化遗
产"的年度西班牙科尔多瓦古玩节（The Spanish Cordoba Patios Festival）[39]，可以为
苏州举办类似的活动提供启发和参考，比如激励居民出租房屋中部分闲置房间和庭
院给创意公司进行翻新、整体系统化运营，并向游客开放。在市政府的协调和支持下，
这些举措可以促进当地居民作为东道主社区的自豪感，增强以社区为基础、自下而
上的城市更新的活力。

在淡季，可以通过节日活动，季节性市场或双年展推广一些典型的苏州民俗和
非物质文化遗产。在寒冷的冬季，可以考虑利用废弃的工业建筑组织鸟类鸣唱比赛
或美食活动；而在炎热的夏季，通过组织新颖的亲水活动重塑城市与其水网之间的历
史联系。

四、本研究的局限性和未来研究的建议

本研究从国际角度探讨苏州可持续旅游业发展三重战略的实施方案，并阐述在
实践中可能产生的影响。所提出的三项建议，旨在为中国的旅游规划和城市更新提
供参考，并促进两者更好地融合。

首先，旅游业的多元化发展是展示城市复杂性和多重身份的机会。探索苏州可
替代性旅游景点和路线可以发掘一些迄今为止被忽略的城市特征。除了以官方旅游
品牌宣传的苏州园林和水乡的明信片形象之外，苏州古城区还拥有源于其悠久历史
的大量有形和无形文化资源。传统城市脉络的碎片细微地散布在规则的城市地块中，
其痕迹被封存于零散的旧工业建筑和场地中。具有不同规模和特征的城市碎片，塑
造了不同的城市氛围，共存于苏州这座大城市中。中国现有的以文化为导向的更新
项目仍倾向于打造某种具有排他性的单一"合法"身份，并以此目标制定设计导则。
但本研究认为，城市的多种身份（无论是空间、文化还是社会身份）都很重要。旅
游的发展不仅要实现旅游业的多样化和细分，还要满足当地社区的多元化诉求。

此外还应该认识到，开发可替代性旅游项目可以推动城市更新实践的战略性转
变。旅游业具有动态性和周期性的特点，必须面对瞬息万变的需求，因此在先验上
并不总能与城市更新的渐进性和过程线性的特征保持一致。即使如此，通过苏州在
城市设计方面的探索，包括对公共空间的设计干预，还有旅游开发方面的一些做法，
比如组织短期城市活动或对城市部分区域的用途进行临时性的安排，能够与古城和

社区的长远更新与规划相得益彰。

最后，城市设计可以被当作一种探索性工具使用，其方法论价值应该得到进一步的肯定。城市设计的作用不仅局限于执行上位的总体规划和法定图则。可以说，城市设计领域的大量工具可用于调查复杂的城市历史环境以及构想城市的未来形象。作为一种分析模式，城市设计比其他学科更能够识别出城市文化身份的类型学和形态空间特征 [40]。城市设计还可以作为一种预测方法展示未来发展方案及其具象化其影响。在城市更新的过程中，社区、旅游业、空间规划和商业利益相关者之间会进行密切的交流，而城市设计作为探索工具也可用于调解不同的利益诉求，以支持共同愿景的形成。

图 8-13　大众旅游产生的问题与积极整合实现可持续城市更新的可替代性旅游理想方案之间的比较

通过城市设计进行探索的方法尽管在中国的语境下能够发挥作用，但仍然不足以确保旅游业与可持续更新之间达到平衡。其中一个关键的挑战是当地社区如何能够积极利用旅游业获得自身的发展。在良性循环的理想情况下，可替代性和分散式的旅游业可以改善自然环境、增强东道主社区的权能并增强社会凝聚力。然而在现实中，无数的旅游城市受到过度"优步化"（Uberization）旅游服务的影响，在不能对可替代性和分散的旅游模式进行有效监管的情况下，会带来严重的士绅化风险。

从对旅游管理者的采访中可以看出，当前苏州的旅游业在鼓励分散和可替代性旅游模式的时候，基本上依赖市场的推动力。进一步的研究可以探讨政府应如何扮演协调者角色，以确保公平的利益分配，并对相关的改造翻新和培训计划进行投资。

最后，考虑到苏州古城区老年人和农民工较其他区更加集中的特征，因此建议下一步的研究可以探索如何鼓励和实施参与式规划以及合作开发机制。

参考文献：

[1] 中国国家统计局 . 国家年度旅游业发展情况 [DB]. 2019[2019-10-1].

[2] Ashworth，G. J.，& Tunbridge，J. E.The tourist-historic city[J]. London：Belhaven，1990.

[3] Xia，J.，& Wang，Y.From the Replacement to the Rebirth：The Protection of the Living Authenticity of the Residential Historic Blocks[J]. Urban Studies，2010（2）：134-139.

[4] Xie，J.，& Heath，T. Conservation and revitalization of historic streets in China：Pingjiang Street，Suzhou[J]. Journal of Urban Design，2017，22（4）：455-476.

[5] Russo，A. P.，& Van Der Borg，J. Planning considerations for cultural tourism：a case study of four European cities[J]. Tourism management，2002，23（6）：631-637.

[6] Law C. M. Urban Tourism and its Contribution to Economic Regeneration[J]. Urban Studies，1992，Vol. 29，N 3/4：599-618.

[7] Gospodini A. Urban Design，Urban Space Morphology，Urban Tourism：An Emerging New Paradigm Concerning Their Relationship[J]. European Planning Studies，2001，9（7）：925-934. DOI：10.1080/09654310120079841.

[8] Ali，R. Exploring the Coming Perils of Over tourism[J]. Skift，2016[2018-07-07]. www. skift.com.

[9] World Tourism Organization（WTO）. Tourism Congestion Management at Natural and Cultural Sites[M]. UNWTO，Madrid，2004.

[10] Li，M.，& Bihu，W.（Eds.）. Urban tourism in China[M]. Routledge，2003.

[11] Gang Xu. Socio-economic impacts of domestic tourism in China：Case studies in Guilin，Suzhou and Beidaihe[J]. Tourism Geographies，1999，1（2）：204-218.

[12] 黄敏 . 旅游给丽江古城带来的负面影响研究 [J]. 旅游纵览，2013，（2）：31+33.

[13] Pearce，D. G. Alternative tourism：Concepts，classifications，and questions[M]. In：Valene L. Smith，William R. Eadington，Tourism alternatives：Potentials and problems in the development of tourism. 1992：15-30.

[14] Dredge，D.，& Gyimóthy，S. The collaborative economy and tourism：Critical perspectives，questionable claims and silenced voices[J]. Tourism recreation research，2015，40（3）：286-302.

[15] Tzortzaki，A. M.，Fotini Voulgaris F.，Agiomirgianakis G.M. Experience-based Tourism：The New Competitive Strategy for the Long Term Survival of the Tourist Industry[J]. Annals of Tourism Research. 2011，38（1）.

[16] Chen Y. G., Chen Z.-H., Ho J.C., Lee C.-S. In-depth tourism's influences on service innovation[J]. International Journal of Culture Tourism and Hospitality Research 2009, 3（4）: 326-336.

[17] Honoré, C. In praise of slowness: How a worldwide movement is challenging the cult of speed[M].2004.

[18] Heitmann, S., Robinson, P., & Povey, G. Slow food, slow cities and slow tourism[J]. Research themes for tourism, 2011: 114-127.

[19] Lumsdon, L. M., & McGrath, P. Developing a conceptual framework for slow travel: A grounded theory approachp[J]. Journal of Sustainable Tourism, 2011, 19（3）: 265-279.

[20] Edgell Sr, D. L. Managing sustainable tourism: A legacy for the future[J]. Routledge, 2016.

[21] Blackstock, K. A critical look at community based tourism[J]. Community Development Journal, 2005, 40（1）: 39-49.

[22] China Tourism. Mass tourism time and modern tourism society [J]. 2016. from: http://www.cnta.gov.cn/ xxfb/jdxwnew2/201603/t20160307_762438.shtml

[23] 李蕾蕾 . 旅游目的地形象的空间认知过程与规律 [J]. 地理科学，2000，20（6）: 563-568.

[24] 毛焱，梁滨 . 区域旅游空间认知与空间规划 [J]. 湖北社会科学，2013，（5）: 90-93.

[25] MC KINSEY. Chinese outbound tourism: summary report[R]. 2018[2019-10-16]. https://www.mckinsey.com/industries/travel-transport-and-logistics/our-insights/huanying-to-the-new-chinese-traveler.

[26] Kim J., Wang Y. Tourism identity in social media. The Case of Suzhou, a Chinese Historic City[J]. Transactions of the Association of European Schools of Planning, 2018, 2.

[27] World Tourism Organization（UNWTO）. Centre of Expertise Leisure, Tourism & Hospitality; NHTV Breda University of Applied Sciences; and NHL Stenden University of Applied Sciences（2018），'Overtourism'? - Understanding and Managing Urban Tourism Growth beyond Perceptions, Executive Summary[R]. Madrid: UNWTO, 2018b.

[28] 苏州市统计局 . 苏州市统计年鉴—2020 [M]. 北京：中国统计出版社，2020.

[29] Yin Jingwen, Niu Weidong, Xu Yehe. Optimizing the population structure and revitalizing the ancient city[J]. Historic city conservation planning of Suzhou. City Planning Review, 2014, 38（5）.

[30] 人民网 - 江苏 . 苏州古城区旅游问卷调查 [EB]. 2018[2020-7-20].
http://js.people.com.cn/n2/2018/0103/c36030231101360.html.

[31] Xu，Y. The Chinese city in space and time：the development of urban form in
Suzhou[M]. University of Hawaii Press，2000.

[32] Yin，Hsiaoting. Issues in the Trends and Methods of Preserving Historic Districts in
Today's China：Case Study of Three Cities[R]. Conference paper at the 48th ISOCARP
Congress，2012.

[33] Vannoorbeeck F. & Attuyer K. Studio Suzhou：Regeneration Strategies for a Contrasted
Historic City Center. Spring Studio 2018-19，Department of Urban Planning and
Design，Xi'An Jiaotong Liverpool University，2019.

[34] Kim J.，Wang Y. Tourism identity in social media. The Case of Suzhou，a Chinese
Historic City[J]. Transactions of the Association of European Schools of Planning，
2018，2.

[35] Cullen，G. The Concise Townscape[M]. London：Reed Educational and Professional
Publishing，1961.

[36] Bosselmann，P. Images in Motion[M]，Berkeley：University of California Press，
1998：48-99.

[37] Kaufman，N. Place，race，and story：Essays on the past and future of historic
preservation[J]. Routledg，2009.

[38] CCTV.net. Suzhou：'Gusu 8：30' Night Economic Brand [EB]. 2020[2020-07-19].
<http://news.cctv.com/2020/05/06/ARTIAG6Ka7av728FBgqdgxSX200506.shtml.

[39] Cordoba，2019. https://www.cordoba24.info/.

[40] Chen，F. & Romice，O. Preserving the cultural identity of Chinese cities in urban
design through a typomorphological approach[J]. Urban Design International，2009，14
（1）：36-54.

[41] Gant，A. C. Holiday rentals：The new gentrification battlefront[J]. Sociological
Research Online，2016，21（3）：112-120.

扫码看图

9 面向未来的苏州滨水综合复兴

金俊值，彼得·贝蒂，钟声，范岩亭

苏州作为历史悠久的水乡城市，可持续的滨水复兴策略对其发展至关重要。由于单一机构无法有效解决生态系统的管理问题，具有广泛利益相关者参与的协作式规划为滨水综合复兴提供了新思路。与此同时，社会的变迁造成公共管理的实践向"协作式规划"的新治理模式转变，政府的形象也由传统的监管者和调控者转变为赋能者，即作为促进他方采取行动的催化剂。新治理模式的出现需要一种新型的伙伴关系作为支撑。全球范围的案例研究表明，具有利益相关者广泛参与的流域生态系统管理机制有助于创造双赢的结果，实现流域可持续发展的目标。面对滨水复兴策略议程的复杂性，合作伙伴关系需要不同的实施方法用以解决不同的问题；一些规划过程需要持续的领导，而另一些则更依赖自下而上的策略。

关键词：流域管理；可持续性；协作式规划；伙伴关系

流域（Watershed）是指把地域内所有水资源，如溪流、地下水和降雨，汇集到一个共同出口的区域。中国流域管理的历史可以追溯到公元前 2000 年 [1]。流域管理一直在不断发展以求改善流域内的自然和建筑环境。那么流域管理为何如此重要？历史上，水是人类居住区必不可少的资源，由于水网是相互联通的，因此必须在整个流域范围内对水资源进行管理。在当代规划实践中，出于水资源整体协调发展和流域经济发展的共同需求，流域综合管理越来越受到重视。由于整个流域享有共同的生态系统，解决流域内的环境问题需要在水质改善、水量管理、自然保护、洪水控制、干旱缓解、野生动物保护等各方面协调进行。流域内资源管理的相关性也决定了地方经济发展需要综合的视野。例如，由于自然和人口资源共享的原因，住房开发、商业中心再生、旅游管理和产业整合必须在流域内整体协调发展。此外实现居民和流域生态系统之间的重新互动也是一项重要任务，这是因为有史以来流域内居民往往共享同一种社会和文化经历。

然而，在世界上许多城市和地区，流域作为相互联通的生态系统，其边界几乎从不与行政边界重合。一些规模较大的河流和湖泊由国家政府机构管理，而不同的地方政府机构则分别管理小规模的河流。但是试图通过整合分散的行政结构以进行整体生态系统管理的做法存在实际操作的困难。新型流域管理机制的优点在于可以跨越地域和机构障碍同时将以往无法参与环境管理的组织和个人融入治理的过程。流域管理的国际经验表明，以非立法程序成立的机构来组织协调工作比政府直接干预或者调整现有政府机构设置的做法更有成效，这是因为该做法不但可以保证已有法定机构及其相关管理职能的持续运行，而且通过新的非法定组织的设置可以填补某些协调管理功能的缺失。目前世界上很多城市都是通过成立独立的非营利性机构来协助整合政府和非政府参与方在流域管理方面的优先事项和行动。

滨水复兴需要通过促进不同利益相关者之间的协同努力，采用协作伙伴关系的方法实现全面可持续性

滨水综合复兴的规划方法反映了几十年来经济、社会和政治发展的需求[2-4]。流域管理的主要目标是要超越传统的学科和地缘边界，促进不同利益相关者之间的协同努力[5, 6]。一般认为，流域管理必须将政府和非政府力量聚集在一起，以实现可持续发展的目标[7]，而这些只能通过代表问题的不同方面和不同行政层面的机构的参与来实现[8]。在这种情况下，流域管理实践往往依赖伙伴关系（Partnership）作为协作的工具。在一些情况下，相对于繁复的行政程序，以伙伴关系实施管理更具有灵活性和时效性[9]。

在伙伴关系的运作中，关键需要解决的问题是在权力分配不均衡的情况下如何达成并实现共同的价值标准。目前有诸多研究试图解决利益相关者之间的协调问题[10][14]。另有其他研究提出了实施流域层级伙伴关系的方法。Bidwell和Ryan[15]发现，流域的组织结构会影响成果的质量。Van der Voorn和Quist[16]强调了愿景策略和参与者角色的重要性。有效的伙伴关系需要先建立共识并在此基础上理解复杂流域问题中的优先事项[17]。已有研究还强调，伙伴关系应该创造集体学习的机会[12]，加强私营部门参与者的作用[13]并缩小治理水平之间的差距[14]等。

本研究采用案例法，对中国历史名城苏州进行实证研究。本章的中心目标是从全球流域管理的实践中获得启发，以改善滨水综合复兴的机制和进程。本项研究着重关注"协作式规划（Collaborative Planning）"的新型治理模式，呼吁采取新的伙伴关系策略，通过政府和非政府力量之间的协作来推动既有政策目标的实现。

本研究对苏州流域管理实践中涉及的自然资源、政策以及利益相关者进行分析，并借鉴全球案例研究的结果，特别是合作伙伴关系的一个具体案例，即英格兰西北

部的默西流域行动（Mercy Basin Campaign）。通过探索协作管理的实践，提出现实背景下开展协作的方法，为未来苏州的流域管理提供借鉴。

本章探讨合作伙伴关系作为流域综合管理机制的必要性和可能性，并提出构建合作伙伴关系的框架。本研究借鉴默西流域行动的经验，并总结适用于苏州的具体做法，例如建立共识的伙伴关系、发动社会力量参与促进项目，以及将更广泛的利益相关者纳入流域管理的方法。

一、流域管理的背景

本节在协作式规划的理念下探索流域环境的理论和具体实践，包括实施滨水复兴的原则和流域管理的概述。

（一）协作式规划

毫无疑问，公共和私营组织都是突破全球资源限制和解决 21 世纪问题的关键力量 [18]。有证据表明，将利益相关者纳入知识生产和决策过程可以增进对问题理解及其解决问题能力的共识，增强决策的合法性，并在不同利益相关者之间建立互信 [19]。鉴于当前人类面临的大量生态和社会问题，社会各阶层（个人、组织、政府）利益相关者之间的集体行动被视为实现可持续未来的潜在解决方案 [20]。

需要特别指出的是，协作式规划是流域管理中形成生态和社会可持续发展共同愿景和目标的重要手段 [21]。此外，利益相关者之间的沟通可以保证伙伴之间相互支持，除了通过建立非正式网络、化解冲突和构建信任以外，了解利益相关者的各自利益诉求还可以增强流域伙伴关系的适应能力 [22]。

尽管以上理念具有广泛的理论基础，但人们仍普遍认为"新"式做法存在操作上的困难。例如，协作式规划因其理想主义和乌托邦倾向而备受诟病，继而引发了在权力不均衡的现实情况下如何塑造共同价值标准的问题 [23]。造成操作困难的原因在于新形式的规划在实施中需要超越传统条块分割的限制，吸引到更加广泛的参与者，包括没有直接经验的参与方 [10]。

当前的协作式规划研究高度重视将理论应用于实践的经验框架，文献重点在于建立共识和解决冲突，也即如何促使利益相关者参与规划从而有效保护和保障其资源和利益，同时缓解管理中发言权不均衡的情况。虽然全球范围内可持续发展问题的重要性已被广泛认可，但并非所有利益相关者都愿意花费额外的时间、精力和财力参与其中，也即规划参与动机的缺失。此外在中国流域管理的具体语境中，利益相关者之间未必有明显的紧张关系来驱动其参与，因此需要探寻合理对策以激励多方协作机制的实现。基于以上考虑，本章的中心目的是通过对苏州这一具体实例的考察，研究如何将协作方法应用于中国流域综合管理的过程。

由于单一组织无法全面解决生态系统的管理问题，流域综合管理的实施需要大量利益相关方的合作。纵观国际流域管理的历史，流域问题的复杂性和不同利益之间诉求的差异一直是成功管理的主要限制因素。

（二）流域综合管理的原则

不同社会和历史时期往往会设定流域管理的不同优先事项。例如，发展中国家可能侧重于水资源管理，如灌溉、水力发电、基于粮食安全目的的防洪和与根除疾病有关的污染控制；而发达国家可能会将水资源优先用于供水、娱乐和自然保护[24]。关于流域管理的原则，包括联合国和欧盟在内的著名国际组织发布了许多政策准则。例如，联合国[25]提出的与实施水资源综合管理有关的实际指导方针

流域管理必须考虑：水质、水资源、防洪、栖息地和生物多样性、渔业和农业、旅游业和娱乐、工业发展、存量土地利用、公众参与

和发展问题。欧洲议会和欧洲联盟理事会则发布了第 2000/60/EC 号指令（Directive 2000/60/EC）[26]，其中包括水政策领域社区行动的目标和实施计划。英国《国家战略和未来规划》（The National Strategy and Planning for the Future（UK））也在水流域规划中确定了用水的关键类别[27]。为将这些国际准则和方法应用于苏州的流域管理实施中，本研究确定了参与流域管理的 9 个实施领域：水质、水资源、防洪、栖息地和生物多样性、渔业和农业、旅游业和娱乐业、工业发展、存量土地利用、公众参与（表 9–1）。在随后的案例研究中，这些领域将应用于苏州流域管理的评价，特别是 4.2 节中的政策分析。

流域综合管理的实施领域　　　　表 9–1

流域管理的 9 个实施领域	与国际准则的关系		
	国家战略和未来规划[27]	水资源综合管理[25]	第 2000/60/EC 号指令[26]
[1] 水质	饮用水供应、水质管理	健康风险	地表水和地下水质量
[2] 水资源	饮用水和工业用水供应	水资源保护	地下水水量，饮用水供应
[3] 防洪	防洪	雨洪和干旱	防洪，地面排水
[4] 栖息地和生物多样性	野生动物栖息地	水生环境	生态状况
[5] 渔业和农业	农业，鱼	粮食生产	灌溉

续表

流域管理的 9 个实施领域	与国际准则的关系		
	国家战略和未来规划 [27]	水资源综合管理 [25]	第 2000/60/EC 号指令 [26]
[6] 旅游业和娱乐业	航运，水上娱乐		航运
[7] 工业发展	工业用水供应，航运，热电和水力发电	水能关系	航运，发电
[8] 存量土地利用		土地和水环境	
[9] 公众参与			公共信息和咨询

（三）中国流域管理的实践

中国的河流管理模式建立在流域管理和行政管理两者结合的基础上 [28]。中国流域管理行政机构从国家到地方等级分明。在国家一级，由国务院领导的生态环境部和水利部是与流域管理直接相关的主要部门（图 9-1）。2018 年，中国成立了以前环境保护部为主体的生态环境部 [29]。生态环境部不仅继承了环境保护部的所有职责，而且还增设了地下水污染的监督和预防、流域保护和农业非点源污染控制的职能。而水利部主要确保水资源的合理开发和利用 [30]，其下专门设有流域管理机构，比如水利部太湖流域管理局（图 9-1）。在地方一级，每个地区都设有自己的水利部门和环境保护部门，负责地方的水管理。此外，中国还创建了"河长制""湖长制"，作为河流管理和保护的长效机制 [31]。该制度指定地方各级行政长官为河长或湖长，使其能够协调地方政府各部门的河流保护和管理职能并进行相关资源分配。虽然河湖长的功能职责有待进一步完善 [31]，但相关的机构创新强化了中国流域管理中条块之间的统筹协调机制，同时在一定程度上扩大了决策机构所代表的地方性利益相关群体，为构建更加广泛的参与式规划提供了方向和基础。

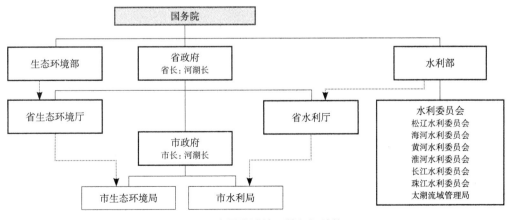

图 9-1　中国流域管理的组织结构

二、国际背景下的流域管理

（一）全球案例综述

基于 Meijerin 和 Huitema[11] 的研究，本章总结了流域管理实践中 12 个全球案例的情况，并对各案例从四个方面做出评估，包括协作性、责任性、合法性和环境有效性。从表 9-2 的分析结果可以看出，以伙伴关系为基础的流域管理可以获得更好的效果，而在复杂流域问题的处理中，政府主导的机构可能会限制相关利益方的参与。

全球案例综述 表 9-2

国家	流域组织名称	机构类型	主导机构	利益相关者	[1]	[2]	[3]	[4]
英国	默西流域行动（Mersey Basin Campaign）	伙伴关系	默西流域行动委员会（Mersey Basin Campaign Council）	从公共、私营和社会部门选择和纳入的多方利益相关者	■	■	■	■
加拿大	麦肯齐河流域委员会（Mackenzie River Basin Board）	协作关系	政府管理者、省领导和原住成员	只有正式纳入的成员	—	■	■	■
美国	俄勒冈流域改善委员会（Oregon Watershed Enhancement Board）	伙伴关系	作为资助提供者的国家机构	公民、当地利益相关者	■	■	■	—
英国	西部乡村河信托基金会（Westcountry Rivers Trust）	伙伴关系（信托基金）	公民组织	参与者和直接受影响的当地参与者	■	■	■	■
德国	埃尔夫班德（Erftverband）	自治	阿奎特（AquaNES）项目（外部，由欧盟资助）合伙人大会（AquaNES Project（external, funded by EU）Assembly of Associates）、合伙人委员会（Board of Associates）（内部）	用水者和污染者（强制性参与）	■	■	■	■
葡萄牙	葡萄牙河流域官方委员会（River Basin District Authorities）	自治	欧盟水框架指令（EU Water Framework Directive），葡萄牙政府	不详	■	■	■	/
南非	布里德-奥弗伯格（现为布里德-古尔维茨）流域管理局 [Breede-Overberg（now Breede-Gouritz）Catchment Management Agency]	政府机构	博卡（BOCMA）管理委员会（BOCMA Governing Board）（其任命受水与卫生部部长影响）	从公共层面到国家层面的参与	■	■	■	/
乌克兰	西布格河流域行政委员会（Western Bug River Basin Administration and Council）	政府机构	国家水资源管理局（State Agency for Water Management）（否决权），RBCs 和 RBAs 有多数裁定规则，欧盟金融影响力	正式委员会中选择和纳入的多方利益相关者	—	■	■	/

续表

国家	流域组织名称	机构类型	主导机构	利益相关者	[1]	[2]	[3]	[4]
阿富汗	昆都士河和塔洛泉河下游流域机构委员会（Lower Kunduz & Taloquan River Basin Agencies and Councils）	政府机构	政府当局和社区之间的治理划分 - 水分配委员会（Water Allocation Commission，WAC）	纳入部分受影响的利益相关者	—	—	—	—
蒙古	蒙古河流域行政委员会（Mongolian River Basin Administrations and Councils）	政府机构	RBA 和 RBC 的提议需要得到省和地区议会的批准	RBCs 中的代表	—	—	■	/
泰国	平江流域委员会及湄匡支流域工作小组（Ping River Basin Committee & Mae Kuang Sub-Basin Working Group）	协作关系	委员会和工作组深受传统职能机构（有资金控制能力）的影响	政府和非政府参与者	—	■	■	—
澳大利亚	默里 - 达令流域管理局，流域代理委员会，流域社区委员会（Murray-Darling Basin Authority，Basin Ministerial Council，Basin Community Committee）	协作关系	联邦政府协调流域国家行动，协调委员会向政府报告政策变化	被咨询的非政府参与者	■	■	■	/

注：分析类别：[1] 协作性；[2] 责任性；[3] 合法性；[4] 环境有效性。

分析结果：最强（以■标记）；较强（以■标记）；较弱（以_标记）；未知（以 / 标记）。

基于大量的全球案例研究综述，Meijerin 和 Huitema[11]特别强调已建立的流域组织和现有治理机构之间存在的矛盾关系。这一点在资源环境管理中尤其重要，因为流域组织作为独立决策机构的自主权取决于其获得资金的渠道以及所划定的流域边界。在一些情况下，被治理的河流流域会因超越国界而涉及多国治理机构。在其他情况下，流域可能会跨越地方行政界限而对接多个基层治理部门。随着可持续性概念的出现，流域综合管理的机制应该能够适应多进程的复杂性和动态性。

在规划实践中，伙伴关系作为一种被广泛认可的特殊工具，已成为解决因机构分割而造成的复杂城市问题的手段。全球案例研究表明，在综合流域管理的背景下，伙伴关系应当成为被重点关注的机制。伙伴关系是基于实现共同的目标和愿景并由不同组织结成的联盟。为确保伙伴关系的有效性，任何成员组织都不能主导决策，同时伙伴关系的存在也不影响其成员组织原有的法定权利和义务。MacKintosh（1992）认为，伙伴关系策略具有三个特征：协同、转变和扩大预算。协同：伙伴关系可以通过协同产生额外的资产、技能和权能。因资源分享和各机构共同努力所获的附加值可以提高政策成果的效力或效率。协同原则是伙伴关系的本质，它强调伙伴关系是进行合作的理想模式。转变：伙伴关系是其成员协商、游说和谈判的平台。为了取得有效成果，需要迅速建立一些原则性的共识。伙伴关系使实施项目能够在一定程度上规避过度繁琐的正式程序，防止项目的拖延甚至终止。扩大预算：与实现相同目标的其他手段相比，伙伴关系更加经济合算。或者说，成员依靠伙伴关系提供服务比其单方提供相同服务所需支付的成本更低。此外，成员还可以通过伙伴关系获取其他成员机构的资源和技能。

下一节从合作伙伴关系的一个具体案例——默西流域行动中探索有效综合流域管理的方法。默西流域行动是公共、私营和志愿部门之间的战略伙伴关系。该项目旨在改善默西盆地河流、运河和河口的水质，并将退化土地恢复为工业、住房或娱乐设施的最佳用途。该行动不仅是世界上最大的河流流域项目之一，也是合作伙伴关系的一个早期案例。它在英国的综合滨水复兴过程中，开创了合作规划的理念。1999 年，该行动因在河流管理方面的卓越表现从全球 100 多个项目中脱颖而出，被授予首届蒂斯环境服务河流奖（Inaugural Thiess Environmental Service River Prize）。本章借助默西流域行动实施的案例，用以说明建构综合流域管理和实施中伙伴关系的机制。

（二）最佳实践概述：英国默西流域行动

默西流域行动是一项由政府资助的为期 25 年的流域治理项目，旨在清理英格兰西北部默西流域的河流、运河和河口，是跨部门（公-私-自愿）合作的先驱。在该行动的活跃期内（1985—2010 年），这个有严重工业衰退和污染历史的地区，在改善水质、促进水岸再生和吸引利益相关者方面取得了巨大进展。

默西河位于英格兰西北部，其流域的总面积为 4680 平方公里。河水在汇入利物浦湾（Liverpool Bay）和爱尔兰海（Irish Sea）之前，流入 26 公里长的默西河口（Mersey Estuary）。该行动涉及的区域内有许多运河，包括最著名的曼彻斯特通海运河（Manchester Ship Canal），从默西河口的内陆延伸到曼彻斯特，全长 58 公里。该流域人口约 500 万，包括上游的曼彻斯特市（Manchester）和河口的利物浦市（Liverpool）。图 9-2 显示该行动涉及区域及其在所在的位置。

行动区域的划定是基于河流系统，即默西河和里伯勒河系（The Mersey and Ribble rivers）的影响地区，而非地方行政边界，这样避免了问题与解决方案之间错位的状态，有助于防止管理中出现的"指责游戏（Blame Game）"，即一个政府（或其中一部分）指责另一个政府。由于在该行动开始时，英国政府已经宣布了废除大都会郡的计划，包括以利物浦和大曼彻斯特城地区为基础的郡[32]，因此保证行动计划与流域边界的统一至关重要。

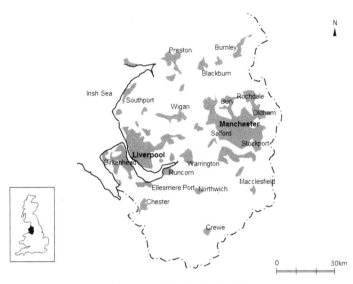

图 9–2　默西流域行动区域

1.行动创建的背景

19 世纪，英格兰西北部成为世界上第一个工业化地区。快速的工业增长创造了对高水平劳动力的需求，从而导致了城市地区的快速扩张。在此过程中，生活污水不经处理直接排入河流和海洋，制造工业沿该地区河流和新的运河系统也逐渐建立起来，而运河系统则成为运输工业产品和排除废物的主要通道。

20 世纪 80 年代，默西河是英国污染最严重的河口和河流系统[33]。20 世纪末，该区域的水道成为世界上污染最严重的地区之一，工业区废弃、住房条件恶化和社会问题日益严重成为工业经济衰退的重要体现。解决这一系列问题的关键在于找到能够超越公共部门传统作用的新治理方式。恶劣的环境状况，尤其是水道内部和周围区域的现状，成为管理者所面对的最大挑战。尽管河流和运河曾经是促进工业发展的主要资产，但到了 20 世纪 80 年代初，由于水质已经退化到难以接受的程度，并且许多滨水区域遭到遗弃，因此水系成为城市再生和经济复兴的严重制约因素。

当时的英国环境大臣 Michael Heseltine 很快认识到了形势的严峻性，作为默西塞德（Merseyside，利物浦市所在地区）的部长，他肩负着寻找政策对策的任务。Heseltine 是默西流域行动的发起人，这个行动旨在解决默西河及其支流的水质问题和相关的陆地废弃问题。这次行动为英国的行政实践开拓了新的领域，同时也被证明是建立跨部门伙伴关系的先驱，其创新已经深深地根植于英国的公共生活中[34]。默西流域行动始于 1985 年，在历时 25 年间逐步清理了整个默西河系统。该行动的大胆创新始于项目之初，其英文名称"Campaign"具有基于共同目标争取广泛支持的含义，具体做法涉及由一系列利益相关者共同努力来实现政策目标。

2. 核心愿景和目标

该行动的核心愿景是努力建设包括河流在内的水道系统，以维持和提高该区域人口的生活质量。因此，该行动早在"可持续发展"相关词汇成为通用流行语之前，就被视为一种可持续发展的策略[35]。该行动的三个主要目标反映了倡议开始时确定的环境、经济和社会三大可持续发展支柱：

全球案例研究表明，滨水复兴的愿景必须反映可持续的三大支柱，即环境、经济和社会。

（1）到2010年，将默西流域的河流质量至少提高到"较好"水平，所有河流和小溪都足够干净，适合鱼类生长；

（2）提倡对遗产保护有益的商业、娱乐、住房、旅游滨水开发；

（3）鼓励在默西流域生活和工作的人珍惜河道和滨水环境。

这三个简单但意义深远的目标自始至终贯穿于整个行动过程中，而实现目标的重要途径则是广泛参与地方、次区域、区域、国家和欧洲的各级项目和活动。在某些情况下，该行动发挥了重要作用，而且通常是核心作用；在另一些情况下，它的作用和影响是间接的，比如为这些活动增加价值。在行动开始时，人们认为所设定的水质目标野心过大；但从事后的角度来看，所设定的目标并没有不切实际。特别值得一提的是，当时对于城市地区大面积暴雨污水排放的问题并没有解决方案，之所以如此，是因为方案背后昂贵的成本。直到后来在一系列欧盟环保指令的巨大压力下，水利行业实行了私有化，从而使解决策略可以不受公共部门借款的限制，才使问题迎刃而解。

3. 治理、管理和决策

有效应对严重水污染和滨水区衰退所需的清理方案在规模和复杂性方面会超出任何一个地方政府或机构的执行能力。该行动的组织机构在整个生命周期内发生了重大变化，这是区域演化和发展以及经验积累的结果。从2002年起，该行动的伙伴关系一直建立在若干组织结构积极参与的基础上（图9-3）。

该行动的结构允许伙伴关系具有空间灵活性。区域内利益相关者在行动委员会和默西流域商业基金会发挥了关键作用，其机制是通过与该行动结成伙伴关系来发挥作用[37]。该伙伴关系反映了地方所面对的挑战和诉求，由当地的关键性伙伴组成。此外，默西流域行动也会雇用一些行动伙伴关系协调员来支持各个领导小组，并通过资金筹措、管理项目、公共事件以及宣传活动推动决策。

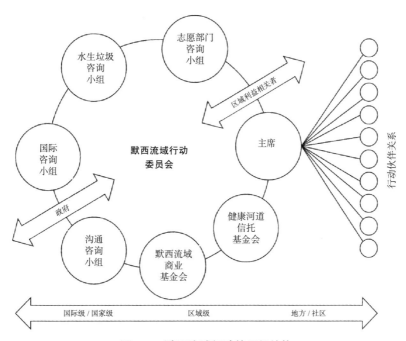

图 9-3　默西流域行动的组织结构

（资料来源：根据默西流域行动修改[36]）

默西流域行动的领导结构分为三个部分：主席；委员会；以及默西流域商业基金会[38]。

（1）主席（Chairperson）领导整个行动，由相关中央政府（内阁部长）任命，职责具有独立性。在行动 25 年的生命周期中，共有 4 位来自工业界和学术界的历任者，每位均在这一职位上服务了 6 年左右。主席的职责要求当选人是知名度很高的政策倡议者，能够影响所有部门潜在合作伙伴的意见，并确保他们的支持和持续参与。毫无疑问，主席的领导力对行动的成功至关重要。

（2）委员会（Council）为该行动的理事机构，主要利益相关者在该机构内为实现行动目标提供战略方向和政策指导。机构的本质是由 38 名利益相关者代表组成的非法人伙伴关系组织，其中包括两类成员：有投票权的伙伴以及没有表决权的顾问 / 观察员。委员会成员代表各相关组织、部门或领域，其中水务公司（联合公用事业公司）、环境监管机构（环境署）、地方政府、区域（经济）开发署以及其他公共机构（例如，自然英格兰）的代表是理事会的重要成员。此外理事会也包含志愿部门代表，比如志愿部门论坛和行动委员会的咨询小组。

（3）默西流域商业基金会（Mersey Basin Business Foundation，MBBF）是一家非营利有限公司，为该行动执行全面运营管理任务，其组成基于默西流域行动与 ICI

公司（1987 年）、壳牌（Shell，1988 年）和联合利华（Unilever，1989 年）之间的
初步伙伴关系，董事是来自工业界的伙伴。商业基金会于 1992 年作为该行动的一个
独立而且日益重要的分支机构组建，到 2010 年行动结束时，已有 12 名成员。其作用
在于积极寻求并扩大与该行动和具体项目相关的企业数量，并鼓励成员组织将活动目
标纳入其日常活动和业务范围。默西商业基金会获得了政府对该行动的核心资助。

委员会和默西流域商业基金会可以为合作伙伴提供不同深度和程度上的合作可
能。现有经验表明，成功建立伙伴关系的关键之一是创造足够多的机会以促成多样
性的合作关系，包括从组织的顶层到底层的各个层面的参与。对于长期合作的伙伴，
有必要跟行动的高层机构建立关系，以保证合作关系的稳固、持久[39]。

三、中国苏州的流域管理

本研究以中国历史名城苏州作为研究对象。苏州是具有 2500 多年历史的古城，
作为 10 世纪宋朝以来中国重要的商业中心之一，苏州拥有丰富的遗产资源。它是中
国最著名的历史水乡之一，拙政园、留园、网师园等 9 个古典园林以及京杭大运河
被联合国列入《世界文化遗产名录》。截至 2020 年底，苏州共有全国重点文物保护
单位 61 个、江苏省重点文物保护单位 127 个、苏州市文物保护单位 693 个。苏州的
水乡形象是由市中心运河网塑造的，因此苏州经常被称为"东方威尼斯"或"中国
威尼斯"[40]。水是苏州市的核心组成部分。

（一）现状分析

1. 水质和水量

根据苏州生态环境局[41]发布的 2019 年年度报告，苏州地表水质量具体情况如
图 9-4 所示。纳入江苏省"十三五"水环境质量目标考核的 50 个地表水断面中，水
质达到Ⅱ类的断面占 28.0%，Ⅲ类断面占 58.0%，Ⅳ类断面占所有断面的 14.0%。无

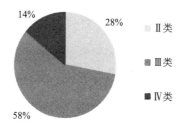

图 9-4　2019 年苏州市省级考核断面水质类别[③]比例

Ⅴ类和劣Ⅴ类断面（Ⅴ类水主要适用于农业用水区及一般景观要求水域，劣Ⅴ类水指未达到Ⅴ类水标准的水体）。与 2018 年相比，达到或优于Ⅲ类断面比例上升 10.0个百分点，劣Ⅴ类断面同比持平。太湖湖体（苏州辖区）总体水质处于Ⅳ类，主要污染物为总磷和总氮，处于轻度富营养状态。

根据沈默和谈飞[42]的描述，苏州位于长江下游和太湖流域，水域面积与陆地面积之比为 4∶6。苏州有 2 万多条河流和大量湖泊，河网密度为 1.5 公里 / 平方公里。2019 年苏州平均降雨量为 1134.6 毫米，相当于总降雨量 93.20 亿立方米（不包含长江水面），比多年平均降水量（1956—2015 年）多 35.5 毫米。梅雨期降水量为 240.3毫米，水资源总量为 36.963 亿立方米，其中地表水 33.295 亿立方米，地下水 9.581亿立方米。地下水水情形势较好，整个苏州地区均为水情安全区。总用水量为 47.68亿立方米，比上年度减少了 1.698 亿立方米。[43]

2. 生态环境

依据《生态环境状况评价技术规范》HJ 192—2015，2019 年苏州市生态环境状况指数为 64.4，处于良好状态，较 2018 年下降 0.1，无明显变化。苏州市（县）区的生态环境状况指数分布范围在 58.4 ~ 67.9，均处于良好状态[41]。

3. 发展状况

根据表 9-1 提出的 9 项实施领域框架，并结合可持续发展概念中环境、经济和社会三项支柱的理论结构，表 9-3 列出了从文献和媒体评论中所归纳出的苏州流域管理所面对的挑战和风险。

苏州流域管理面对的挑战和风险　　　　　表 9-3

可持续发展的支柱	实施领域	挑战与风险
环境	[1] 水质	城市地区的水资源存在恶化的风险[44]。主要河流和湖泊富营养化问题有待解决[45]
	[2] 水资源	苏州人均占有水资源较少，仅在丰水年优于全国平均水平，平水年和偏丰水年为 2000 ~ 2300m³。按照国际公认的人均水资源标准，苏州总体处于轻度缺水状态，少数年份（偏枯年、枯水年）则达中度缺水[45, 46]
	[3] 防洪	由于全球气候变化，苏州极端天气的频率有所增加[45]，洪涝风险有所增加
	[4] 栖息地和生物多样性	2019 年苏州市区及下辖各县区生态环境状况指数分布范围均在58.4 ~ 67.9 之间。针对 26 个水体点位展开的监测显示底栖动物和浮游植物多样性级别为"一般"[41]
经济	[5] 渔业和农业	近 20 年来，苏州城市建设用地增长的需要造成耕地与鱼塘的减少[47]
	[6] 旅游业和娱乐业	苏州旅游业的发展有赖对水资源的利用[40]
	[7] 工业发展	苏州在参与政府污染源监督信息公开指数的 13 个江苏省城市中排名第 8[48]

续表

可持续发展的支柱	实施领域	挑战与风险
经济	[8] 存量土地利用	1995—2015 年间，苏州城镇建设用地快速扩张，同时农田面积所占比例从 55.63% 逐年下降至 44.43%[47]
社会	[9] 公众参与	中国的法规鼓励公众参与环境决策[49]。苏州市民最关心的是空气污染，只有 29% 的人关注饮用水的安全[50]

（二）法规与政策分析

从表 9-4 可以看出，与苏州流域管理有关的现行法规和政策在国家、区域、省和城市层级各不相同。正如孙波[51] 所述，尽管中国有大量与水环境和资源保护有关的法律法规，但在流域一级缺乏政策法规。此外，王国永[52] 认为，《中华人民共和国水法》建立的水资源管理制度改变了水

苏州的流域法律法规侧重于水质和资源管理，而较少强调综合管理

资源行政管理体制改革滞后的不利局面，为流域立法提供了空间。然而，大多数对流域管理有重大影响的水相关法律法规都是不系统的应急性法律法规。此外，由于法律法规在制定过程中无法对实际执行层面的复杂问题做出全面预测，也会造成法律与执法之间的错位。例如，2008 年，江苏省实施了《江苏省太湖水污染防治条例》以应对太湖蓝藻危机[53]。这一法规帮助降低了太湖的总氮和总磷含量，但它同时也禁止新建、改建和扩建印染企业，这不仅不利于促进节能减排，也影响整个纺织产业链的转型升级。在企业家、非政府组织和其他各方的努力下，2018 年该条例被修订，允许排放磷和氮的现有企业实施技术升级改造[54]。再如，由于人们的过度捕捞，长江流域渔业资源恶化，国家农业农村部以及江苏省农业农村厅则分别于 2019 年底、2020 年发布了《农业农村部关于长江流域重点水域禁捕范围和时间的通告》和《江苏省农业农村厅公告（2020 第 12 号）》，由此开始实施长江流域与太湖为期 10 年的禁捕。尽管这能恢复长江的渔业资源，但也会对长江与太湖的渔业经济带来影响。

根据表 9-1 确定的 9 项评价类别，表 9-5 的法规与政策矩阵分析总结了中国、江苏省和苏州市三级法规和政策体系的内容。从苏州市的角度来看，社会方面的政策关注度还有较大的提升空间。就环境方面而言，与水资源保护和水质控制相比，栖息地和生物多样性的关注度相对较弱。雨洪控制总体政策力度较大，符合苏州降雨量丰富的现实。在经济方面，渔业和农业问题有待进一步得到重视。此外，生态相关政策法规中有提到旅游问题，而旅游政策中却很少涉及生态方面的内容。

苏州流域管理现行相关规范性文件　　　　　　　　表 9-4

文件分类	国家或区域级	省级	城市级
法律与条例	N-1:《中华人民共和国水法》（2016） N-2:《太湖流域管理条例》（2011） N-3:《中华人民共和国渔业法》（2013） N-4:《中华人民共和国水污染防治法》（2018） N-5:《农业农村部关于长江流域重点水域禁捕范围和时间的通告》（2019）	P-1:《江苏省湖泊保护条例》（2018） P-2:《江苏省太湖水污染防治条例》（2018） P-3:《江苏省旅游条例》（2015） P-4:《江苏省防洪条例》（2019） P-5:《江苏省渔业管理条例》（2018） P-6:《江苏省农业农村厅公告（第12号）》（2020）	C-1:《苏州市渔业管理条例》（2000）
规划与方案	N-6:《全国土地利用总体规划纲要（2006—2020年）调整方案》（2006—2020） N-7:《太湖流域防洪规划概要》（2008—2025） N-8:《"十三五"生态环境保护规划》（2016—2020） N-9:《"十三五"旅游业发展规划》（2016—2020） N-10:《长三角生态绿色一体化发展示范区总体方案》（2019） R-1:《长江经济带生态环境保护规划》（2016—2030）	P-7:《江苏省土地利用总体规划》（2006—2020） P-8:《江苏省国家级生态保护红线规划》（2018） P-9:《江苏省"十三五"旅游业发展规划》（2016—2020）	C-2:《苏州市城市防洪专项规划》（2008—2020） C-3:《苏州市水利水务"十二五"规划》（2011—2015） C-4:《苏州市旅游标准化发展规划》（2011—2020） C-5:《苏州市"十三五"生态环境保护规划》（2016—2020） C-6:《苏州市水污染防治工作方案》（2016） C-7:《苏州市旅游业发展"十三五"规划》（2016—2020） C-8:《苏州市水利水务"十三五"规划》（2016—2020） C-9:《苏州市土地利用总体规划》（2006—2020） C-10:《苏州市生态河湖行动计划实施方案》（2018—2020）

注：括号内时间点表示文件首次通过或修正年份，括号内时间段表示规划期限。

苏州流域管理法规与政策矩阵分析　　　　　　　　表 9-5

可持续发展的三大支柱		环境				经济				社会
		[1]	[2]	[3]	[4]	[5]	[6]	[7]	[8]	[9]
文件分类	文件代码	水质	水资源	防洪	栖息地和生物多样性	渔业和农业	旅游业和娱乐业	工业发展	存量土地利用	公众参与
法律与条例	N-1		···	··					·	
	N-2	··	··	·		·	·		·	
	N-3	·				···				

续表

可持续发展的三大支柱		环境			经济			社会
法律与条例	N-4	···	··	·		·	·	
	N-5	···	···		···	·		
	P-1	·	···			·		·
	P-2	···	··		·	··	··	
	P-3		··	··	···	··	··	
	P-4							
	P-5	·	··	·	···	·		·
	C-1	··			···	·		
规划与方案	N-6				·	··		···
	N-7	·	··	···		·		
	N-8	·	·	··	·	·	·	
	N-9	·	·		···	·	·	
	N-10	···	··	··	·	···	···	
	R-1	··	·	·	·	·	··	··
	P-6		··		···			
	P-7	·	··		·	··		···
	P-8	·	··	···				··
	P-9				···			
	C-2		·	···				
	C-3			·				
	C-4		·		···	·		
	C-5	··	·	·	·	·	·	··
	C-6					··	··	
	C-7				···	·		
	C-8	·		···	·			··
	C-9	·		·	·	··	··	
	C-10	···	··	··	··	··	··	

分析结果：高度提及（以···标记）；中度提及（以··标记）；简单提及（以·标记）。

（三）利益相关者分析

苏州流域管理的主要利益相关者包括政府管理部门、经济生产部门、社会部门与社区机构三大部分。根据决策权和参与流域管理的程度，还可以将利益相关者进

一步分为三个级别，即一级利益相关者、二级利益相关者和三级利益相关者。表9-6
总结了这些利益相关者的职责和分类。

利益相关者分析结果 表9-6

类别		利益相关者	职责	参与程度/决策权力
政府管理部门	国家级	水利部	水资源开发和保护	一级利益相关者
		自然资源部		
		生态环境部	生态与水质保护	
		太湖流域管理局	太湖流域水资源开发与保护	
	省级	省生态环境厅	生态与水质保护	
		省水利厅	水资源开发和保护	
	市级	苏州市委	决策和交付	二级利益相关者
		苏州市政府		
		苏州生态环境局	生态与水质保护	
		苏州水务局	水资源保护和发展	
		河长制办公室（设在水务局水环境治理处）	河流和湖泊的管理和保护	
经济生产部门	第一产业	农民渔民	农副产品生产	三级利益相关者
	第二产业	制造商和建造商	制造、建造和安装	
		水、电和燃气公司	水、电和天然气供应	
		污染企业	污染控制	
		环境技术公司	污染处理服务提供、传感器安装、数据库创建	
	第三产业	农业供应商和服务者	农业供应和配送	
		保险公司和银行	为排污企业提供保险或信贷	
		酒店、餐厅和房地产开发商	旅游和住宿服务提供	
社会部门与社区机构		非政府组织	政策实施、监督和研究	
		当地社区，居委会，村委会	资源使用者，监督者	

（四）分析总结

在现状分析、政策分析和利益相关者分析的基础上，图9-5总结了苏州流域管理实施中所面临挑战的优先顺序，基于两个维度的评价：现状分析所得的优先级；政府政策的强调程度。

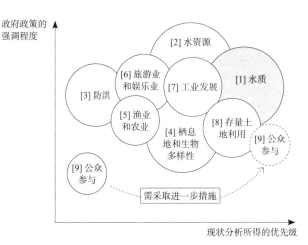

图9-5 苏州流域管理面临的挑战

保证水体质量是苏州在流域管理方面的重要领域，因为水质是保证其他相关领域健康发展的基石，包括水资源（饮用水）、旅游业和娱乐业（古典水乡的形象）、栖息地和生物多样性（供养生态系统）以及存量土地利用（可持续发展）。借鉴默西流域行动和其他全球案例研究的经验，苏州流域综合治理可以优先考虑以下方面：创新流域一级综合实施管理机制以实现既有政策目标；进一步加强不同利益相关团体和个人参与流域的管理实施（比如当地社区可以通过参与决策或分享临近河道信息等多种渠道为流域管理做出积极贡献）；进一步整合政府部门在实现可持续性目标方面的运作体系（如参考全球案例研究中建议的战略伙伴关系）。

四、对未来苏州的建议

苏州的流域管理需要持续关注水质，实现水环境的可持续和整体发展。要实现这一目标需要各方利益相关者的集体努力才能实现，而合作伙伴关系可以为苏州流域管理的机制创新提供借鉴。2019年《长三角生态绿色一体化发展示范区总体方案》出台后，江苏省、浙江省、上海市"两省一市"即展开了对太浦河等河流的共同治理与生态环境保护方面的深化合作探索。本节初步探讨苏州构建合作伙伴关系框架的实施路径。

（一）苏州流域伙伴关系的构建

扩大利益相关者的参与是构建伙伴关系并使之有效运作的重要环节。经验表明，大多数机制创新是以非正式的形式开始的[55]，而网络的形成往往建立在已有的社会交往和地域邻近性的基础之上[56]。在构建伙伴关系的初期，可以把利益相关者的范围大致锁定于当地已有的人际或组织网络，以便安排利益相关者的初步接触，比如基于相同地区的非政府组织，如绿色江南公众环境关注中心和苏州青年志愿者协会义工分会等。

默西流域行动的经验表明，流域会议有助于促进流域伙伴关系的形成。默西流域行动会议在1984年3月举行了一次记者招待会，以协助该行动的启动。新闻发布会发布了三条信息：实施彻底的水质清理行动；新成立一个无需立法即可运作的机构进行流域管理；环境部起到带头作用。这种流域会议可以促进公共、私营和志愿部门之间的合作，被认为是改善流域水质的关键。此外，它还填补了该地区协调环境管理的领导空白。参考这一经验，类似的流域会议以及国内国际专家组等形式可以成为启动苏州流域伙伴关系的重要机制。

苏州流域伙伴关系的建立可以有效支持地方的环境协调管理

太湖流域由水利部太湖流域管理局统一管理，苏州作为太湖流域的一部分，可以采用指导小组领导的伙伴关系模式进行管理。伙伴关系通常在一个指导小组的领导下运作。全球案例研究的经验表明，指导小组的理想规模不超过20人，并以30人为上限，原因在于过大的委员会难以实现有效管理（例如，安排会议的困难）和充分沟通。另外大型委员会往往倾向于分裂成小的话题组，而不是作为一个统一的单位运作。相反小型委员会能够更好地建立强有力的工作关系（包括人际网络），这对协调工作至关重要。由于苏州的流域管理涉及生态环境局、水务局等较多市属工作部门，可以考虑在苏州市人民政府监督下，建立苏州市流域管理指导小组，该指导小组承担管理职能，为政府管理部门、经济生产部门、社会部门与社区机构以及专家组构建合作伙伴关系搭建良好平台。综合前一节的现状分析结果，可以考虑把苏州流域管理的关键领域设为：水资源；旅游业和保护；经济发展；监测和管理，同时每个领域对应一个专题小组，负责完成表1列举的9个流域实施领域的相关任务（图9-6）。

需要特别指出的是，考虑到苏锡常一体化背景下环太湖旅游发展的需求，旅游与保护专题小组可将旅游发展的主题作为实施伙伴关系的契机，通过伙伴关系的组织结构与其他流域管理的利益相关者取得互动，使旅游相关的政策实施能够有机衔接流域管理的其他职责，以求获得社会总体利益的最大化。苏州市文化广电和旅游局及各区县文化体育和旅游局可作为旅游发展伙伴关系的领导者，并吸引其他利益相关方如拥有旅游资源的乡村集体、旅游景区内的居民代表等加入旅游发展主题的讨论。

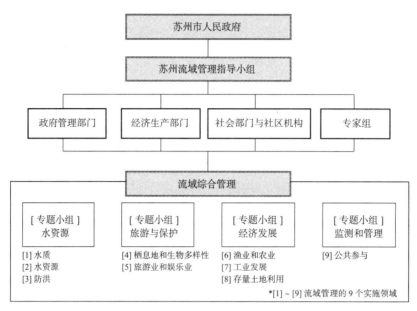

图 9-6 苏州流域伙伴关系的结构

随着 2019 年苏州太湖国家旅游度假区中央旅游商贸区城市设计的公示以及 2020 年《苏州湾花港片区区域价值白皮书》的发布，苏州湾的旅游价值将得到提升。不过,环太湖旅游业的发展与其他社会目标之间存在着辩证的关系。从互动的角度来讲,旅游开发可以通过扩大消费市场来带动太湖周边农村地区农业和渔业的发展,反之农业渔业活动也可以被纳入旅游项目以丰富城市旅游者的感受从而扩大旅游业的经济收益,有效推进城乡区域一体化的进程。但是另一方面,旅游发展也会对其他领域的活动造成压力,比如旅游高峰期过度的人流会对自然环境和当地社区产生负面影响,包括交通拥挤、噪声污染、废弃物急剧增加等问题,从而增加乡村治理的难度。除此之外,旅游的发展需要不断改善环境质量并限制污染物排放,这在一定程度上会影响到周边乡镇企业的经济利益。流域管理伙伴关系可以为综合解决这类复杂发展问题提供有效的平台,比如可以在旅游与保护小组的牵头下,通过组织一系列公共活动(例如定期举办的环太湖旅游开发和推广论坛等),将相关利益方(包括其他专题小组的代表和流域内诸多相关社会群体)最大程度地聚集到一起,互通各自的利益诉求和观点,探讨扩大合作、互惠共赢的途径,共商降低旅游行业社会负效应的对策。流域伙伴关系使不同的利益相关方之间的相互倾听、协商、甚至是讨价还价成为可能,因此可以有效抑制水资源竞争性利用所造成的恶性循环,推广对有限资源进行合作式开发利用的良性模式,使地方经济跨入以城乡一体化和可持续发展为基础的新台阶。

回顾默西流域行动的经验[57]，其中有价值的思考可以为苏州构建流域伙伴关系提供参考：一是伙伴关系的策略至关重要。伙伴关系是流域综合管理的有效组织，默西流域行动中国家机构、地方政府、企业和当地社区的积极参与都是构建伙伴关键的重要组成部分；二是行动伊始即需要具备清晰的愿景，并将水域、滨水区和社区作为关注重点，这是流域伙伴关系获得成功的重要因素；三是需要强有力的领导。政府主导的方法有其必要性，与此同时，需要由相对独立的流域伙伴关系领导人来引导伙伴关系的运作，以促成流域内所有利益方的更广泛参与，并从相互冲突的诉求中创造双赢结果；四是实现具体目标切实可行的时间表是必要的。例如，默西流域行动的生命周期设定为 25 年；五是政府的持续支持非常重要。默西流域行动中历届政府和部长个人都起到了非常积极的作用；六是必须处理好伙伴关系对更广泛利益相关方的战略影响。流域伙伴关系应在全球、国家和区域各级运作，但也应在基层开展地方工作；七是基于证据的运作是流域伙伴关系的关键。伙伴组织必须拥有强大的科技创新作为后盾，措施的确定和评估应以科学证据为基础；八是来自不同伙伴组织的资源对于流域伙伴关系的持续运作至关重要。

鉴于苏州的流域覆盖范围大以及问题复杂的特点，可以考虑将促进机构分成若干小组，并积极营造利于不同机构或小组委员会之间沟通与合作的环境。默西流域行动伙伴关系中的子行动伙伴关系的经验可以为苏州提供以下参考：一是子行动伙伴关系是流域管理实践中项目实施的关键；二是子行动伙伴关系利于项目的执行。默西流域行动中子行动伙伴关系侧重于滨水区改造和提升社区意识的项目；三是子行动伙伴关系的公正性和灵活性使项目的执行相对其他组织形式更加高效；四是子行动伙伴关系中的项目协调员的设置非常有益于向志愿团体提供支持。项目协调员作为政府和其他伙伴组织（如当地工业和社区团体）之间的桥梁，可以有效完成具体行动和管理项目。然而，用于雇用项目协调员的资金比较难以筹措；五是广泛的资金来源是子行动伙伴关系成功的关键因素，这跟流域伙伴关系的非营利性质有关；六是由于子行动伙伴关系没有行政权力或具体项目资金，它高度依赖于具有不同议程和业务的其他组织的行动才可以完成项目，这可能会使工作程序具有不可预测性。因此为子行动伙伴关系提供业务资源（包括财务和实物）成为关键问题。

（二）苏州流域综合管理规划及愿景

国际案例研究表明，制定综合流域管理规划是流域伙伴关系最重要的任务。流域综合管理规划是具有前瞻性的政策文件，包含规划期内实现可持续和健康流域的目标所需要的行动指南，由流域伙伴关系协调和制定[58]。作为一份面向未来的资源管理路径图，综合流域管理规划有时需要跨越管辖边界，以整合水体和土地管理的实施。制定流域综合管理规划是流域合作伙伴执行具体任务的指引。图 9-7 说明该规划与苏州流域伙伴关系中专题组之间的关系。

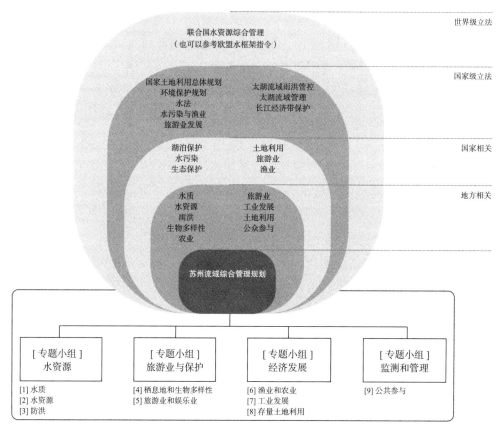

图 9-7　与苏州流域综合管理规划相关的立法和程序
（评估框架改编自特威德论坛（Tweed Forum）[59]）

中国的立法体系中并没有直接提及流域管理规划。由于苏州已有大量与流域问题相关的政府政策和法规（表 9-4 和表 9-5），额外的政策未必能够更加有效解决复杂的流域管理实施问题。流域综合管理规划主要是作为辅助实施现有政策的平台，通过"引导"集体的力量，实现流域可持续发展的目标，其目的不在于取代现有规划和法规。换而言之，规划是为确保"每个人都在唱同一首歌"。由于目前的法定框架对流域综合管理

未来苏州的流域综合治理规划是为确保在滨水复兴的实施中"人人唱同一首歌"。

规划未作要求，因此该规划的建议是否被采纳取决于决策者和流域伙伴关系的意愿。流域管理规划的这些特征跟国内广泛存在的城市战略性规划有一定的相似之处。

流域管理规划应由流域伙伴关系所有成员共同参与讨论和制定，从而使规划能够包容更多参与方的意愿，方案可以作为执行现有政策和确定最佳管理实践的参考。流域内工业企业和土地使用者有机会与苏州流域伙伴关系、政府机构和其他流域利益相关方合作，促使其不断改进对水体和土地的使用方式。土地的公共和个人使用者有必要参与流域保护的行动，以对生态环境负责任的态度进行生产和游憩活动，从而减少对流域的影响。此外，规划制定的成本也是需要被充分考虑的对象。图9-8显示制定规划的流程，同时所有规划过程都需要循环更新，以应对不断变化的环境和及时从监测过程中吸取教训。

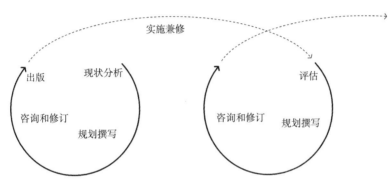

图9-8 苏州流域综合管理规划的编制过程

借鉴默西流域行动和其他全球最佳实践的经验，本章认为在可持续发展愿景的基础上促进苏州流域综合管理机制的创新至关重要。此外还有必要将可持续发展的原则纳入解决经济、环境和社会问题的合作之中，因为与可持续性相关的愿景能够鼓励从公共机构到地方利益团体的更广泛参与。苏州流域综合管理的愿景建议包括以下几个方面：一是在环境方面，改善水质必须是苏州流域（包括所有湖泊、河流和运河）的首要任务，以保证水质的足够清洁，为良好的生态环境提供支持；二是在经济方面，苏州流域应促进从渔业和农业到旅游和新技术创新等一系列产业的高质量发展；三是在社会参与方面，苏州流域的公众应该珍惜当地水环境，并积极参与决策过程。苏州流域的上述三个愿景十分简明，但这些信息必须传达到参与流域综合管理实践的所有利益攸关方并使之贯穿于各类发展项目中。

伙伴关系方法在全球流域综合管理方面具有广泛的应用，目前在中国仍处于起步阶段。扩大公众参与和"以人为本"的发展是中国《城乡规划法》和《国家新型城镇化规划（2004—2020 年）》所指明的方向。在全球最佳实践的影响下，实现可持续流域管理已经成为苏州各界的共识。然而必须认识到，在利益相关者之间建立共同的目标相对简单，而建立流域伙伴关系并让利益相关者广泛参与其中则面临更大的挑战。

借鉴全球案例，特别是默西流域行动的经验，苏州流域伙伴关系可以通过设定高瞻目标和采取长远策略的措施，以平衡的方式将战略视角和具体行动联系起来，同时努力保证大量短期和小规模项目的成功实施，这样就可以避免伙伴关系"纸上谈兵"的通病。苏州流域伙伴关系需要吸引包括各级机构在内的所有利益相关者的长期支持和承诺。事实上，该伙伴关系本身具有弹性和灵活性，其结构和工作方式可以随时调整，以应对实施期间出现的新挑战、优先事项和机遇。

参考文献：

[1] Chen S J. History of China water resource management [M]. Beijing：China Water Resources Management Publishing House，2007.

[2] RYDIN Y. Urban and environmental planning in the UK [M]. 2nd ed. Basingstoke：Palgrave Macmillan，2003.

[3] PAHL-WOSTL C. Transitions towards adaptive management of water facing climate and global change [J]. Water Resources Management，2007，21（1）：49-62.

[4] HUNTJENS P，PAHL-WOSTL C，GRIN J. Climate change adaptation in European river basins [J]. Regional Environmental Change，2010，10（4）：263-284.

[5] SCHRAMM G. Integrated River Basin Planning in a Holistic Universe [J]. Natural Resources Journal，1980，20：787-805.

[6] CORTNER H J，WALLACE M G，BURKE S，et al. Institutions matter：the need to address the institutional challenges of ecosystem management [J]. Landscape & Urban Planning，1998，40（1-3）：159-166.

[7] SABATIER P A，FOCHT W，LUBELL M，et al. swimming upstream：Collaborative approaches to watershed management [M]. London：MIT press，2005.

[8] MEADOWCROFT J. Cooperative management regimes：A way forward? [M]// Cooperative environmental governance：Public-private agreements as a policy strategy. Dordrecht：Kluwer Academic Publishers，1998：21-42.

[9] PETERS B G. With a little help from our friends：public-private partnerships as

institutions and instruments [M]//Partnerships in urban governance：European and American Experience. London：Palgrave Macmillan，1997：11-33.

[10] KIM J S，BATEY P W J. A collaborative partnership approach to integrated waterside revitalisation：the Mersey Basin Campaign，North West England [J]. International Journal of Public Private Partnerships，2001，3：145-150.

[11] MEIJERINK S，HUITEMA D. The institutional design，politics，and effects of a bioregional approach：observations and lessons from 11 case studies of river basin organizations [J]. Ecology and Society，2017，22（2）：41.

[12] BASCO-CARRERA L，MEIJERS E，SARISOY H D，et al. An adapted companion mod-elling approach for enhancing multi-stakeholder cooperation in complex river basins[J]. International Journal of Sustainable Development & World Ecology，2018，25：747-764.

[13] BOSCHET S，RAMBONILAZA T. Collaborative environmental governance and transaction costs in partnerships：evidence from a social network approach to water management in France [J]. Journal of Environmental Planning and Management，2018，61：105-123.

[14] ROUILLARD J J，SPRAY C J. Working across scales in integrated catchment management：lessons learned for adaptive water governance from regional experiences [J]. Regional Environmental Change，2017，17：1869-1880.

[15] BIDWELL R D，RYAN C M. Collaborative partnership design：the implications of organizational affiliation for watershed partnerships [J]. Society and Natural Resources，2006，19（9）：827-843.

[16] VAN DER VOORN T，QUIST J. Analysing the role of visions，agency，and niches in historical transitions in watershed management in the lower Mississippi River [J]. Water，2018，10（12）：1845.

[17] EPA. Getting in step：engaging and involving stakeholders in your watershed [M]. 2nd ed. Washington DC：United States Environmental Protection Agency，2013.

[18] LINNENLUECKE M K，VERREYNNE M-L，DE VILLIERS SCHEEPERS M J，et al. A review of collaborative planning approaches for transformative change towards a sustainable future [J]. Journal of Cleaner Production，2017，142（Part 4）：3212-3224.

[19] SCOLOBIG A，LILLIESTAM J. Comparing approaches for the integration of stake-holder perspectives in environmental decision making [J]. Resources，2016，5（4）：37.

[20] STARIK M，RANDS G P. Weaving an integrated web：multilevel and multisystem

perspectives of ecologically sustainable organizations [J]. Academy of Management Review，1995，20（4）：908-935.

[21] HAYMAN A A. Collaboration as a governance strategy for Integrated Water Resource Management：An evaluation of two watershed partnerships in the SIDS of Jamaica [D]. Guelph：University of Guelph（Canada），2011.

[22] BASCO-CARRERA L，WARREN A，VAN BEEK E，et al. Collaborative modelling or participatory modelling? A framework for water resources management [J]. Environmental Modelling & Software，2017，91：95-110.

[23] TEWDWR-JONES M，ALLMENDINGER P. Deconstructing communicative rationality：a critique of Habermasian collaborative planning [J]. Environment and Planning，1998，30（11）：1975-1989.

[24] NEWSON，M. Land，Water and Development：river basin systems and their sustainable management [M]. London：Routledge，1992.

[25] JAN H，NIELS I，TORKIL J C. Integrated Water Resources Management in action[R/OL]. Paris：UNESCO，2009 [2019-10-10].
https://unesdoc.unesco.org/ark：/48223/pf0000181891?posInSet=1&queryId=f8ec7078-2cab-441f-9067-4e33af31db6f.

[26] The European Parliament and the Council of the European Union. Directive 2000/60/EC of the European Parliament and of the Council of 23 October 2000 establishing a framework for Community action in the field of water policy[R/OL]. Brussels：European Commission，2000（2000-10-23）[2019-10-11]. https://eur-lex.europa.eu/legal-content/EN/TXT/HTML/?uri=CELEX：32000L0060&from=EN.

[27] National Rivers Authority. National Rivers Authority Strategy（8-part series encompassing water quality，water resources，flood defense，fisheries，conservation，recreation，navigation，research and development）[R]. Bristol：National Rivers Authority Corporate Planning Branch，1993.

[28] 朱庆平，田乐，史肖杰. 流域管理与区域经济的协同发展 [J]. 景观设计学（英文），2018，6（6）：62-65.

[29] 熊超. 环保垂改对生态环境部门职责履行的变革与挑战 [J]. 学术论坛，2019，42（1）：136-148.

[30] 潘冰洁. 浅论水利部门与环保部门在水污染防治上的职责及关系 [J]. 水利天地，2012，（8）：15-16.

[31] 汤显强，赵伟华，唐文坚，等 . 流域管理与河长制协同推进模式研究 [J]. 中国水利，2018，（10）：4-6.

[32] BATEY P. Comment：There may be no more Mersey Basin Campaign after 2010，but part of its legacy should be the innovative geographical notion on which it was founded [Z]. SourceNW 20：26，2009.

[33] JONES P D. The Mersey Estuary - Back from the Dead? Solving a 150-Year Old Problem [J]. J.CIWEM，2000，14：124-130.

[34] MENZIES W. Partnership：no one said it would be easy [J]. Town Planning Review，2010，81（4）：1-7.

[35] MENZIES W. The river that changed the world [M]//River Journeys. Brisbane：International Riverfoundation，2008：12-15.

[36] Mersey Basin Campaign. Mersey Basin Campaign partnership structure diagram，Archive document MBC148 [R/OL]. 2009 [2019-10-12]. http://merseybasin.org.uk/archive/items/MBC148.html.

[37] WOOD R，HANDLEY，J.，KIDD S. Sustainable development and institutional design：the example of the Mersey Basin Campaign [J]. Journal of Environmental Planning and Management，1999，42：341-354.

[38] BATEY P. How can cross-sector partnerships be made to work successfully? Lessons from the Mersey Basin Campaign（1985—2010）[M]// Socioeconomic Environmental Policies and Evaluations in Regional Science. Singapore：Springer，2017.

[39] Gilfoyle I. Memories of the Mersey Basin Campaign [EB/OL]. 2000 [2019-06-09]. http://www.merseybasin.org.uk/archive/assets/244/original/Memories_of_MBC_by_Ian_Gilfoyle.pdf.

[40] 张茜 . "两城一家" ——论苏州与武汉可表现之水性魅力探究 [J]. 中外交流，2018，（9）：50.

[41] 苏州市生态环境局 . 2019 年度苏州市环境状况公报 [R/OL]. 2019 [2020-07-16]. http://sthjj.suzhou.gov.cn/szhbj/hjzkgb/202006/ad565e008e3048bd842706e95677555a/files/2bc26be38ae04f9fa82786be18397f38.pdf.

[42] 沈默，谈飞 . 平原河网地区水资源分配研究——以苏州平原河网为例 [J]. 重庆理工大学学报（自然科学版），2015，（6）：155-162.

[43] 苏州水务局 . 2019 年苏州市水资源公报 [R/OL]. 2020 [2020-06-05]. http://water.suzhou.gov.cn/slj/tzgg/202012/60f3991faf254f99928f71b1c7023b63/files/d6

8b981d82df439e8a2e90ab2cda6bcf.pdf

[44] 韩建军，王治力，陈秋同，等．苏州地区河流水环境治理方案探究 [J]. 科技资讯，2018，16（22）：99-100.

[45] 伍燕南．苏州城市水环境问题及对策探析 [J]. 资源节约与环保，2018，（9）：23-25.

[46] 沈海滨，赵华菁．苏州城市排水防涝对策探讨 [J]. 中国水利，2013，（17）：32-33，43.

[47] 李一琼，白俊武．近20年苏州土地利用动态变化时空特征分析 [J]. 测绘科学，2018，43（6）：58-64.

[48] 绿色江南公众环境关注中心．污染源监管信息公开指数（PITI）[R/OL]. 2018 [2019-09-05]. http://www.pecc.cc./Uploads/File/201901/16/5c3eee4ce2981.pdf.

[49] 苏州市政府．苏州市全民生态文明宣传教育工作指导意见（2015-2017）[EB/OL]. 2015 [2019-10-13]. http://www.zfxxgk.suzhou.gov.cn/sjjg/szshjbhj/201506/t20150626_589941.html.

[50] 苏州市政府．苏州市社区居民生态环境意识网上调查问卷反馈报告 [EB/OL]. 2018 [2019-10-13]. http://www.suzhou.gov.cn/gzcy/myzj/mydc/mydcjg/201804/t20180423_975935.shtml.

[51] 孙波．我国流域水环境管理现状与对策建议 [J]. 环境与发展，2018，30（1）：208，210.

[52] 王国永．加快构建流域管理法规体系的必要性 [J]. 人民黄河，2011，33（4）：31-32，35.

[53] 绿色江南公众环境关注中心．《江苏省太湖水污染防治条例》修改建议书 [R/OL]. 2016 [2019-09-04]. http://www.pecc.cc./Uploads/File/201604/15/57107901a3f87.pdf.

[54] 绿色江南公众环境关注中心．纺织印染行业信息披露调查报告 [R/OL]. 2019 [2019-09-04]. http://www.pecc.cc./Uploads/File/201902/18/5c6a56708aa88.pdf.

[55] INNES J E, GRUBER J, THOMPSON R, NEUMAN M. Coordinating growth and environmental management through consensus-building: Report to the California Policy Seminar[C]. Berkeley: University of California, 1994.

[56] LOWNDES V, NANTON P, MCCABE A, SKELCHER C. Networks, partnerships and urban regeneration[J]. Local Economy, 1997, 11: 333-342.

[57] WRIGHT A, BENDELL B. Mersey Basin Campaign: a partnership approach to river basin management[R/OL]. Marrakech: IWA Watershed and River Basin Management Specialist Group Workshop, September 2004 [2019-10-12]. https://www.merseybasin.org.uk/archive/items/MBC164.html.

[58] Petitcodiac Watershed Alliance. Integrated watershed management plan for the Petitcodiac River Watershed[R]. PWMGGSBP Inc.，2012.

[59] Tweed Forum. Tweed Catchment Management Plan[R]. Tweed Forum，2010.

附录

政策法规	来源
N-1:《中华人民共和国水法》（2016）	http://www.yueyang.gov.cn/yyx/37584/38154/38157/38160/38177/38190/40023/content_1361938.html
N-2:《太湖流域管理条例》（2011）	http://www.mwr.gov.cn/zw/zcfg/xzfghfgxwj/201707/t20170713_955727.html
N-3:《中华人民共和国渔业法》（2013）	http://www.npc.gov.cn/wxzl/gongbao/2014-06/20/content_1867661.htm
N-4:《中华人民共和国水污染防治法》（2018）	https://max.book118.com/html/2019/0419/8035136127002017.shtm
N-5:《农业农村部关于长江流域重点水域禁捕范围和时间的通告》（2019）	http://www.moa.gov.cn/govpublic/CJB/201912/t20191227_6334010.htm
N-6:《全国土地利用总体规划纲要（2006—2020年）调整方案》（2006—2020）	https://www.renrendoc.com/p-13606645.html
N-7: 太湖流域防洪规划概要（2008—2025）	https://wenku.baidu.com/view/abfb0d2058fb770bf78a55bc.html
N-8:《"十三五"生态环境保护规划》（2016—2020）	https://wenku.baidu.com/view/06a0bdf1178884868762caaedd3383c4ba4cb413.html
N-9:《"十三五"旅游业发展规划》（2016—2020）	http://www.gov.cn/zhengce/content/2016-12/26/content_5152993.htm
N-10:《长三角生态绿色一体化发展示范区总体方案》（2019）	http://www.gov.cn/xinwen/2019-11/19/content_5453512.htm
R-1:《长江经济带生态环境保护规划》（2016—2030）	http://www.mee.gov.cn/gkml/hbb/bwj/201707/W020170718547124128228.pdf
P-1:《江苏省湖泊保护条例》（2018）	http://www.zfxxgk.suzhou.gov.cn/sjjg/szsslj/201212/t20121210_182587.html
P-2:《江苏省太湖水污染防治条例》（2018）	https://wenku.baidu.com/view/a97ee9c56137ee06eff91871.html
P-3:《江苏省旅游条例》（2015）	http://www.pkulaw.cn/fulltext_form.aspx?Gid=17919775
P-4:《江苏省防洪条例》（2019）	https://wenku.baidu.com/view/a04aff6bf605cc1755270722192e453611665b7e.html
P-5:《江苏省渔业管理条例》（2018）	https://wenku.baidu.com/view/995559196429647d27284b73f242336c1eb930a3.html
P-6:《江苏省农业农村厅公告（第12号）》（2020）	http://coa.jiangsu.gov.cn/art/2020/8/7/art_11977_9358127.html
P-7:《江苏省土地利用总体规划》（2006—2020）	https://max.book118.com/html/2019/0209/5302204234002010.shtm
P-8:《江苏省国家级生态保护红线规划》（2018）	https://max.book118.com/html/2018/1028/6242231143001224.shtm
P-9:《江苏省"十三五"旅游业发展规划》（2016—2020）	https://max.book118.com/html/2017/0622/117265653.shtm
C-1:《苏州市渔业管理条例》（2000）	https://wenku.baidu.com/view/353c8f66876fb84ae45c3b3567ec102de2bddfeb.html
C-2:《苏州市城市防洪专项规划》（2008—2020）	http://www.zfxxgk.suzhou.gov.cn/sjjg/szsslj/201212/t20121210_182624.html

续表

政策法规	来源
C-3:《苏州市水利水务"十二五"规划》(2011—2015)	http://www.suzhou.gov.cn/asite/zt/2012/06/sew/sl.html
C-4:《苏州市旅游标准化发展规划》(2011—2020)	http://www.itripsh.com/article/18337/23.html
C-5:《苏州市"十三五"生态环境保护规划》(2016—2020)	https://wenku.baidu.com/view/5c4f8bd2dc3383c4bb4cf7ec4afe04a1b071b0fb.html
C-6:《苏州市水污染防治工作方案》(2016)	http://www.zfxxgk.suzhou.gov.cn/sxqzf/szsrmzf/201604/t20160429_710522.html
C-7:《苏州市旅游业发展"十三五"规划》(2016—2020)	http://www.suzhou.gov.cn/zt/szssswghzt/sswghjd/201703/t20170310_8515 77.shtml
C-8:《苏州市水利"十三五"规划》(2016—2020)	http://www.h2o-china.com/news/252410.html
C-9:《苏州市土地利用总体规划》(2006—2020)	https://max.book118.com/html/2017/1108/139352926.shtm
C-10:《苏州市生态河湖行动计划实施方案》(2018—2020)	http://www.suzhou.gov.cn/gzcy/myzj/mydc/lfzqyj/201804/t20180409_973 386.shtml

扫码看图

10 未来苏州高铁新城建设与城市空间结构转型

陈雪明

未来苏州将在高速铁路站点和枢纽周边逐步兴建和形成不同规模等级的高铁新城，从而深刻影响苏州的城市结构。本章首先介绍高铁发展的相关背景、概念与趋势，对有关文献进行总结和综述；继而描述苏州的现状并对相关问题进行分析梳理；最后对研究做出总结，并针对苏州未来的规划提出初步的建议。

关键词：高铁新城；城市结构转型；苏州；长江三角洲地区

在高速铁路（以下简称"高铁"）建设方面，中国虽然起步较晚，但目前已经拥有世界上最大规模的高铁网络，是名副其实的高铁大国。截至2019年12月，中国高铁总里程突破3.5万公里，其中运营时速可达300公里的线路总长度超过1万公里，占世界高铁线路的2/3以上[1]。

在中国的高铁网络中，连接北京、天津和上海三大直辖市的京沪高铁无疑具有最重大的政治、经济和交通意义。作为规划中"八纵"之一的京沪高铁总投资达2200亿元，全长1318公里，是国家《中长期铁路网规划》中投资规模最大同时也是技术水平最高的高铁之一。

作为江苏省和长江三角洲经济最发达的中心城市之一，苏州恰好位于京沪高铁沿线，未来将通过苏州北站、苏州站、园区站及苏州南站（汾湖站）等站点同中国第一大城市上海和全国其他城市相互贯通。高铁至少在两个层面上同未来苏州的发展息息相关：在城市层面，伴随高铁枢纽

高铁由于带来了时空的压缩，从而对城市发展、空间结构、产业升级和居民出行产生重要的影响。国际经验表明，高铁已经成为许多人口密度高、小汽车拥有率低的国家普遍采用的交通方式。

致谢：本章在研究和实地考察过程中得到西交利物浦大学城市规划与设计系研究生宋宇航同学的帮助，深表感谢。同时感谢国家自然科学基金项目（71774133）的资助。

产生的高铁新城和高铁经济将对苏州经济腾飞、土地利用、城市结构转型和产业升级带来积极的影响。发展高铁新城也是苏州抓住历史机遇，积极推动城市发展的一种可行方式。在区域层面，高铁将深刻影响苏州在长江三角洲城市群中的战略地位。城市可达性的提高将产生邻近城市之间的同城化效应，促进高铁通勤公交化和区域经济一体化。如果政府能够配合实施其他适当的政策，苏州未来将吸引更多的人才、资源和产业在此落户，进而提高城市的首位度。

很显然，对于高铁建设、苏州城市发展及其相互关系的探讨可以以多视角多层面的方式进行。但是限于篇幅，本章只着重研究未来苏州高铁新城和城市结构转型这一课题。下文首先对高铁的概念、国内外高铁发展经验及其与未来苏州发展的相关性进行简要的文献综述。

一、文献综述

（一）概念

高铁指的是一种比普通铁路速度更快并使用特别机车车辆（动车组）和专用轨道的铁路运输系统。一般而言，高铁速度约为普通铁路速度的两三倍，运营时速可以达到 200 公里 / 小时以上。

世界上首条投入商业运行的高速铁路是日本的东海道新干线（连接东京和大阪），于 1964 年东京奥运会前夕正式运营。17 年后的 1981 年，法国的 TGV 东南线（连接巴黎和里昂）开始通车，法国因而成为全世界第二个拥有完整高铁系统的国家。继日本和法国之后，德国和西班牙在 1990 年代初开始运营高铁。包括中国和韩国在内的其他亚洲国家和地区都是在 21 世纪初才开始运营高铁。但是后来者居上，中国已经超过其他国家，成为拥有最长里程和最尖端技术的主要高铁大国。按照国家《中长期铁路网规划（2008 年调整）》的安排，到 2020 年，中国全国铁路营业里程将达到 12 万公里以上，将建立省会城市及大中城市之间的快速客运通道，规划"四纵四横"（2016 年修改为"八纵八横"）等客运专线以及经济发达和人口稠密地区城际客运系统，建设客运专线在 1.6 万公里以上。

根据 2014 年 3 月颁布的《国家新型城镇化规划（2014—2020 年）》，中国将"完善综合运输通道和区际交通骨干网络，强化城市群之间交通联系，加快城市群交通一体化规划建设，改善中小城市和小城镇对外交通，发挥综合交通运输网络对城镇建设格局的支撑和引导作用。到 2020 年，普通铁路网覆盖 20 万人以上人口城市，快速铁路网基本覆盖 50 万人以上人口城市"。此外，《2020 年国务院政府工作报告》

提出"两新一重"的建设方向，即新型基础设施建设，新型城镇化建设，以及交通、水利等重大工程建设。由此可以看出，中国已经将交通工程建设，尤其是高铁和城市群的协同发展提高到国家发展战略的高度。

最近 20 年来，中国学者对高铁进行了大量的研究，涉及高铁对城市发展和城市空间结构的影响，高铁新城和新型城镇化的关系，高铁新城的开发机制等许多方面。以下对这些研究进行简要的综述。

在影响力方面，高铁由于对时空距离的压缩造成等时圈显著地向外侧推移以及日常可达性的大幅度提升[3]，从而显著地加快沿线城市之间人口、资源、产业、技术和信息的流动，对沿线区域发展产生巨大的推动作用[4]，促进沿线区域经济合作进程，增加沿线区域的劳动就业机会[5]，同时也部分满足新型城镇化特征的要求[6]。但是，高铁发展是否会减小地区间的经济发展差异还存在一些争议。因为高铁对经济要素同时产生溢出和虹吸作用，致使区域发展的集聚和扩散趋势并存[5, 7]。伍业春（2009）在分析武广高铁的建成对沿线地区城市体系发展所发挥的作用以后发现，在等级规模结构方面，武广高铁沿线出现了不协调的城市体系规模结构[8]。由此可见，高铁产生的交通效应十分明显，但是对城市与区域经济和城市系统的影响还存在一定程度的不确定性。有些不通高铁的城市或高铁沿线的非中心城市甚至受到高铁发展的负面影响，其经济要素被转移到其他更具吸引力的高铁沿线中心城市去了。这种虹吸效应会增大地区和城市间的经济发展差异。

在高铁新城方面，王兰等（2016）以京沪高铁 22 个设站城市为案例详细剖析了高铁站点对其周边地区和设站城市的影响，明确提出高铁新城空间规划的关键因素[9]。王兰等（2014）认为，作为人流集散点的高速铁路站点可能为设站城市带来资本、人才和商品的快速汇集，进而改变其周边地区城镇建设的发展进程[10]。目前国内外的高铁新城研究主要在三个空间层面上进行：宏观层面是偏重于分析可达性和整合效益的区域范围；中观层面是将高铁视为新经济增长点的城市范围；微观层面重点分析站点周边地区。高铁新城建设中的圈层理论（属于公交导向发展理论即Transit-Oriented Development / TOD 理论的范畴）认为，站点周边地区存在 3 个发展圈层（图 10–1）：第一圈层为功能核心层，距离车站约 5 ~ 10 分钟步行距离，通常集中高等级高密度的商务办公功能；第二圈层为延伸拓展层，距离车站 10 ~ 15 分钟步行距离，主要发展科研、办公、行政及配套功能，建筑密度和高度略低于核心区；第三圈层为 15 分钟以外的外围影响层，发展的具体功能可能包括居住和文化产业等[11]。

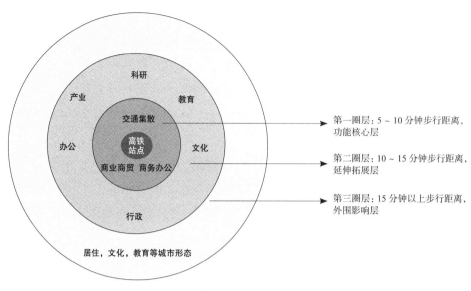

图 10-1 高铁新城圈层理论示意图

在国际经验方面，日本和法国的高铁发展可能最具借鉴意义，尤其是日本。因为日本人口密集的状况和以公交为导向的城市发展理念与中国非常相似。在高铁站带动城市发展方面，日本东海道新干线发展的经验表明：高铁站选址需要与城市整体空间发展战略保持一致。高铁车站必须与周边地区发展相协调，在形态、功能、尺度和建筑本身等方面形成一个整体；高铁站尽可能地改造或利用现有的车站以节省开支，并靠近市中心；在有条件和需要的地区可以将高铁站立体化；尽可能实施"站城一体化开发"策略。日本大阪 Grand Front 已成为大阪站区域的标志性建筑和标杆商业体验空间，它构建的不仅仅是一个自然生态的购物中心，更是一个知识文化的交流中心；在郊区新建的高铁站必须与城市中心区保持密切联系，否则很难单独形成新的副中心；高铁站和其他交通方式的衔接十分重要；制定与高铁引导相适应的产业发展规划[12, 13]。

法国 TGV 里尔高铁枢纽周边地区的产业变迁代表了第三产业不断升级的过程。在建设初期，里尔地区传统工业所占比重较大。为推动传统工业的转型升级，规划最先考虑配备的是物流等低端的生产性服务业，以此为传统工业的升级提供良好的基础。但是随着经济的发展，传统工业不断转移和转型升级，高铁枢纽地区的物流等低端产业已经不能满足区域产业升级的需要，于是在高铁枢纽站地区开始发展商业，然后进一步带动酒店、购物、休闲娱乐、旅游、金融等现代服务业，逐步满足商务办公的需求，同时开展公园和广场等公共空间的建设。最终里尔地区凭借高速铁路为城市带来的大量人流、物流和信息流，在继承原有工业的基础上，大力发展服务行业，实现了城市产业的升级^[14]。

在其他地区的高铁发展方面，中国台湾在发展观光旅游和古迹保护等方面经验也可供苏州参考。高铁站周围的产业发展强调因地制宜和错位发展。在产业选择方面，桃园站充分发挥桃园机场和高铁相结合这一独特优势，定位为发展观光旅游、多功能运输中心、商业特区并打造高铁一日生活圈，并以此为产业选择的准则。新竹站及周边地区结合当地产、学、研资源，充分发挥"亚洲硅谷"的优势，定位为传播通信高科技商务园区。台中站及周边地区结合都会区中心发展的区位优势，规划成为综合性转运、商务咨询与娱乐中心。嘉义站周边地区充分利用阿里山生态环境，强化养生观光旅游产业。台南站周边地区配合航天等产业，打造成为台湾南部科技重镇，并通过古迹保护，发展成为多元休闲娱乐中心。

（二）趋势

1.综合交通枢纽的出现

未来在大城市将形成不同等级规模的以高铁车站为核心，包括不同交通方式（地铁、城铁、公交、私人汽车等）相互无缝接驳的综合交通枢纽。在这个枢纽周围产生的公交导向型发展在达到一定规模以后就会形成高铁新城。

2.高铁经济的形成

高铁经济泛指依托高速铁路的综合优势，促使资本、技术、人力等生产要素以及消费群体、消费资料等消费要素，在高速铁路沿线站点实现优化配置和集聚发展的一种新型经济形态。在高铁车站不同圈层范围内将形成不同类型的第三产业。根据高铁车站所在城市能级的不同，产业将呈现错位发展，同时产业升级的程度也会出现差异，比如先生活型服务业，再生产型服务业，最后是高新技术创新型服务业。高铁新城最终将与云计算、大数据产业和其他高科技产业形成紧密融合的统一体。

3.产城融合经济模式的兴起

高铁产业和周围城市发展相融合，生产和生活相配套，职住平衡，呈一体化协调发展，在符合条件的地区逐步形成不同等级规模的城市片区、副中心或发展节点。

4.大分散（多中心化）、小集中（集约化）的城市空间结构的形成

目前，苏州北站周围的高铁新城已经初具规模，成为相城区发展的新引擎和苏州新的副中心。在未来的几年里，随着更多铁路线穿越大苏州地区，苏州大地上将产生更多的高铁新城和城市新区，必将带来城市空间结构和产业结构的根本转型。虽然城市内将产生几个不同等级的副中心，但是每个中心内部仍然需要按照以公交为导向的发展原则进行高密度和紧凑型开发。

综上所述，未来高铁的发展必将在空间和产业两方面对苏州城市的发展和结构产生重大的影响。以下两节将作详细的介绍和叙述。

二、苏州的概况和分析

（一）苏州城市发展的背景：优势与劣势

俗话说"上有天堂，下有苏杭"。苏州位于长江三角洲的核心地区，是著名的鱼米之乡、经济重镇以及历史文化名城，自古享有"人间天堂"的美誉。苏州现有人口1000余万人，是中国的特大城市之一，2020年国民生产总值位居全国城市的第六位（在所有地级市里排名第一）[15]，是长江三角洲经济圈仅次于上海的经济中心，是江苏省经济最发达、现代化程度最高的城市之一。

未来苏州地区将拥有四通八达的交通网络。除了穿越苏州的京沪高速铁路和沪宁城际高速铁路以外，今后几年横贯大苏州地区的"丰"字型铁路将形成规模，其中包括：沪苏通铁路（东西向）、苏南沿江铁路（东西向）、沪苏湖铁路（东西向）、通苏嘉甬城际铁路（南北向）等。苏州的"四铁"（国铁干线、城际铁路、市域（郊）铁路、城市轨道）内联外通的网络也会不断完善，外加高速公路网络的进一步延伸，城市的综合交通枢纽地位将得到进一步的巩固和提升。因此，苏州的经济和交通优势将会日益凸显。

根据苏州新的"一核四城"空间发展战略，高铁新城将率先在苏州北站周围形成规模，然后其他高铁站点或枢纽附近也将产生各具特色的高铁新城或小镇，例如，苏州南站吴江汾湖开发区、张家港塘桥镇副城区、常熟数字科技城、太仓娄江新城。高铁新城的用地功能布局基本上依托枢纽核心呈现圈层都市形态。苏州的城市空间和产业结构将发生重大的变化。

但是，苏州城市发展在目前还存在诸多问题。例如，古城空间有限，受古城保护规划制约，古城区功能不健全；虽然苏州是新一线城市，但是行政级别相对较低，缺乏一线城市能级的影响度；苏州对长三角地区其他城市，尤其是对苏北和浙北城市的辐射力仍然不强。

（二）苏州空间发展战略："一核四城"

苏州市区内空间有限，用地紧张，加上受到历史古城保护因素的限制，发展存在困难。为寻找新的出路和突破发展瓶颈，苏州市委和市政府于2012年提出了建设

"一核四城"的新空间发展战略，主要包含以下内容（参照图10-2）：苏州古城（一核）：历史文化核心；东面综合商务城（东城）：金鸡湖以东的城市新商务中心。工业园区和昆山以及沪西东西合轴，极化长三角中轴，打造联系上海的长三角次级商务办公和总部中心；南面滨湖新城（南城）：绿色生态走廊，以地域性生态旅游服务、文化教育、居住为主要功能的城市组团。除了太湖新城以外，未来还将建设环绕苏州南站的汾湖高铁新城；西面生态科技城（西城）：集中高新区的高科技研发机构，保育太湖山水的生态资源和人文环境，打造旅游胜地；北面高铁新城（北城）：交通物流的枢纽，苏虞跨线合纵，以辐射苏北的交通枢纽、商贸物流、居住为主要功能的城市组团。

　　鉴于苏州北站周围正在建设的相城区高铁新城（北城）是苏州起步最早且截至目前规模最大的高铁新城，本章的研究重点放在介绍苏州北站高铁新城上，并结合展望未来可能出现的其他高铁新城及其发展前景。

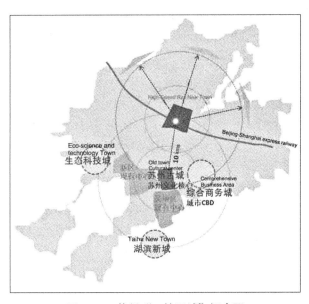

图10-2　苏州"一核四城"概念图

（三）苏州北站高铁新城：建设北城的战略意义

　　依托高铁站建设的高铁新城一般兼具交通和城市发展的双重功能。苏州高铁新城将成为城市未来重要的交通门户区、新型产业集聚区和外向型功能拓展区，对城市的总体发展发挥巨大的推动作用。

　　2011年京沪高铁的开通加快了苏州北站高铁新城的建设进度。苏州北站高铁新城同姑苏主城区相距约15公里，由于初始定位不高且建设周期较长，目前的虹吸作用较为有限。但若能充分抢抓长三角一体化发展战略的重大机遇，并充分按照自身的特色和潜力来规划建设，从长远来看这个项目必将对相城区、苏州市和以上海为核心的长三角地区的发展产生深远的影响。

1. 对相城区的影响

在苏州各区县中，相城区（原属于位于郊区的吴县一部分）的经济发展起步相对较晚。2019年，相城区的国民生产总值为890.08亿元，在苏州各区县中排名靠后（详见表10-1）。相城区希望借助苏州北站高铁新城这个引擎来振兴区内经济，发挥后发优势，实现经济转型，提高其经济地位。高铁新城片区是苏州中心城市"一核四城"发展定位的北部重要板块，苏州市政府和相城区政府希望通过交通枢纽的优势服务带动整个大区域，把本片区的地位由边缘提升为核心位置，充分发挥相城作为城市副中心的发展潜力，并与中心城区其他核心构成错位互补的发展格局。

苏州各区县2019年度国内生产总值比较 [16]　　　　　　　表10-1

排名	区县	2019年度GDP（亿元）	比上年增长
1	昆山	4045.06	6.1%
2	张家港	2547.26	6.1%
3	工业园区	2743.36	6.0%
4	常熟	2269.82	5.3%
5	吴江区	1958.16	5.7%
6	太仓	1324.97	5.4%
7	高新区（虎丘区）	1377.24	5.5%
8	吴中区	1278.72	6.1%
9	相城区	890.08	5.4%
10	姑苏区	801.12	6.0%

2020年5月16日，苏州北站综合枢纽建设指挥部正式挂牌，加速更进一步高起点设计、高质量实施高铁苏州北站的综合提升，将"新苏州北站"打造成为国家级综合交通枢纽、长三角综合交通枢纽、沪苏高铁一体化复合枢纽，并助力区域高质量发展。根据计划，苏州北站综合枢纽将承接上海虹桥站部分功能，并通过设置的高铁动车来提升苏州枢纽势能和战略地位，进一步凸显苏州中心城区北部门户地位，实现站城一体化。

2. 对苏州市的影响

从苏州市角度看，城区用地紧张，亟须向外拓展，提高城市在长三角城市中的地位。苏州市政府提出的"一核四城"发展战略要求在北部建立以高铁苏州北站为核心的高铁新城，该新城被定位为苏州的一个副中心。高铁新城位于整个大苏州地区的"地理中心"，是江苏接轨上海的门户地区和上海进一步辐射和服务长江经济带的重要地区。

在产业提升方面，高铁新城建设将优化总体发展格局，构建高端服务业发展平台。在《〈长江三角洲区域一体化发展规划纲要〉相城实施方案》中明确阳澄生态新区（高铁新城）片区重点发展智能科技、大数据、科技金融、文化创意、电子商务产业，聚焦协同开放，打造活力联动体系融入长三角。高铁新城城市副中心的发展定位有利于吸引国际商务在此落户，并有很大的潜能成为大苏州地区发展国际商业、联系国际服务的重要发展空间。

3. 对长三角区域的影响

从长三角区域来看，该地区处于"区域南北发展轴"，即通苏嘉甬南北轴线上，其作用将随着上海、苏南、浙江向苏北辐射联系的增强而得到强化。以高铁新城作为苏州副中心发展定位有利于形成中心城区向常熟以及苏北的辐射，并有可能发展成为区域内连接苏北和浙北，对外对内联系的战略要点[17]。同时加强与上海的规划对接，促进沪苏同城化。

由于苏州北站位于京沪高铁线上，到上海虹桥站的高铁运行时间仅 20 ~ 30 分钟。苏州北站高铁枢纽的建成和苏州机场的规划建设将有利于缓解铁路上海虹桥站和虹桥机场（已经饱和）的拥挤状况，起到分流的作用，即通过加强苏州与上海的便捷联系，进一步承接上海虹桥站的部分功能。

总之，高铁新城的建设对于推进苏州城市北拓战略，优化总体发展格局，加快建设区域性中心城市和交通枢纽，构建高端服务业发展平台，集聚培育高端产业，全面提升苏州区域经济国际化水平具有重要战略意义和深远影响。

（四）苏州北站高铁新城地理位置、规划范围、用地现状和未来规划

1. 地理位置

如图 10-3 所示，苏州北站高铁新城的地理位置十分优越。它位于苏州市城区北部的相城区，是大苏州地区的"地理中心"。北站高铁新城所在的京沪高速铁路苏州北站是京沪高铁和未来通苏嘉甬高铁的交汇点，南距苏州市中心约 15km，北临常熟，东接昆山，和上海市相距约 100km，和无锡市相距约 50km。

2. 规划范围

苏州高铁新城的规划范围由相城区元和街道的一部分（4 个行政村：朱泾，胡巷，朱巷，常楼）、太平街道的一部分（4 个行政村：盛泽，聚金，乐安，花溇）以及渭

塘镇的一部分（3个行政村：渭南，骑河，西湖）组成。具体边界为：东至聚金路，西至元和塘（和相城大道大致平行），北至渭泾塘，南至太阳路（在图10-4上和高架的中环北线重叠）。规划总用地面积约28.9平方公里（2888.78公顷），现状总人口16953人。图10-4为苏州高铁新城规划范围图。其中，高铁新城的启动区为4.7平方公里，东至聚金路，西至相城大道，南至北河泾，北部边界在澄阳路东面以高铁主线的南控制线为界，澄阳路西面以西公田路为界。

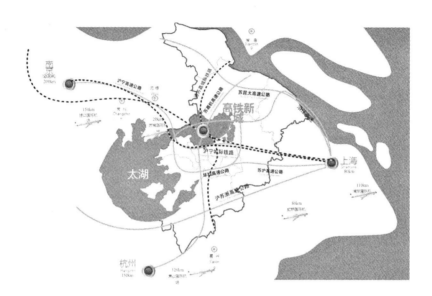

图10-3　苏州高铁新城地理位置图 [18]

图10-4　苏州北站高铁新城规划范围图 [19]

3. 用地现状

表 10–2 和图 10–5 分别为苏州高铁新城现状用地平衡表和用地现状图，分析可知：一是苏州高铁新城目前仍处于开发初期，50% 以上的用地被非建设用地（水域和农林用地）覆盖；二是目前在剩余的土地中，除了工业和居住用地以外，商业服务业设施用地比例不到 5%。

课题组于 2019 年 7 月到现场实地调查后发现，商业服务业设施主要集中在片区的南部、苏州北站周围和主干道两旁。规划区的西北部分，沿渭泾塘两侧的房子老旧，断头路较多。规划区内除少量建成区外，其间分布着农田、河流和鱼塘，大多数用地仍然处于未开发状态。

苏州高铁新城现状用地平衡表 [19]　　　　　　表 10–2

类别代号			类别名称	用地面积（ha）	占建设用地比例（%）	人均建设用地（m²/人）
大类	中类	小类				
R			居住用地	280.05	21.02	165.19
	R2		二类居住用地	17.19	27.49	
	R3		三类居住用地	261.88	19.66	
	Ra		其他居住用地	0.98	0.07	
A			公共管理与公共服务设施用地	5.47	0.41	3.23
	A1		行政办公用地	1.84	0.14	
	A3		教育科研用地	1.15	0.09	
		A33	中小学用地	1.15	0.09	
	A5		医疗卫生用地	0.62	0.04	
	A6		社会福利用地	1.63	0.12	
	A9		宗教用地	0.23	0.02	
B			商业服务业设施用地	48.50	3.64	28.61
	B1		商业用地	34.71	2.61	
		B11	零售商业用地	33.06	2.48	
		B14	宾馆用地	1.65	0.13	
	B4		公用设施营业网点用地	0.73	0.05	
		B41	加油加气站用地	0.73	0.05	
	B9		其他服务设施用地	13.06	0.98	
M			工业用地	346.60	26.02	204.45
	M1		一类工业用地	3.51	0.27	
	M2		二类工业用地	83.62	6.28	
	M3		三类工业用地	237.04	17.79	
	Ma		研发用地	22.43	1.68	

续表

类别代号			类别名称	用地面积（ha）	占建设用地比例（%）	人均建设用地（m²/人）
大类	中类	小类				
W			物流仓储用地	9.3	0.70	5.49
	W2		二类物流仓储用地	9.3	0.70	
S			道路与交通设施用地	192.68	14.46	113.66
	S1		城市道路用地	184.15	13.82	
	S3		交通枢纽用地	2.15	0.16	
	S4		交通场站用地	2.99	0.22	
		S41	公共交通场站用地	1.88	0.14	
		S42	社会停车场用地	1.11	0.08	
	S9		其他交通设施用地	3.39	0.26	
U			市政公用设施用地	18.77	1.41	11.07
	U1		供应设施用地	7.64	0.57	
		U12	供电用地	7.39	0.55	
		U15	通信用地	0.25	0.02	
	U2		环境设施用地	4.67	0.35	
		U21	排水用地	4	0.30	
		U22	环卫用地	0.67	0.05	
	U9		其他公用设施用地	6.46	0.49	
G			绿地与广场用地	127.9	9.60	75.44
	G1		公园绿地	123.05	9.24	
	G3		广场用地	4.85	0.36	
K			预留用地	302.98	22.74	
合计			城市建设用地	1332.25	100.00	785.85
H	H2		区域交通设施用地	31.16		
		H21	铁路用地	6.43		
		H22	公路用地	24.73		
合计			城乡建设用地	1363.41		
E			非建设用地	1525.37		
	E1		水域	952.68		
		E11	自然水域	369.91		
		E13	坑塘沟渠	582.77		
	E2		农林用地	572.69		
总计			总用地	2888.78		

图 10-5　苏州高铁新城用地现状图 [19]

4. 未来规划

根据 2019 年发布的《长三角国际研发社区控制性详细规划》，在北至太东路、东至聚金路、西至元和塘、南至西公田路的规划范围内将建成以人为本，国际顶级的研发社区 [19]。总用地规模 1000 公顷，其中建设用地面积 801 公顷，非建设用地面积 199 公顷。人口约 5.8 万人。规划区总体形成"一环、一核、两轴、四组团"的空间布局结构。一环是指连接环秀湖和金如意湖的景观环；一核是指城市公园、商业中心、会展中心以及文化体育艺术中心共同组成的中央服务核；两轴是指沿澄阳路城市活力轴、沿富翔路城市发展轴；"四组团"是指慧如意研发组团、会议酒店组团、玉如意研发组团、梦如意研发组团。

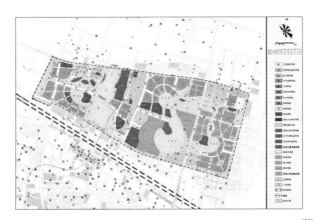

图 10-6　长三角国际研发社区控制性详细规划功能结构图 [20]

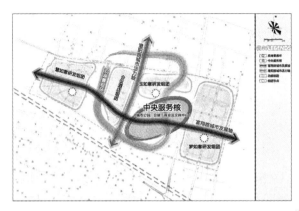

图 10-7 长三角国际研发社区控制性详细规划用地规划图 [20]

（五）苏州未来其他铁路项目和影响

除了现有京沪高铁和沪宁城际铁路穿越苏州市以外，未来几年里大苏州地区还将迎来铁路的大发展，至少有以下四条铁路会相继通车：沪苏通铁路（大致东西向），南沿江城际铁路（东西向），沪苏湖城际铁路（东西向），以及通苏嘉甬城际铁路（南北向），形成"丰"字形的轨道交通网络。尤其是通苏嘉甬城际铁路使得苏州除沪苏通铁路之外，拥有了连接苏北和浙江的另一条南北向铁路，意义重大。未来这个铁路建设高潮将极大地提高苏州在区域和全国范围内的交通可达性，加强与上海、苏北以及浙江的经济联系，成为上海以外的长三角地区的地理和经济中心。

1. 沪苏通铁路

沪苏通铁路是一条连接上海市与江苏省南通市的国家 I 级客货共线双线电气化快速铁路，是 2016 年修订的《中长期铁路网规划》中"八纵八横"高速铁路主通道之一"沿海通道"的重要组成部分。沪苏通铁路于 2014 年 3 月 1 日开工建设，2020年 7 月 1 日一期工程（赵甸站至安亭西站）开通运营。

如图 10-8 所示，沪苏通铁路一期工程从宁启铁路赵甸站引出，经南通市九圩港上游 2 公里处，跨长江天生港水道接南岸的张家港十三圩，沿途经过南通市、张家港市、常熟市、太仓市、上海市嘉定区，接入安亭西站。

沪苏通铁路是以服务上海、江苏地区城际旅客出行为主，兼顾货物运输和中长途旅客出行需求的铁路通道。沪苏通铁路是沟通苏北至苏南以及沪杭地区的便捷铁路通道，对提高过江通道运输能力，完善区域综合交通运输体系，加快转变经济发展方式，促进长三角地区经济社会的融合发展和辐射带动具有重要的意义。

由于地理位置和线路走向的原因，沪苏通铁路对位于苏州城市郊区的三个县级市（太仓、常熟和张家港）的直接影响很大，但对苏州市区的直接影响有限。

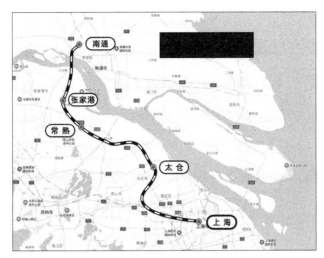

图 10-8 沪苏通铁路线路走向示意图 [21]

2. 南沿江城际铁路

作为长三角核心区域城际轨道交通网的骨干线路，南沿江铁路设计时速 350 公里，起于南京南站，经南京市（江宁）、镇江市（句容）、常州市（金坛、武进）、无锡市（江阴）、苏州市（张家港、常熟、太仓），引入太仓站后利用沪苏通铁路进入上海枢纽，是沪宁通道的第二条城际铁路。南沿江城际铁路的初步站点如图 10-9 所示。

全线共设客运站 9 座，分别为南京南站、江宁站、句容站、金坛站、武进站、江阴站、张家港站（与沪苏通铁路并站）、常熟站（与沪苏通铁路并站）、太仓站（与沪苏通铁路并站）。南沿江铁路已于 2018 年 10 月 8 日正式开工建设，预计 2023 年 3 月建成。

沪苏通铁路一样，由于地理位置和线路走向的原因，南沿江城际铁路对苏州的三个县级市（太仓，常熟，和张家港）的直接影响很大，但对苏州市区的直接影响有限。

3. 沪苏湖城际铁路

沪苏湖高速铁路起自上海市虹桥站，途经江苏省苏州市，终至浙江省湖州市。正线全长 163.54 公里，设站 7 座，沿途分别为上海虹桥站、松江南站、苏州南站、盛泽站、南浔站、湖州东站和湖州站（图 10-10）。建成后湖州到上海仅需 30 分钟。

以上高铁线路在苏州市内的高铁站点周围将产生新的增长点，符合条件的将发展成为新的高铁新城或高铁小镇。

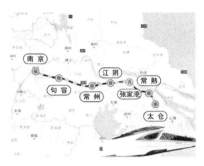

图10-9 南沿江铁路站点示意图 [22]

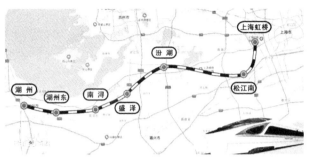

图10-10 沪苏湖城际铁路示意图 [23]

4. 通苏嘉甬城际铁路

通苏嘉甬城际铁路是《长江三角洲地区城际轨道交通网规划》中的主骨架之一，全长338公里，由北向南自南通经张家港、常熟、苏州、吴江、嘉善、嘉兴、海盐，跨越杭州湾后经慈溪至宁波。本铁路北与盐通铁路、宁通铁路相接，南与沪昆铁路沪杭段、跨杭州湾铁路相通，中与沪宁铁路、沿江铁路和沪苏湖城际铁路相连。

如图10-11所示，通苏嘉甬铁路是一条正在规划中的城际铁路，连接江苏省南通市和浙江省宁波市。沿途车站包括张家港（接轨站）、常熟西、苏州北（既有）、苏州南、嘉兴南（既有）、海盐西、慈溪、宁波西、奉化（接轨站）等。

图10-11 通苏嘉甬城际铁路示意图 [24]

从区域角度看，通苏嘉甬城际铁路的建设对于促进长三角社会经济一体化，进一步凸显苏州作为长三角中心的区域优势，加强长三角南翼环杭州湾城市群与北翼苏中、苏北及苏锡常都市圈联系，加快形成沿海铁路通道建设，完善区域路网规模，实施江苏沿海开发战略和实现区域可持续发展等具有重要意义。

通苏嘉甬城际铁路在苏州市内的车站包括苏州北站（和京沪高铁的交汇点）、园区站（和沪宁城际铁路的交汇点）、苏州东站（位于苏州工业园区桑田岛附近，与建设中的苏州轨道交通2号线以及规划中的6号线交汇）、苏州南站（和沪苏湖城际高铁的交汇点）。通苏嘉甬城际铁路建成后，那些乘京沪高铁到浙江的乘客不必到上海虹桥站换乘，只要在苏州北站换乘通苏嘉甬城际铁路即可。从这个意义上说，苏州北站将会分流铁路上海虹桥站的压力，而这个分流实质上就完全依托于通苏嘉甬铁路。由于苏州北站是通苏嘉甬城际铁路和京沪高铁的交汇点，乘客来自东西和南北两个不同方向。乘客量的陡增将直接促进苏州北站高铁新城第三产业的发展和高铁经济的繁荣。

通苏嘉甬城际铁路对于苏州南站高铁新城的形成和发展也有类似的影响。由于沪苏湖城际高铁的重要性低于京沪高铁，因此这种影响也相对较小。

总之，通苏嘉甬城际铁路对于苏州北站高铁新城的发展具有十分重要的意义。

5. 苏锡常都市圈铁路网

苏锡常城际铁路正线全长188公里，西起常州，贯穿无锡、苏州，东连上海，一路连接常州机场、苏南硕放机场、上海虹桥机场。苏锡常都市圈城际铁路网，构建江苏省沿江地区内1小时、沿江地区中心城市与邻城市0.5~1小时交通圈，基本实现对20万人口以上城市的覆盖。

三、结论及对未来苏州规划的建议

（一）结论

根据分析研究，本章认为今后苏州在交通和城市发展方面将呈现五大特点。

第一，随着苏州高铁和轨道交通的飞跃发展，许多不同等级和不同类型的高铁新城将出现在苏州大地，使得苏州城市空间结构更趋多中心化和分散化，经济发展也势必将以更加积极的态势融入长江三角洲区域一体化的进程中。

根据《长江三角洲区域一体化发展规划纲要》，一体化重点是围绕基础设施互联互通、科创产业协同发展、城乡区域融合发展、生态环境共同保护、公共服务便利共享等领域研究制定专项规划，围绕创新、产业、人才、投资、金融等研究出台配套政策和综合改革措施[25]。其中基础设施互联互通的关键之一是统筹推进高速铁路、城际铁路、高速公路和长江黄金水道、机场群等多层次综合交通网络体系建设[23]。因此，苏州综合交通网络的形成和无缝接驳综合交通枢纽的建设对于实现长江三角洲区域一体化，和建立"一小时出行圈"具有重大的意义。

随着苏州高铁新城的陆续建成，苏州将产生枢纽经济和产城融合的经济发展模式，变成一个具有多中心空间结构的特大城市。

本章建议:(1)研究如何更好地利用和改造靠近市中心的旧车站,即苏州站;(2)实施"产城融合"的新模式;(3)在苏州新飞机场的规划中,从区域角度考虑同周围其他机场的分工合作问题,减轻上海虹桥机场的交通压力;(4)研究苏州北站、昆山南站与上海虹桥站周边的产业结构和产业发展方向,做到错位发展;(5)协调高铁新城建设和国家新型城镇化建设;(6)产业、生态、交通和城市四大核心协同发展。

第二,苏州高铁新城将产生枢纽经济和产城融合的经济发展模式。

枢纽经济是一种以交通枢纽、信息服务平台等为载体,以聚流和辐射为特征,以科技制度创新为动力,以优化经济要素时空配置为手段,重塑产业空间分工体系(生活型服务业,生产型服务业,和高新技术创新型服务业),全面提升城市能级的经济发展新模式。"产城融合"是指产业与城市融合发展,以城市为基础,承载产业空间和发展产业经济,以产业为保障,驱动城市更新和完善服务配套,进一步提升土地价值,以达到产业、城市、人口之间有活力、持续向上发展的模式。

在高新技术创新型服务业方面,根据2021年印发的《苏州市推进数字经济和数字化发展三年行动计划(2021—2023年)》,苏州未来将打造具有国际竞争力的数字产业高地,加速5G、云计算、大数据、区块链、人工智能、车联网等新一代信息技术的产业集聚,加快发展数字贸易、智慧农业、智能建造、数字金融、数字文旅。推进新业态、新模式运用发展,提升全要素生产率并赋能实体经济,打造经济新增长点。

第三,作为一个具有多中心空间结构的特大城市,苏州除了逐步实现原来规划的"一核四城"设想以外,将在其外围地区(例如,吴江,张家港,常熟和太仓等地)形成更多的副中心和增长节点。沪苏通铁路、南沿江城际铁路、沪苏湖城际铁路、通苏嘉甬铁路的建设将对苏州进一步融入以上海为核心的长三角区域城市经济发展,增强对苏北和浙江的辐射具有重大和深远的影响。表10-3是对苏州已有和未来可能形成的高铁新城和开发区的总结。

苏州已有和未来可能形成的高铁新城和开发区 表10-3

高铁新城和开发区	交通区位特色
苏州北站高铁新城	国家级枢纽节点。京沪高铁和通苏嘉甬高铁交汇点,现有轨交2号线和在建7号线;近期规划10号线和12号线通达四个方向,远期13号线直接横穿相城区的长三角国际研发社区
苏州南站吴江汾湖开发区	位于通苏嘉甬高铁和沪苏湖铁路交会,辅助性枢纽,城站一体的苏州南站枢纽及长三角生态绿色一体化发展示范区建设。苏州南站承担了两条高速铁路的进出站及换乘功能

高铁新城和开发区	交通区位特色
张家港塘桥镇镇副区（高铁新城）	张家港站是沪苏通铁路、沿江城际铁路、通苏嘉甬城际铁路在张家港境内的主要客运站，位于塘桥镇区新204国道东侧。未来将预留规划苏州市轨道交通S5号线
常熟数字科技城	"数字科技新城"规划建设于常熟主城区东北部、常熟高铁新城核心区，紧邻沪苏通铁路、南沿江城际高铁常熟站，面积约321公顷。新城将以"产城融合"为发展定位，围绕"数字产业、数字生活"两个方面，致力于打造"驱动城市产业发展的新引擎、生态与智慧并存的宜居新家园、常熟面向长三角的城市新名片"
太仓娄江新城	太仓站是沪苏通铁路、江苏南沿江城际铁路（在建）的交汇车站。太仓娄江新城是依托太仓站打造的高铁商务区，是上海北翼重要枢纽节点城市，是太仓未来发展的新门户，新空间，新增长极，定位为长三角国际开放先行区，临沪科创示范区，以及现代田园城市样板区

第四，苏州市城市轨道交通第三期建设规划（2018—2023年）将完成6号线工程（自苏州新区站至桑田岛站），7号线工程（自相城大道北站至红庄站），8号线工程（自华山路站至车坊站），和S1线工程（自夷亭路站至花桥站）。这些重大轨道交通工程的完成不仅将贯通苏州各区并方便接驳高铁站点，而且将通过S1线工程直接对接上海11号地铁，产生沪苏同城化效应，实现高铁公交化。

第五，苏州沿沪地区将直接承接上海经济辐射。南沿江城际铁路开通后，沿线的太仓等地将一举进入高铁时代，融入"沪宁一小时高铁圈"。苏南沿江高铁线路将利用沪苏通铁路太仓站（综合枢纽项目）进入上海枢纽。因此，未来太仓昆山等沿沪地区将迎来大发展。

（二）对未来苏州规划的建议

第一，除了建设好苏州北站和其他高铁新城或小镇以外，苏州应当研究如何更好地利用和改造靠近市中心的老苏州站。日本新干线的经验表明，高铁站接入城市原有火车站是强化高铁虹吸作用的首位选择，因为郊区新站的发展需要大量时间和资源。需要研究如何将苏州站建成一个铁路、地铁、普通公交（汽车北站）、公路和水运无缝接驳的综合枢纽，根据公交导向的发展原则进行综合开发。苏州站是未来两主（苏州站，苏州北站）九辅（苏州新区站，苏州园区站，昆山南站，苏州南站（汾湖站），盛泽站，张家港站，常熟站，常熟西站，太仓站）铁路枢纽中的一主，具有非常重要的意义。

第二，根据TOD理论建立车站城，进一步实现产城融合。苏州规划部门已经提出围绕以下四大类产业完成产城融合的设想：创智文化产业、数据科技产业、总部商务和旅游业。除此以外，本章还建议注意以下三个方面的问题：（1）职住平衡，应当为高铁新城的上班族提供各种价位的住房和配套服务，使其能够就近居住从而减少通勤交通；（2）在产业方面，要突出苏州城市特色，发挥城市的比较优势，不能照搬其他高铁新城的产业结构。苏州是吴文化的发源地，具有六个方面的特色风貌：鱼米之乡、丝绸之府、工艺之市、园林之城、文物之镇、东方水城。因此，建议在高铁新城内部打造几个可以展示吴文化的开发区；（3）构建城市综合体项目。新加坡启汇城（Fusionopolis）是一个研究和开发的综合体，在同一地点将研究机构、高科技公司、政府部门、零售商店和居住公寓汇集在一起。日本大阪车站城与 JR 大阪站之间有直接的通道，其中酒店、购物中心（LUCUA、LUCUA 1100）、百货公司（大丸梅田店）、专卖店购物、时尚以及美食一应俱全。苏州可以借鉴日本和新加坡案例来构建城市综合体。

第三，在苏州机场的规划中，除了考虑解决苏州自身的交通问题以外，还要从区域角度考虑同周围其他机场（尤其是上海虹桥机场、无锡硕放机场）的分工合作问题，减轻上海虹桥机场的交通压力。另外，如果未来有高铁或城铁连接新机场，应当考虑空铁联运问题，更好地完善城市的综合对外交通服务体系。

第四，要考虑苏州和上海之间的虹吸以及过滤现象。为避免同质化竞争，必须研究苏州北站、昆山南站和上海虹桥站周围的产业结构和产业发展方向，做到有错位地发展，发挥比较优势。

第五，如何协调高铁新城建设和国家新型城镇化建设是一个十分重要的问题。要研究分析高铁新城在初期、中期和后期三个阶段的发展驱动力，以及以此为基础的城镇化发展基本思路、主导战略和制度保障。

第六，要综合性地将产业、生态、交通和城市四大核心进行协同，从城市定位、多维度区位分析、内部功能分区、交通组织和生态系统构建等不同层次进行整体探索。

参考文献：

[1] 中国高速铁路 [EB/OL].[2020-11-21].
https://baike.baidu.com/item/%E4%B8%AD%E5%9B%BD%E9%AB%98%E9%80%9F%E9%93%81%E8%B7%AF?sefr=xinhuawanghttps://baike.baidu.com/item/%E4%BA%AC%E6%B2%AA%E9%AB%98%E9%80%9F%E9%93%81%E8%B7%AF.

[2] 京沪高速铁路 [EB/OL].[2020-11-21].
https://baike.baidu.com/item/%E4%BA%AC%E6%B2%AA%E9%AB%98%E9%80%9F%E9%93%81%E8%B7%AF.

[3] 蒋海兵，徐建刚，祁毅．京沪高铁对区域中心城市陆路可达性影响 [J]. 地理学报，2010，（10）：1287-1298.

[4] 李京文．京沪高速铁路建设对沿线地区经济发展的影响 [J]. 中国铁路，1998，（10）：44-50.

[5] 张楠楠，徐逸伦．高速铁路对沿线区域发展的影响研究 [J]. 地域研究与开发，2005，（3）：32-36.

[6] 旷健玲．高速铁路建设与我国新型城镇化发展的关系研究 [J]. 全国商情（经济理论研究），2014：4-5.

[7] 张学良，聂清凯．高速铁路建设与中国区域经济一体化发展 [J]. 现代城市研究，2010，（6）：7-10.

[8] 伍业春．武广高速铁路对沿线城市体系发展的影响研究 [D]. 西南交通大学，2009.

[9] 王兰等．高铁新城规划与开发研究 [M]. 上海：同济大学出版社，2016.

[10] 王兰等．高铁站点周边地区的发展与规划——基于京沪高铁的实证分析 [J]. 城市规划学刊，2014，（4）：31-36.

[11] 郑德高，杜宝东．寻求节点交通价值与城市功能价值的平衡——探讨国内外高铁车站与机场等交通枢纽地区发展的理论与实践 [J]. 国际城市规划，2007，（1）：72-76.

[12] 杨策，吴成龙，刘冬洋．日本东海道新干线对中国高铁发展的启示 [J]. 规划师，2016，（12）：136-41.

[13] 李传成，赵宸，毛骏亚．日本新干线车站及周边城市空间开发建设模式分析 [J]. 城市建筑，2015，（13），27-29.

[14] 石海洋，侯爱敏，高菲，李鸿飞．发达国家及地区高铁枢纽站周边区域产业发展研究 [J]. 城市，2012，（2），67-71.

[15] 2020 中国十强人均 GDP 城市排行榜 [EB/OL]. [2021-06-18]. https://new.qq.com/rain/a/20210618A085W300

[16] 苏州市统计局．苏州统计年鉴—2020[M]. 北京：中国统计出版社，2020.

[17] 徐克明．高铁时代下的苏州高铁新城协同规划研究 [D]. 浙江大学，2014.

[18] https://kuaibao.qq.com/s/20180118A0PHGE00?refer=spider

[19] 苏州规划设计研究院股份有限公司．苏州市高铁新城片区总体规划（2012—2030）. 苏州，2015.

[20] 重磅！《长三角国际研发社区控制性详细规划》规划发布！[EB/OL]. [2021-02-02]. https://www.sohu.com/a/313133923_99986045

[21] 南通至上海铁路示意图 [EB/OL]. [2021-02-02].

https://baike.baidu.com/pic/%E6%B2%AA%E8%8B%8F%E9%80%9A%E9%93%81%
E8%B7%AF/50940669/0/63d9f2d3572c11dfa9ecbcfcba6f75d0f703908f6491?fr=lemma
&ct=single#aid=0&pic=63d9f2d3572c11dfa9ecbcfcba6f75d0f703908f6491

[22] 苏南沿江城际铁路 [EB/OL]. [2020-11-21].

https://search.myway.com/search/AJimage.jhtml?&enc=0&n=78689f8c&p2=%5ECRB%5E
xpu588%5ES39042%5EUS&pg=AJimage&pn=1&ptb=60E2C171-F5E0-4EDF-88C5-

[23] 沪苏湖高速铁路 [EB/OL]. [2020-11-21].

https://baike.baidu.com/pic/%E6%B2%AA%E8%8B%8F%E6%B9%96%E9%AB%98%
E9%80%9F%E9%93%81%E8%B7%AF/22920090/0/cdbf6c81800a19d8dd4a8f7b3efa8
28ba61e4606?fr=lemma&ct=single#aid=0&pic=91ef76c6a7efce1b9d16d6ece618e4deb4
8f8c54cff6.

[24] 通苏嘉甬铁路 [EB/OL]. [2020-11-21].

https://baike.baidu.com/pic/%E9%80%9A%E8%8B%8F%E5%98%89%E7%94%AC%
E9%93%81%E8%B7%AF/22418214/0/359b033b5bb5c9eae7a061bfdb39b6003af3b31f?
fr=lemma&ct=single#aid=0&pic=359b033b5bb5c9eae7a061bfdb39b6003af3b31f.

[25] 新华社 . 中共中央 国务院印发《长江三角洲区域一体化发展规划纲要 》[EB/OL].
（ 2019-12-01） [2020-11-21]. http://www.gov.cn/zhengce/2019/12/01/content_5457442.htm.

扫码看图

11 推动未来苏州数字经济发展

章兴泉，徐蕴清

城市是人类最伟大的发明之一。城市是一个复杂的系统。在这个庞大的城市系统中充满了城市发展的无处不在的推动力与游戏规则，而数字经济就是未来城市发展规则的重要改变者之一。在全世界，新的重点和必然趋势将是围绕"数字化"和"数字化转型"，而积极富有远见的地区和城市，正在加速布局与推动这一进程。这意味着对数字技术、数字平台、商业模式、行业组织方式以及人力资本的巨大投入，以及对数字时代下城市经济社会运行的制度环境的转型和塑造。在苏州经济迈上2万亿元台阶基础上，苏州提出了率先建成全国"数字化引领转型升级"标杆城市的目标。本文基于全球数字发展的趋势、重点和特点，强调数字生态系统的核心和驱动力，并阐述了数字技术的发展创新所带来的新机会和新问题。围绕苏州数字发展的现状，文章分析了苏州在数字产业结构、工业数字化进程以及数据安全和平台监管等方面所面临的挑战。强调领导力在建设数字城市的关键作用，并提出建设包容性数字经济，打造城市综合信息体系，加强数字人才教育改革，制定包括民营企业和中小企业的工业数字化转型路径计划，并完善监管和引导的双重机制等建议措施，以促苏州创造富有活力和可持续的数字经济生态系统。

关键词：数字化；数字化转型；数字生态系统

数字经济是未来城市的基本特征和重要组成。它在许多方面创造、改变或影响城市的功能。在全球范围，数字技术和数字功能的发展和创新，正在改变所有行业，并推动新的经济社会活动或新的商业模式的快速涌现。如何拥抱数字化带来的便利、机会和价值是摆在所有城市面前的新考验。但是，数字经济到底是什么经济？它有多大范畴和影响？又有什么驱动因素？为推动数字转型并促进可持续城市发展，政府应该做些什么？打造数字化城市需要基于一系列核心技术革新和基础设施投入，打造平台经济发展的健康生态系统，促进各行各业深化对数字化的价值的认知。同时，提供各界数字化转型所需的制度环境和政策引导至关重要，需要城市尽早部署。另外，还需规避技术驱动和新经济带来的新问题，在互联网大众化提升的过程中，避免带来市场的不公平竞争。本章通过国际趋势分析、问题挖掘和剖析，结合苏州积极探索智能化改造和数字化转型的背景和现状，提出苏州市需要树立的态度、涉及的广度、深化的重点和可采用的抓手。

一、数字经济的范畴

1980 年出版的《第三次浪潮》[1]轰动了全世界。它被称为是对未来数字化时代到来的一次关键性预测。《第三次浪潮》对"未来的社会"进行了认真的构思，提出人们需要尽快做出转变以适应未来的信息时代的变化，否则将面临种种新的困难和障碍需要人们，并付出沉重的代价。不过，《第三次浪潮》只是对数字化时代的一次模糊认知，真正对数字化经济的深入认识始于 20 世纪 90 年代。自 90 年代初以来，对于"数字经济"的定义及其发展，主要是围绕有特色的技术和时代发展趋势的结合，以及技术水平提升后对不同的工作任务和市场的渗透。到 20 世纪 90 年代中期，"数字经济"与互联网的出现密切相关。有些人认为它是通过新技术实现人与人之间的联网计算，并与通信技术融合促成了电子商务；还有一些人将其定义与信息通信技术（ICT）基础设施联系起来。随着技术的飞速发展且无处不在，人们普遍认为数字经济包括了所有这些内涵，它也超越了传统的 ICT 领域，涉及范围非常广泛，涵盖了使用数字化基础设施的各类经济社会活动[2]。在中国，国家统计局已经发布数字经济和行业分类标准。

近几年，关于数字经济的讨论再次引起了各界的注意，人们更多地关注数字技术、服务、产品、手段和技能如何不断跨越各个经济体和各个行业进行广泛应用。这个过程通常称为"数字化"。数字产品与服务正在促进范围更广、速度更快的行业转型，已不再局限于那些曾经被重点关注的高科技领域。为了反映这一变化，新的重点将是围绕"数字化"和"数字化转型"（即数字产品和服务的方式越来越多地改变传统行业），探索各种跨部门的数字化发展趋势[3]。

数字经济（狭义定义）：为企业和客户创造经济附加值的数字功能或应用程序。使用设备、数据和数字连接性基础设施作为投入的服务和平台（包括 B2C 和 B2B）。这些领域的创新进一步扩大对其他部门的溢出效应[2]。

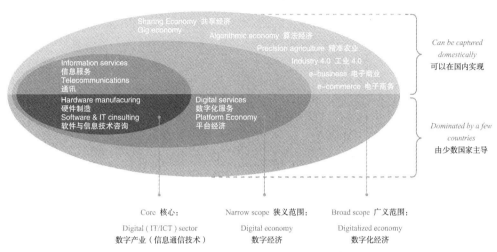

图 11-1　数字经济的三个细分类别 [2]

数字经济的核心内容：信息通信技术行业用于由制造业和服务业组成的经济活动信息传播与发展。通过电子化手段捕获、传输和显示数据及信息。包括半导体、处理器、设备（计算机，电话）和能够使之运行的基础设施（互联网和电信网络）[2]。

数字经济的主要领域：数字和信息技术（IT），生产依赖核心数字技术的关键产品与服务，包括数字平台，移动应用程序和支付服务。数字化经济在很大程度上受到这些部门的创新服务所带来的影响，正在为经济增长做出越来越大的贡献，并对其他行业发展产生潜在的溢出效应[3]。

数字化经济（广义定义）：传统意义的非数字行业现正通过采用数字技术进行转型。例如电子医疗卫生、电子商务和一些应用自动化数字技术的行业，诸如制造业和农业，包括工业 4.0 和精准农业等[2]。

在全球范围，数字技术和数字功能的发展和创新，正在改变所有行业，并推动新的经济社会活动或新的商业模式的快速涌现。传统意义的非数字行业，现正通过采用数字技术加速转型。

数字化领域正在广泛扩展，包括那些数字产品和服务正在被越来越多的领域使用，比如金融、媒体、旅游和运输。数字技术和数字功能的发展，正推动着新的活动或新的商业模式的涌现。此外，熟练工人、消费者、购买者、用户，以及各界对数字化认知的加深，对推动数字化经济增长都至关重要[3]。

二、数字经济生态系统

数字经济是由通信基础设施、ICT行业组成（软件、硬件和ICT服务），以及许多被互联网、云计算及移动、社交和远程传感器网络推动的经济和社会活动。数字经济是经济发展的促进者，它的发展以及部署是由于各种技术的发展和加速融合、通信网络（网络、服务和固定移动网络）的实现、硬件（3G、4G、5G多媒体移动设备），数字处理服务（云计算）和互联网网络技术（网络2.0）为特征的数字经济生态环境的形成[4]。

数字经济具有三个主要组成部分：宽带互联网网络基础设施，信息通信技术（ICT）应用行业和终端用户。根据他们的发展程度和互补性，这些要素决定了每个国家数字经济的成熟度。第一个组成部分，宽带网络基础设施的基本要素是全国性和国际性网络连接度、本地网络链接接口、网络公共链接接口和基础设施价格的可承受力[4]。

第二个组成部分是用于为用户（个人、企业和政府）提供服务以及应用程序，包括硬件和软件行业，以及通过这些技术提供的便利服务。硬件和软件行业包括开发设备及软件和软件应用程序集成，网络基础设施管理，电子设备行业和设备组装行业。信息通信技术带来的其他服务包括业务流程以及分析或知识流程。业务流程包括横向应用程序，例如财务、会计和人力资源服务以及垂直流程与特定活动相关，例如融资、公共部门、制造业、零售、电信、运输和卫生健康。知识过程高度专业化，活动的高度复杂化，包括分析服务、设计、工程和技术研究和发展[4]。

第三部分是终端用户（个人、企业和政府），他们通过其对服务的需求来确定数字应用程序的吸收程度以及应用程序。在企业生产中，信息通信技术提高了生产流程的效率；在政府运作中，它们增加了透明度并提高了公共服务的效率；在个人层面，他们改善了人民的生活品质。随着数字经济生态系统的发展和成熟，它将对经济和社会领域产生重要影响。对前者，效果体现在生产力、经济增长和创造就业上；对后者，在教育、保健、获取信息、公共服务、透明度和参与度上[4]。

数字经济具有三个主要组成部分：宽带互联网网络基础设施，信息通信技术（ICT）应用行业和终端用户。制度框架是对数字经济生态系统的重要补充。对硬件的投入和制度环境的巩固，有利于数字经济生态系统的发展和成熟。

数字经济所提供的便利包括移动性、云计算、社交网络和大数据分析。社交网络会产生大量的数据，经过在线分析工具进行的处理，为营销和设计制定产品生产与服务的精准策略。大数据分析可以支持开发更多更好的预测方式并根据完整的实时信息完善决策。它具有从产品设计到定价和客户服务的广泛应用，灵活地帮助公司提供信息以适应不断变化的需求和个人喜好。这些工具根据分析结果，用于对消费者的偏好和行为模式进行建模和完整的观察，而不是样本统计。使用移动设备实现连接到云计算平台的通信网络，允许共享计算和存储资源以及按需访问硬件和软件的效率服务（效用计算），而有效利用云计算需要使用 100 Mbps 数量级的超快速网络[4]。

制度框架是对数字经济生态系统的重要补充。因为 ICT 是跨越不同市场和活动的通用技术，互补性的发展是信息通信技术普及到整个社会的必要条件。所以，国家必须巩固经济和社会行业部门发展，以实现溢出效应和互补性。在整个经济中，对于 ICT 的投资，伴随着对实体经济发展起到一个充足的互补作用，例如经济环境、基础设施、人力资本和国家创新体系，将在一定程度上产生更大的影响[4]。

三、数字技术的新发展

（一）区块链技术（Block Chain Technology）

区块链技术是一种分布式的分类账技术。此技术允许多方用户能够参与安全的、可信赖的交易，且交易直接完成无需任何中介的介入。区块链技术的背后是加密货币技术，其中包括数字身份证、财产权和资产的配置与发放。开源平台，例如，以太坊，允许程序员非中心化（也就是放权式的）、地区化的开发应用程序，并在其区块链上运行。目前，一些区块链应用程序已经在某些发展中国家使用，例如其在地方的金融科技、土地管理、运输、卫生和教育领域的应用[3]。但区块链也面临一个主要挑战，那就是对于某些应用，他们需要大量、可靠的电力供应。

（二）物联网（Internet of Things）

物联网（IoT）是指越来越多的由互联网连接的设备，例如，传感器、仪表、音频识别（RFID）芯片和其他嵌入各种日常用品中的小工具使其能够发送和接收各种数据。它的应用领域非常广泛，包括能源计量机、制造商品的 RFID 标签、畜牧业和物流业、监测土壤和天气质量条件、农业和可穿戴设备。在 2018 年，更多的"物件"（86 亿件）被链接到互联网，数量比使用互联网的人数（57 亿移动宽带订阅者）还要多。预计 IoT 连接的数量将以每年 17% 或更高的速度增长，到 2024 年，将有超过 220 亿件的"物件"链接到物联网。其中，拥有量前七名的国家（美国、中国、日本、德国、韩国、法国和英国）占全球总量的近 75%[3]。

全球在物联网方面的支出，前两个国家（美国、中国）的支出占全球总支出的50%。预计全球物联网市场支出将在未来几年增长十倍，从 2018 年的 1510 亿美元增加到 2025 年的 15670 亿美元。到 2025 年，世界平均每人每天与 IoT 设备互动次数可达近 4900 次，相当于每 18 秒互动一次 [3]。

（三）5G 移动宽带

第五代（5G）无线技术，由于其强大的数据处理能力，对物联网发展至关重要。5G 网络可以处理比现今系统大 1000 倍的数据。特别是 5G 技术提供了可以连接更多设备的可能性（例如传感器和智能设备）。据估计，到 2025 年，美国、欧洲和亚太地区将是 5G 技术普及的领导者。为了使得发展中国家获得物联网的最大效用，在物联网方面对 5G 基础设施进行大量投资将是必需的。到 2020 年至 2025 年，5G 覆盖人口将 11.7 亿增加到 41 亿人，占全球总人口 53%。但是，部署 5G 也可能会进一步扩大城乡的数字鸿沟 [3]。

（四）云计算

更高的互联网速度使云计算成为可能，大大减少了用户之间、用户与较远的数据中心的延迟。数据存储的成本也直线下降。云计算正在改变业务模式，因为其减少了对内部 IT 专业知识的需求，为一致通用的和扩展的应用程序提供灵活性。一些免费云服务提供类似于办公室的应用程序以适用于微型及中小型企业 [3]。

（五）人工智能（AI）与数据分析

人工智能的发展包括机器学习，通过大量的数字数据进行分析，提供分析结果及见解，使用算法以及高级算法的计算机处理能力进行预测。人工智能已经应用在语音识别和商业产品之中。这种通用技术具有产生全球经济附加值的巨大潜力。预计到 2030 年，人工智能产生额外的全球经济总产值约为 13 万亿美元，GDP 年均将额外增长 1.2%。但同时，人工智能的应用可能会扩大那些技术拥有者与那些没有能力利用这些技术者之间的技术鸿沟 [3]。

数字经济的关键触发因素是移动宽带革命，通过智能手机使互联网民主化。预计到 2030 年，人工智能产生额外的全球经济总产值约为 13 万亿美元，GDP 年均将额外增长 1.2%。中国和美国将是 AI 应用最大的经济受益者。

中国和美国将是 AI 应用最大的经济受益者。在专利申请中，中国、美国和日本共占全球 AI 专利申请的 78%，而非洲和拉丁美洲可能会受益最低。数字经济中的另一项相关的关键技术是数据分析，有时被称为"大数据"，这是指不断增强的大数据处理和分析能力[3]。

四、数字经济的驱动力与发展趋势

传统上，数字经济的价值一直与生产产品和提供服务紧密相关。决定经济价值的关键是与产品如何产出（生产）的方式，在整个经济中如何分享（分布），以及该产品的收益如何处理（再投资）相关。这是原材料在经过生产性转变后，转化为创造产品和服务的财富，这些财富可能会分配给社会。在这种情况下，经济生产中的参与者是生产者、消费者和政府，而其主要目标是产品和服务的生产。生产是基于不同的资源（要素）所产生的，例如劳动力以及不同形式的资本，包括物质资本和人力资本[3]。

在数字经济的新商业模式中，两个新兴的、相关的力量越来越多地在推动价值创造：快速增长的数字化数据的平台化和货币化。数字平台是数字经济的主要参与者，并且数字化的数据信息已成为经济生产过程中的关键资源，可以创造价值[3]。

（一）数字平台

"平台"这一概念并不是新鲜事物，它本质是各方的互动。其被定义为"在外部生产者和消费者之间，能够实现价值增长的互动业务"。平台提供了一个开放的、参与互动的基础设施，并通过制定平台参与者的交易条件来进行管理[3]。

数字平台提供了这些在线机制，既是一个中介，也是一种基础设施的架构。数字平台被称为中介，是因为它们连接不同群体的人（多方面市场的各个不同"方面"）。例如，Facebook 平台将用户、广告商、开发商、公司和其他相关参与者联系了起来，而 Uber 平台将乘客和司机连接起来。同时，许多平台也可以提供基础设施，为不同的客户所使用。例如，用户可以在 Facebook 上开发其个人用户或公司的页面，软件开发人员可以在 Apple 的 App Store 构建应用程序[3]。

数字平台是数字经济的主要参与者，包括交易平台和创新平台。数字化数据已成为经济生产过程中的关键资源，可以创造价值。但数字平台需要得到适当和及时的监管，禁止"自我偏爱"等不正当行为，维护市场的公平竞争。

数字平台可以分为两个主要类别：交易平台和创新平台。交易平台，有时被称为为两个 / 多平台或两个 / 多平台市场，提供基础设施，通常是一些在线资源，并支持数字之间的交换。交易平台在全球数字经济产业中已经成为大型数字公司的核心业务模式，如亚马逊、阿里巴巴，以及用数字化技术支持的企业，例如 Uber、滴滴出行和 Airbnb[3]。

创新平台有时也称为工程或技术平台，强调企业、行业或部门"在一个产品系列"中的共享使用方式。在行业层面，此类平台为共享通用设计，并在整个行业中进行交流互动。例如，软件操作系统（例如 Android 或 Linux）和技术标准（例如 MPEG video）通过创新平台，在行业中提供了一种通用方法可以使各个公司进行交流互动。在公司层面，创新平台可以预先创建某类产品的共同特性，不同公司只要为其特定产品添加或修正功能即可 [3]。

（二）移动技术

根据普华永道的一个全球调查，大多数受访者（57%）表示，移动技术对他们的业务的增长影响最大。移动手机提供了宝贵的新的营销渠道，尤其是在新兴市场。例如，根据世界银行的数据，在典型的发展中国家中每 100 人增加 10 部手机，GDP 大约增长 0.8%。在不同规模的公司调查中，受访者都将移动性视为游戏规则的改变者，每个行业中超过一半的受访者表示他们的公司未来将在移动技术上投入大量资金。目前，eMarketer 估计全球有 43 亿人口在使用手机（非洲是手机数量增长最快的市场），截至 2015 年，这一数字激增至 58 亿左右（占总人口 72%）。作为时代的标志，2010 年，eBay 客户购买和出售的手机商品超过 20 亿美元，较 2009 年的 6 亿美元相比有较大增长。作为 eBay 公司的技术顾问公司 [6]，2019 年，移动支付交易额达到 1.18 兆亿美元，到 2027 年，将达到 9 兆亿美元 [4]。

（三）商业智能

移动性的发展，有望为商业智能提供巨大优势。现在的商业智能从供应链到供应商，几乎都支持在业务运营的各个方面对营销和产品开发进行风险管理。想要在数字竞技场中获得成功，进入市场的速度对全球公司至关重要，其行动须敏捷到接近实时操作。因此，分析信息的能力和能否快速告知决策者的能力举足轻重。诸如此类的相关新兴发展，比如内存分析，总结性数据存储在内存中，而不是数据库中，这可能会对快速反应有所帮助 [6]。

公司从商业智能中可以获得多种方式的业务受益。比如，了解与改善公司的客户以及他们的业务，这有助于公司做出战略决策并实时地对市场变化做出反应。这些好处可以转移到运营的各个方面，包括获得新客户、降低成本并提升供应链管理等[6]。

（四）受数字转型影响最大的行业

　　良性循环不仅仅可以改变世界经济的结构，它将是工业转型的一个新阶段。事实上，要在全球范围内竞争并从数字市场中获益，行业将经历巨大的变化。这就是技术发展的本质，无论好坏，它都会摧毁那些不再强大的原有的操作方式[6]。不过，数字化对各个行业的冲击程度不一样。受数字转型影响最大的行业是：信息技术、通信、媒体、出版、零售、金融服务、专业服务、医疗卫生、政府公共服务、交通运输、工业制造、教育等。

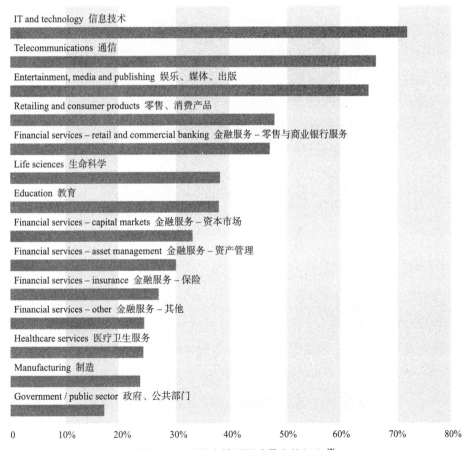

图 11-2　受数字转型影响最大的行业 [3]

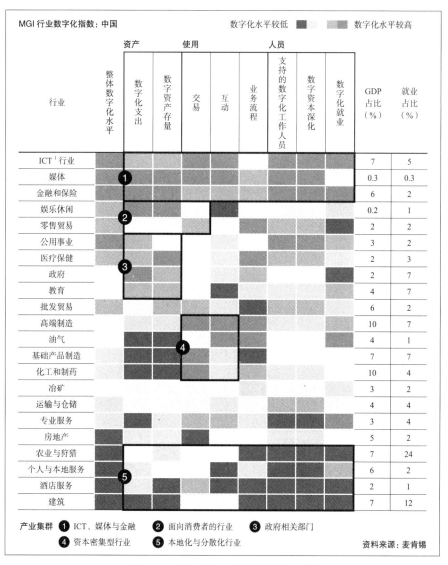

图 11-3　中国各行业的数字化水平 [5]

（五）数字平台监管

欧盟委员会指出数字平台有两个特征，而从竞争法角度看，这两个特征将会带来新的巨大挑战：平台的"集聚功能"，由于强大而积极的网络效应，数字平台有一种集聚效应。这使得一旦某个或几个数字平台拥有市场支配地位时，市场的公平竞争将变得更加困难；平台的"守门员功能"，即其对平台竞争的控制。无论是不执行对数字平台监管或未能及时干预数字平台的不正当行为，都会产生极高的交易成本和负面影响 [7]。

由此，欧盟已经通过平台法规对主要的在线数字平台的行为进行规范，禁止主要在线数字平台的"自我偏爱"行为（即，在其在线数字平台上，对其自身服务给予比第三方更优先的待遇）[7]。

（六）从"追随金钱"到"追随算法"

对数字化相关事物的投资正在蓬勃发展。当然，这其中有一定炒作成分和泡沫现象；但是如果当下的企业或城市并没有采取任何行动，并认为可以在其他数字化竞争对手先作出改变后，像英雄般去征服数字经济，那必将遭到淘汰。与各行业的营业收入情况存在差异一样，各行业的支出也有所不同，比如零售业对数字化投资可能比任何其他部门更多。然而，各行业的发展有一个共同点，即无论任何领域，未来在第一线的人都

各 行业的发展有一个共同点，即无论任何领域，未来在第一线的人都将把他们的资金投资在他们拥有数据的地方。当下的城市和企业，需要及时采取数字化行动。

将把他们的资金投资在他们拥有数据的地方。根据一项研究的数据显示，受访者表示他们的公司或机构平均每年正在将其收入的 12.1% 投入到数字化发展中，其中那些处于行业"领导者"地位的企业所做出的投资更是达到其收入的 13.1%，他们很清楚其在数字化中的投资比任何其他方面投资的回报都要高。在 2015 年至 2018 年之间，数字化预期投资回报平均为 86.1%。在某些行业，这一投资回报比更高（例如，零售领导者预计的投资回报率高达 119%）[8]。

五、苏州数字化经济的现状与挑战

（一）苏州数字化发展的核心目标

2020 年，苏州 GDP 超 2 万亿规模，成为中国第六大经济强市[9]。苏州"十四五"规划提出，到 2025 年数字经济核心产业增加值占 GDP 比重达到 30% 以上。面向未来，基于其强势的制造业根基，苏州正在加速智能化改造和数字化转型的步伐，并提出了率先建成全国"数字化引领转型升级"标杆城市的目标[10]。

2021 年 1 月 1 日，苏州市政府发布《苏州市推进数字经济和数字化发展三年行动计划（2021—2023 年）》，提出把数字产业化、产业数字化、数字政府建设为主攻方向，前瞻性、高水平地构建苏州数字经济和数字化发展新体系[10]。该《行动计划》将主要从八个方面展开，包括数字基础设施建设、数字产业发展、数字创新、制造

业智能化改造和数字化转型、数字政府"一网通用"、"一网统管"、政务服务"一网通办"以及数字安全领域[11]。

其中,新型基础设施建设重点促进"新城建"对接"新基建",一方面加快5G独立组网建设,形成有规模效应的应用,打造国家级"5G+工业互联网"融合应用示范区,并且构建空间上涵盖地上、地表、地下,时间上贯通过去、现在和未来的空间大数据资源体系;另一方面形成苏州市域一体化"1+10"CIM基础平台的新格局,全面推广CIM基础平台在各领域的智慧应用等。

产业发展方面,苏州将着力推进新技术、新模式、新业态与实体经济的深度融合,加快发展数字贸易、智慧农业、智慧制造、数字金融、数字文旅、电子竞技等数字产业。到2023年,全市数字经济核心产业增加值要达到6000亿元、年均增长率达16%以上。引进和培育龙头企业、科研机构和高层次人才,积极争创国家级人工智能、区块链、软件与信息服务先进制造业等现代产业集群和产业特色园区。突破核心技术,打造数字货币发展高地,并开展金融科技创新的监管试点,到2023年数字经济领域有效发明专利累计拥有量达到7000件以上,PCT专利申请量达到1000件以上,聚力构筑贯通产业链上下游的数字创新生态系统。

数字政府方面,全面深化数字协同创新,形成各部门、各单位横向多维度协同,纵向五级联动的"一网统管"工作体系,赋能城市管理、社会治理、应急管理。同时提高"一件事一次办""一件事线上办和掌上办"的协同能力,增强服务感知体验,包括沪苏同城化感知体验,发挥数字赋能对长三角一体化发展的推动作用。到2023年,城市运行感知能力全国领先,同时基本形式网络空间安全防护体系,打造全国地级市市域现代化治理的"苏州样板"。

(二)苏州面临的关键问题与挑战

进入信息化和智能化时代,数据不光已成为关键的生产要素,还能促进技术、资金和人才等要素的流动,进而优化资源配置和提升全要素生产率[12]。以大数据为代表的信息资源已和其他关键生产要素一起融入经济价值创造过程,关系国家和地区的长期动力[13]。十九大明确提出,要素市场化配置是解决经济结构性矛盾、推动高质量发展的根本途径,将作为经济体制改革的两个重点之一大力推进。

作为中国制造业体系最完备的城市之一,推动数字化转型和智能化改造,既是苏州进一步扩大产业升级引领发展优势的迫切需求,也是苏州积极寻找劳动力红利、市场红利的有效替代的必然选择,有望成为苏州从高速度增长标兵向高质量发展标杆华丽转身的重要引擎[14]。强大的经济实力,扎实的数字产业基础,和完备的产业链等，都为苏州的数字化发展提供了重要条件。

然而，苏州面临的挑战和问题也不容小觑。2019 年数字经济核心产业增加值高达 3300 亿元，2020 年，苏州成为全国首批 5G 网络试点城市、央行首批数字货币试点城市、全省首个区块链产业发展集聚区，有力地吸引了全国十大工业互联网双跨平台落户。但是，其数字产业的结构不尽合理、数字平台的渗透水平偏低、数字贸易的潜力还有待释放。受到国际产业分工调整缓慢等影响，制造业数字化转型速度受限。数字产业化方面，苏州计算机通信和其他电子设备制造业产值是杭

苏州的数字产业结构仍不尽合理，制造业数字化转型缓慢，数字服务业产值也较低，同时数字领军企业少。数字平台监管和数据安全保障有待建立，制度环境需进一步完善，以打造富有活力和可持续的数字生态系统。

州的 5 倍，但信息传输、软件和信息技术服务业营业收入只有杭州的 1/10。苏州的省级工业互联网平台建成数、省级"互联网＋先进制造业"基地数等数量指标均居全省第一，但是，相对体量庞大的 17 万家工业企业基数，信息化建设的企业数量有限，且电商应用推广也较慢，截至 2019 年，苏州规上服务业中互联网平台企业仅 7 家，2 万家规上企业中仅有 5.6% 开展电子商务交易活动。尽管市场结构趋于垄断往往是数字平台经济发展的普遍现象，但苏州的问题却是龙头企业占企业总数的比重很低，即呈现"有高原，无高峰"的特征[12, 15]。

数字治理方面，尽管各类型数据平台都在如火如荼地展开建设，但是数据动态质量的保障、跨部门的共享应用，针对数字在多领域创新的监管的制度、标准和手段，以及数据安全的保证都亟待建立和完善。要真正构建横纵向网络化、系统化的数据治理体系，实现丰富的应用场景和跨部门协同应用，达到具有引领水平的数字政府样板，尚任重道远。

六、对苏州未来数字化经济的建议

（一）加强对城市数字生态系统智能化治理的领导与协作

有远见的、积极主动的和敬业的领导者与领导力对推动城市数字化计划至关重要。领导者必须有能力表达清晰城市的愿景并描绘城市未来如何发展。能够挑战现状，以充分的信心领导城市数字化转型，将各部门、各行业组织起来是实现数字化经济发展的关键。

（二）数字政府建设

数字政府是市政府在其战略中成功部署的一种工具，以数字化扩大深化与广大城市居民的沟通渠道。加大支持数字政府的技术在苏州的使用，实现更大的普及和使用。此外，政府必须支持改善不同政府部门处理的数据的可追溯性和部门之间的数据的横向互通性，并避免不必要的办事程序上的重复。

（三）建立包容性数字经济

加强数字基础设施，包括宽带电缆、移动网络运营商、基塔和数据中心的系统，争取使所有人和事物都可以连接到互联网。

改善制度机构建设、提高数字技能和素养：技术和创新正在改变工作的性质。一些研究估计，如今超过65%的小学生将从事未来我们不得而知的工作或现今还不存在的工作。我们不知道未来会是什么样，但我们可以确信智能和自动化将会增加。许多低技能的工作将会消失。尽管这些低技能的工作在今天创造了生产总值的50%以上，但是未来将会被自动化技术所代替。新的工作将更加需要数字技能与高知识背景的复杂技能。市政府可以在这个新经济世界中发挥关键作用。提高市民数字经济的整体技能，使人们可以充分利用数字技术带来的机会。同时，加强数字经济建设必须制定相关的政策法规激励公司利用数字技术进行竞争和创新。比如，强大的网络安全政策和保障措施至关重要[16]。

建立数字平台。线上交易和通过手机进行交易能够降低交易成本，并且可以使服务到达偏远的人群。通过新的金融科技提供商和产品的数字平台扩大人们获得金融服务的机会并加速提升金融的包容性，可以改善人民的生活，为经济社会带来改变。政府数字办公与服务平台可以方便人们，提高政府服务的广度与效率[16]。

（四）大力培养数字经济人才

数字经济需要新的人才。无处不在的线上高性能基础架构，推动了创新快速发展的步伐。现在，政府和私人公司比以往任何时候都可以利用负担得起的可扩展不断升级并且运营更安全的系统，用于检验新的想法，并能更快发展以满足日益丰富的市民和客户的需求。然而，许多机构、公司依然没有开始数字化之旅，其中一个重要的原因是因为他们缺少拥有高级技能的雇员来推动数字化的转型与变革[17]。

随着对数字技术人才的需求不断扩大，社会的需求也随之增加。社会需要建立有效的人力资源发展梯队以推动经济增长和机会。这不仅需要为城市居民提供数字化的支持，还需要将城市居民转变为会熟练使用数字化的人群。为了促进数字化友好型文化的发展，可以将诸如数据科学和计算机科学之类的数字技能整合到苏州市的小学、中学和大学课程中，以建立紧密结合新发展趋势的新教育模式和内容，支持城市数字化转型。并且与私营企业合作，更清楚地传达和阐明数字技术所提供的价值，用以提高私营部门对如何使用 AI 的认识[18]。

（五）构建一个城市综合信息体系，促进零售业务发展

建立一个城市综合信息体系，能够提供对用户行为的有意义的深刻见解。零售商在更深入地研究数字商务时，有潜力解构客户行为、交易和消费模式的大量数据。经过提供有关客户端到客户端整个购物旅程的有价值的信息（从实体店商店、供应链供应商和银行获得），这个信息体系可以提高对客户的洞察力，使零售商能够提升客户体验，建立顾客忠诚度并提高运营效率[19]。

（六）建立数字经济发展友好型的又有效的监管与政策

制定世界领先的数字监管战略，为公司提供在苏州投资，刺激创新和创造新工作机会所需的长期确定性与政策。数字经济监管机构应该制定明确的监管办法，促进经济创新，支持富有活力的初创企业和企业的规模扩大和升级，通过发展民族企业克服数据共享和金融瓶颈，保护数据与经济安全。

鼓励创新，并改善企业研发的政策环境。通过研发与开拓创新，使苏州成为创新高地。通过改善政策环境吸引国际与国内企业到苏州投资。

（七）加速工业数字化

苏州的经济以工业为核心。苏州拥有 35 个工业大类，涉及 167 个工业中类、489 个工业小类、17 万家工业企业，是我国工业体系最完备的城市之一。2020 年苏州实现规模以上工业总产值 3.48 万亿元[20]。外资工业实现的工业总产值，占苏州工业的比重高达 61%。而苏州外贸依存度更是高达 126%[21]。

因此，支持这些工业企业的成长和繁荣至关重要。生产率是经济增长的关键，而支持企业采用数字化技术则是促进其生产率增长的重要因素。但是，很多企业缺乏专业知识、人力资本和金融资本用以投资其供应链或运营的数字化，甚至缺乏基本的数字化业务。

苏州应该完善支持工业企业数字化的行动计划。在行业层面，为 35 行业推出了工业数字化转型路径图。通过强化创新和提高生产力为苏州未来的经济发展做好准

备。苏州应该引导民营企业，尤其是中小企业走向数字化。加大对零售业、物流、食品服务、批发贸易、医疗、教育、交通和公共安全等领域的数字化进程。

（八）数字经济安全性建设与保障

网络安全，通常可称为"原始安全"，是任何国家或城市的数字经济战略中动态的、多维度的关键要素。从本质上讲，它涉及国防、国家安全、执法和私人部门公司的利益相关者，以及国际互联网治理的领导者。个人（或企业）是大多数 ICT 产品和服务的最终用户，是关键角色。

如果苏州想成为自由贸易和外国投资的堡垒，那么随着国内连接速度的提高，数字安全问题必须成为数字战略议程的重中之重。虽然数字安全和 ICT 治理尚未成为苏州的首要任务，但随着越来越多的政府部门、企业、城市居民上线，新兴技术对网络安全的影响只会越来越大。城市可以通过国家层面的网络技术、管理、教育来推进其数字安全计划，以及加强城市自身的持续网络安全建设与保障。

参考文献：

[1] 阿尔文·托勒夫 . 第三次浪潮 [M]. 北京：中信出版社，2006.

[2] Huawei & Arthur D Little. A novel approach to digital transformation and policy reform [R]. 2020.

[3] UNCTD. Digital Economy Report 2019[R]. 2019.

[4] United Nations. The digital economy for structural change and quality [R]. 2013.

[5] McKinsey Global Institute. Digital China：Powering the Economy to Global Competitiveness [R]. 2017.

[6] Oxford Economics. The new digital economy [R]. 2011.

[7] A New Competition Framework for the Digital Economy [EB/OL].（2019-10-01）. [2021-02-28]. https://www.lexology.com/library/detail.aspx?g=17e39bfb-b979-44a1-bbdf-187a44c260b8.

[8] Roehrig P & B Pring . The Work Ahead [J]. Undated.

[9] 苏州统计局 . 苏州市情市力 [DB/OL]. http://tjj.suzhou.gov.cn/sztjj/ndjb/nav_list.shtml.（2021-04-19）.[2021-04-20].

[10] 苏州市人民政府 . 苏州市推进数字经济和数字化发展三年行动计划（2021—2023 年）[R]. 2021.

[11] 苏州市人民政府.苏州市推进数字经济和数字化发展三年行动计划（2021—2023 年）八个专项工作方案 [R]. 2021.

[12] 王平.苏州加快数字化转型赋能高质量发展研究 [J]. 苏州发展与改革，2021.（1）：11-15.

[13] 新华网.发改委:构建更加完善的要素市场化配置体制机制 [EB/OL].（2020-04-10）.[2021-04-20]. http://zw.china.com.cn/2020-04/10/content_75915735.html.

[14] 苏州新闻网.发展"数字经济"，苏州重任在肩 [EB/OL].（2021-01-06）.[2021-02-28]. http://leftfm.com/38466.html.

[15] 光明日报.数字经济面临的治理挑战及应对 [EB/OL].（2021-02-18）.[2021-02-28]. http://guozw.suzhou.gov.cn/gzw/gzyj/202102/11ab46ef8d754773870d6776f6f22d3b.shtml.

[16] OECD. Development Matters [R]. 2018.

[17] WEF. How to develop talent for the digital economy [R]. 2020.

[18] Chivot E. Roadmap for Europe to Succeed in the Digital Economy [J]. 2019.

[19] WEF. How digital technologies are transforming retailers [R]. 2015.

[20] 苏宁金融研究院.苏州，观察和反思中国经济的最佳样本 [EB/OL].（2021-01-22）.[2021-02-28]. https://www.jiemian.com/article/5583575.html.

[21] 世纪经济报道.经济奇迹！苏州超上海成为中国第一大工业城市 [EB/OL].（2020-10-24）.[2021-02-28]. https://www.163.com/news/article/FPMKK4ON00019B3E.html.

扫码看图

图书在版编目（CIP）数据

未来苏州：国际视角下的苏州城市规划与运营/徐
蕴清，（韩）金俊植主编.—北京：中国建筑工业出版
社，2021.5

ISBN 978-7-112-26053-9

Ⅰ.①未… Ⅱ.①徐…②金… Ⅲ.①城市规划—研
究—苏州②城市管理—研究—苏州 Ⅳ.① TU984.253.3

中国版本图书馆 CIP 数据核字（2021）第 064287 号

责任编辑：杨　允
责任校对：张　颖

未来苏州
国际视角下的苏州城市规划与运营
徐蕴清　[韩]金俊植　主　编

*

中国建筑工业出版社出版、发行（北京海淀三里河路9号）

各地新华书店、建筑书店经销

北京点击世代文化传媒有限公司制版

北京富诚彩色印刷有限公司印刷

*

开本：787 毫米 ×1092 毫米　1/16　印张：17½　字数：346 千字
2021 年 8 月第一版　2021 年 8 月第一次印刷
定价：99.00元
ISBN 978-7-112-26053-9
（37163）